CHANYE ZHUANLI
FENXI BAOGAO

产业专利分析报告

（第66册）——区块链

国家知识产权局学术委员会 ◎ 组织编写

知识产权出版社
全国百佳图书出版单位

图书在版编目（CIP）数据

产业专利分析报告. 第66册，区块链/国家知识产权局学术委员会组织编写. —北京：知识产权出版社，2019.7
ISBN 978-7-5130-6327-2

Ⅰ. ①产… Ⅱ. ①国… Ⅲ. ①专利—研究报告—世界②电子商务—支付方式—专利—研究报告—世界 Ⅳ. ①G306.71②F713.361.3

中国版本图书馆 CIP 数据核字（2019）第 118428 号

内容提要

本书是区块链行业的专利分析报告。报告从该行业的专利（国内、国外）申请、授权、申请人的已有专利状态、其他先进国家的专利状况、同领域领先企业的专利壁垒等方面入手，充分结合相关数据，展开分析，并得出分析结果。本书是了解该行业技术发展现状并预测未来走向，帮助企业做好专利预警的必备工具书。

责任编辑：卢海鹰　王瑞璞　　　　　责任校对：王　岩
执行编辑：周　也　　　　　　　　　责任印制：刘译文

产业专利分析报告（第66册）
——区块链

国家知识产权局学术委员会◎组织编写

出版发行	知识产权出版社 有限责任公司	网　　址：http://www.ipph.cn
社　　址	北京市海淀区气象路50号院	邮　　编：100081
责编电话	010-82000860 转 8116	责编邮箱：wangruipu@cnipr.com
发行电话	010-82000860 转 8101/8102	发行传真：010-82000893/82005070/82000270
印　　刷	北京嘉恒彩色印刷有限责任公司	经　　销：各大网上书店、新华书店及相关专业书店
开　　本	787mm×1092mm　1/16	印　　张：17
版　　次	2019年7月第1版	印　　次：2019年7月第1次印刷
字　　数	380千字	定　　价：80.00元

ISBN 978-7-5130-6327-2

出版权专有　侵权必究
如有印装质量问题，本社负责调换。

图2-1-9　全球主要申请人支撑技术构成
（正文说明见第23～24页）

注：图中数据表示申请量，单位为项。

图2-1-10 全球主要申请人技术应用构成

（正文说明见第23~24页）

注：图中数据表示申请量，单位为项。

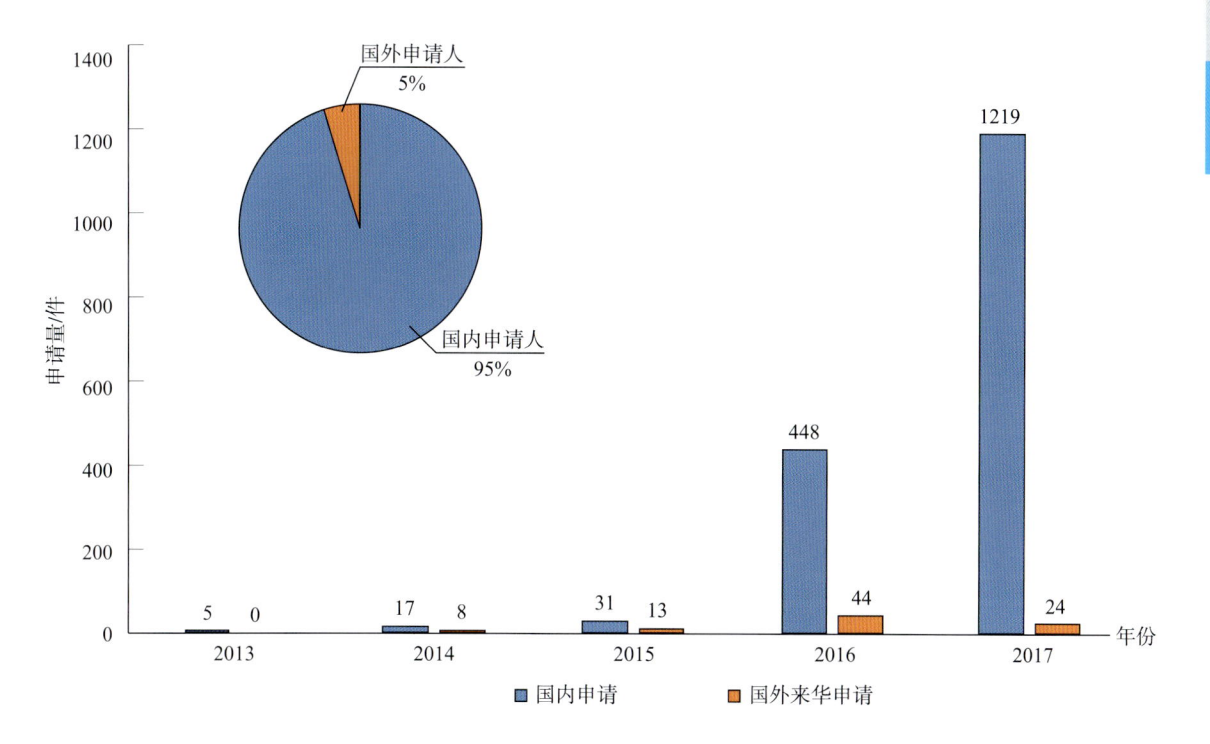

图2-2-1 区块链中国专利申请历年申请趋势

（正文说明见第24~25页）

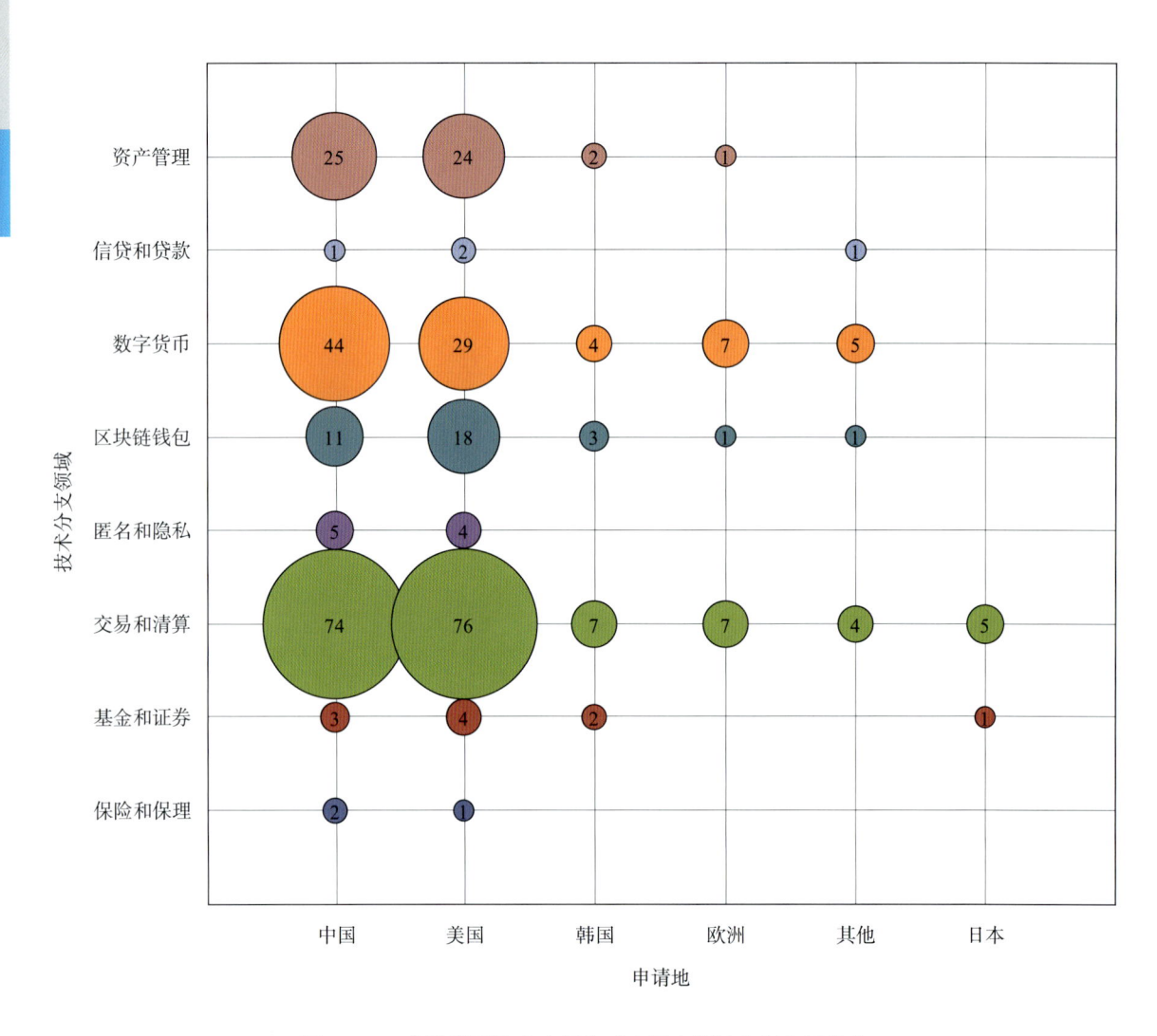

图4-2-5 金融货币技术应用全球主要申请地专利布局分布
（正文说明见第107~108页）

注：圈中数字表示申请量，单位为项。

编委会

主　任：贺　化

副主任：郑慧芬　雷春海

编　委：夏国红　白剑锋　刘　稚　于坤山

　　　　　郁惠民　杨春颖　张小凤　孙　琨

前　言

2018年是我国改革开放40周年，也是《国家知识产权战略纲要》实施10周年。在习近平新时代中国特色社会主义思想的引领下，为全面贯彻习近平总书记关于知识产权工作的重要指示和党中央、国务院决策部署，努力提升专利创造质量、保护效果、运用效益和管理水平，国家知识产权局继续组织开展专利分析普及推广项目，围绕国家重点产业的核心需求开展研究，为推动产业高质量发展提供有力支撑。

十年历程，项目在力践"普及方法、培育市场、服务创新"宗旨的道路上铸就品牌的广泛影响力。为了秉承"源于产业、依靠产业、推动产业"的工作原则，更好地服务产业创新发展，2018年项目再求新突破，首次对外公开申报，引导和鼓励具备相应研究能力的社会力量承担研究工作，得到了社会各界力量的积极支持与响应。经过严格的立项审批程序，最终选定13个产业开展研究，来自这些产业领域的企业、科研院所、产业联盟等25家单位或单独或联合承担了具体研究工作。组织近200名研究人员，历时6个月，圆满完成了各项研究任务，形成一批高价值的研究成果。项目以示范引领为导向，最终择优选取6项课题报告继续以《产业专利分析报告》（第65~70册）系列丛书的形式出版。这6项报告所涉及的产业包括新一代人工智能、区块链、第三代半导体、人工智能关键技术之计算机视觉和自然语言处理、高技术船舶、空间机器人，均属于我国科技创新和经济转型的核心产业。

方法创新是项目的生命力所在，2018年项目在加强方法创新的基础上，进一步深化了关键技术专利布局策略、专利申请人特点、专利产品保护特点、专利地图等多个方面的研究。例如，新一代人工智能课题组首次将数学建模和大数据分析方式引入专利分析，构建了动态的地域-技术热度混合专利地图；第三代半导体课题组对英飞凌公司的专利布局及运用策略进行了深入分析；区块链课题组尝试了以应用场景为切入点对涉及的关键技术进行了全面梳理。

项目持续稳定的发展离不开社会各界的大力支持。2018年来自社会各界的近百名行业技术专家多次指导课题工作，为课题顺利开展作出了贡献。各省知识产权局、各行业协会、产业联盟等在课题开展过程中给予了极大的支持。《产业专利分析报告》（第65~70册）凝聚社会各界智慧，旨在服务产业发展。希望各地方政府、各相关行业、相关企业以及科研院所能够充分发掘《产业专利分析报告》的应用价值，为专利信息利用提供工作指引，为行业政策研究提供有益参考，为行业技术创新提供有效支撑。

由于《产业专利分析报告》中专利文献的数据采集范围和专利分析工具的限制，加之研究人员水平有限，其中的数据、结论和建议仅供社会各界借鉴研究。

《产业专利分析报告》丛书编委会
2019年5月

项目联系人

孙　琨：62086193/13811628852/sunkun@cnipa.gov.cn

区块链行业专利分析课题研究团队

一、项目指导

国家知识产权局：贺　化　郑慧芬　雷春海

二、项目管理

国家知识产权局专利局：张小凤　孙　琨　王　涛

三、课题组

承担单位：国家知识产权局专利局专利审查协作天津中心

课题负责人：刘　稚

课题组组长：周胜生

课题组成员：朱丽娜　杨　雪　王力维　刘　江　王　琳　毛　峰
　　　　　　　刘俊源　谭明敏　任盈之　李　腾　王凯凯　夏晓蕾
　　　　　　　张晓娜

四、研究分工

数据检索：任盈之　王凯凯　夏晓蕾　张晓娜

数据清理：任盈之　王凯凯　夏晓蕾　张晓娜

数据标引：任盈之　王凯凯　夏晓蕾　张晓娜

图表制作：李　腾　任盈之　王凯凯　夏晓蕾　张晓娜

报告执笔：朱丽娜　王力维　刘　江　王　琳　毛　峰　刘俊源
　　　　　　谭明敏　李　腾　任盈之　王凯凯　夏晓蕾　张晓娜

报告统稿：周胜生　杨　雪

报告编辑：王　琳　任盈之　张晓娜

报告审校：刘　稚　周胜生

五、报告撰稿

朱丽娜：主要执笔第5章第5.6节

王力维：主要执笔第2章，第3章第3.3节、第3.4.1～3.4.2节，第7章

刘　江：主要执笔第 5 章第 5.7 节

王　琳：主要执笔第 3 章第 3.2.4 节、第 3.4.3 节，第 4 章第 4.3 节，第 5 章第 5.1 节

毛　峰：主要执笔第 3 章第 3.1.2 节、第 3.5 节，第 4 章第 4.2 节、第 4.4 节、第 4.6 节

刘俊源：主要执笔第 1 章、第 6 章

谭明敏：主要执笔第 4 章第 4.5 节

李　腾：主要执笔第 3 章第 3.2.1 节、第 3.2.2 节

任盈之：主要执笔第 4 章第 4.1 节

王凯凯：主要执笔第 5 章第 5.2～5.5 节

夏晓蕾：主要执笔第 3 章第 3.2.5 节

张晓娜：主要执笔第 3 章第 3.1.1 节、第 3.2.3 节

六、指导专家

技术专家（按姓氏字母排序）

王金剑　天津光链科技有限公司

王振凯　达闼科技有限公司

王宗友　腾讯科技有限公司

周瑛达　华为技术有限公司

专利分析专家

王星跃　国家知识产权局专利局初审及流程管理部

张雪凌　国家知识产权局专利局通信发明审查部

孙佳琛　国家知识产权局专利局通信发明审查部

七、合作单位

天津光链科技有限公司

目 录

第1章 绪 论 / 1
  1.1 研究背景 / 1
    1.1.1 发展历程 / 1
    1.1.2 基础模型与关键技术 / 3
    1.1.3 产业应用发展情况 / 4
    1.1.4 面临的问题 / 6
  1.2 研究方法和内容 / 6
    1.2.1 研究方法 / 6
    1.2.2 研究内容 / 7
    1.2.3 支撑技术分解 / 7
    1.2.4 技术应用分解 / 8
  1.3 数据检索和处理 / 10
  1.4 查全和查准评估 / 11
    1.4.1 查准率评估 / 11
    1.4.2 查全率评估 / 11
  1.5 相关事项和约定 / 11
    1.5.1 相关数据的解释和说明 / 12
    1.5.2 主要申请人名称约定 / 12

第2章 区块链技术专利态势分析 / 16
  2.1 全球专利申请态势分析 / 16
    2.1.1 申请趋势 / 16
    2.1.2 技术来源地和布局区域 / 18
    2.1.3 技术构成 / 18
    2.1.4 主要申请人 / 21
  2.2 中国专利申请态势分析 / 24
    2.2.1 申请趋势 / 24
    2.2.2 技术来源地 / 25
    2.2.3 技术构成 / 25

2.2.4 主要申请人 / 27
2.2.5 国外来华专利申请分析 / 28
2.2.6 国内区域分布 / 29
2.3 中美专利申请对比分析 / 30
2.3.1 申请趋势对比 / 30
2.3.2 技术构成对比 / 31
2.4 本章小结 / 31

第3章 关键支撑技术专利分析 / 33
3.1 关键支撑技术专利态势分析 / 33
3.1.1 全球专利申请态势 / 33
3.1.2 中国专利申请态势 / 36
3.2 数据层专利技术分析 / 38
3.2.1 全球专利态势 / 38
3.2.2 中国专利态势 / 42
3.2.3 关键技术——区块数据技术 / 45
3.2.4 关键技术——加解密技术 / 50
3.2.5 关键技术——数据管理技术 / 57
3.3 共识层专利技术分析 / 64
3.3.1 全球专利态势 / 64
3.3.2 共识层关键技术分析 / 68
3.4 合约层专利技术分析 / 83
3.4.1 全球专利态势 / 83
3.4.2 中国专利态势 / 85
3.4.3 关键技术——智能合约 / 86
3.5 本章小结 / 95

第4章 重点技术应用专利分析 / 98
4.1 重点技术应用专利态势分析 / 98
4.1.1 全球专利申请态势 / 98
4.1.2 中国专利申请态势 / 102
4.2 金融货币技术应用专利分析 / 104
4.2.1 全球专利态势 / 105
4.2.2 中国专利态势 / 109
4.2.3 金融货币技术应用专利分析 / 111
4.3 存在性证明技术应用专利分析 / 125
4.3.1 全球专利态势 / 125
4.3.2 中国专利态势 / 129
4.3.3 存在性证明技术应用专利分析 / 131

4.4 共享数据技术应用专利分析 / 143
 4.4.1 全球专利态势 / 144
 4.4.2 中国专利态势 / 147
 4.4.3 共享数据技术应用专利分析 / 150
4.5 应用技术专利申请可专利性分析 / 161
 4.5.1 避免落入《专利法》第五条规定的情形 / 161
 4.5.2 符合《专利法》第二条第二款的规定 / 161
 4.5.3 符合《专利法》第二十六条的规定 / 162
 4.5.4 符合《专利法》第二十二条的规定 / 163
4.6 本章小结 / 163

第5章 技术应用前景分析 / 167
5.1 金融业应用前景 / 167
 5.1.1 跨境支付 / 167
 5.1.2 保险业 / 171
 5.1.3 知识产权交易 / 174
5.2 数据权属应用前景 / 177
 5.2.1 数字身份 / 178
 5.2.2 网络安全 / 183
5.3 价值交换应用前景 / 186
 5.3.1 合约执行 / 186
 5.3.2 文化娱乐 / 190
5.4 共享数据应用前景 / 191
 5.4.1 医疗行业 / 192
 5.4.2 公益慈善 / 194
 5.4.3 票据与供应链金融 / 196
5.5 防伪溯源应用前景 / 198
 5.5.1 网约车 / 199
 5.5.2 食品安全领域 / 200
 5.5.3 P2P理财 / 202
5.6 存在的问题及专利布局点分析 / 203
 5.6.1 技术层面 / 203
 5.6.2 安全层面 / 205
 5.6.3 隐私保护层面 / 205
 5.6.4 应用层面 / 205
5.7 本章小结 / 206

第6章 重点申请人专利布局策略分析 / 210
6.1 常见专利布局策略介绍 / 210

6.2　主要申请人的确定 / 212
6.3　阿里巴巴专利布局分析 / 212
6.3.1　公司概况 / 212
6.3.2　时间布局 / 213
6.3.3　区域布局 / 213
6.3.4　技术构成 / 214
6.3.5　重要专利分析 / 214
6.3.6　发明人分析 / 216
6.3.7　专利布局策略分析 / 217
6.4　万事达卡专利布局分析 / 219
6.4.1　公司概况 / 219
6.4.2　时间布局 / 219
6.4.3　区域布局 / 220
6.4.4　技术构成 / 220
6.4.5　重要专利分析 / 221
6.4.6　发明人分析 / 223
6.4.7　专利布局策略分析 / 223
6.5　nChain专利布局分析 / 224
6.5.1　公司概况 / 224
6.5.2　时间布局 / 224
6.5.3　区域布局 / 225
6.5.4　技术构成 / 225
6.5.5　重要专利分析 / 226
6.5.6　发明人分析 / 228
6.5.7　专利布局策略分析 / 228
6.6　IBM专利布局分析 / 229
6.6.1　公司概况 / 229
6.6.2　时间布局 / 230
6.6.3　区域布局 / 230
6.6.4　技术构成 / 231
6.6.5　重要专利分析 / 231
6.6.6　发明人分析 / 232
6.6.7　专利布局策略分析 / 233
6.7　电子科技大学专利布局分析 / 233
6.7.1　学校概述 / 233
6.7.2　时间布局 / 234
6.7.3　区域布局 / 234

6.7.4　技术构成 / 235
　　6.7.5　重要专利分析 / 235
　　6.7.6　发明人分析 / 237
　　6.7.7　专利布局策略分析 / 238
　6.8　重点申请人专利布局策略比较 / 238
　6.9　本章小结 / 241

第7章　结论及建议 / 242
　7.1　结　论 / 242
　7.2　建　议 / 244
　　7.2.1　发挥政府积极引导促进作用，鼓励技术创新和进步 / 244
　　7.2.2　创新主体抓住发展机遇，加大高价值专利培育力度 / 245
　　7.2.3　区块链人才成为关键环节，多措并举加大培养力度 / 247

图索引 / 248
表索引 / 252

第 1 章 绪 论

1.1 研究背景

区块链（Blockchain）是一项通过去中心化和去信任的方式集体维护一个可靠数据库的技术。如果将区块链喻为记录历史所有交易的账本，每页账本就是一个区块，区块按时间顺序依次链接每个区块记录前一区块的 ID 值，由此形成链状结构，其中，每个区块记录一定时间内的若干笔交易。区块链基于 P2P 网络，每个参与的计算机节点权利与义务均等。在这样的去中心化系统中，为避免节点各自记账引起混乱，使用了如下方法：基于"共识机制"，决策出某节点获得记账权，该节点通过密码学生成一个区块，盖上时间戳，在区块内写入这段时间内的若干笔交易信息，由其他多个节点确认校验，一致通过后，全网其他节点同步更新总账本。

区块链具有去中心化、时序数据、集体维护、可编程和安全可信等特点。

第一是去中心化。区块链数据的验证、记账、存储、维护和传输等过程均是基于分布式系统结构，采用纯数学方法而不是中心机构来建立分布式节点间的信任关系，从而形成去中心化的可信任的分布式系统。第二是时序数据。区块链采用带有时间戳的链式区块结构存储数据，从而为数据增加了时间维度，具有极强的可验证性和可追溯性。第三是集体维护。区块链系统采用特定的经济激励机制来保证分布式系统中所有节点均可参与数据区块的验证过程（如比特币的"挖矿"过程），并通过共识算法来选择特定的节点将新区块添加到区块链。第四是可编程。区块链技术可提供灵活的脚本代码系统，支持用户创建高级的智能合约、货币或其他去中心化应用。例如，以太坊（Ethereum）平台即提供了图灵完备的脚本语言以供用户来构建任何可以精确定义的智能合约或交易类型。第五是安全可信。区块链技术采用非对称密码学原理对数据进行加密，同时借助分布式系统各节点的工作量证明等共识算法形成的强大算力来抵御外部攻击，保证区块链数据不可篡改和不可伪造，因而具有较高的安全性。[1]

1.1.1 发展历程

探寻区块链的机制和发展，比特币永远是无法绕过的话题。区块链作为一种独立的技术出现，最早可以追溯到比特币系统中。2008 年一个笔名为"中本聪"的人发布了一篇名为《比特币：一种点对点的电子现金系统》的文章，又在 2009 年公开了其早

---

[1] 袁勇，王飞跃. 区块链技术发展现状与展望[J]. 自动化学报，2016，42（4）：481-494.

期的实现代码，比特币就此诞生。

如果从比特币诞生开始计算，区块链技术已有超过10年的发展历史。目前区块链的发展方向主要可以分为公有链和联盟链：前者以比特币和以太坊为代表，任何人都可以随时加入其中，链上记录对所有人公开；后者则由指定区块链的参与成员组成联盟，成员之间的业务往来信息被记录在区块链中，限定了使用规模和权限，典型代表如Linux基金会旗下的开源区块链项目Hyperledger等。

在比特币网络中，比特币的总发行量受区块产生数量与时间的制约，由其工作量证明机制对新发行货币的数量与速度进行限定。工作量证明机制成为比特币区块链系统中的全网共识协定，没有任何个人及机构能够随意修改其中的供应量及交易记录。在比特币网络较为成熟运行并快速吸引投资用户后，部分金融机构与学术团体开始意识到，位于比特币网络底层的区块链技术是支撑其实现分布式账本与点对点价值传输的核心。表1-1-1示出了区块链的发展阶段。

表1-1-1 区块链的发展阶段表❶

区块链发展阶段	典型事件	作用
2009~2014年（区块链1.0）	比特币系统公布	区块链技术起源
2014~2017年（区块链2.0）	以太坊、超级账本等区块链开源项目发布	区块链协议层和框架层优化，智能合约支持，公有链和联盟链方向出现
2017年至今	商业应用项目爆发出现，但仍未大规模落地	区块链在不同行业的应用探索，可能向3.0进化

2009~2014年，区块链处于1.0时代。区块链1.0是以数字货币为主要应用的狭义区块链系统，是以比特币为代表的数字货币应用，其场景包括支付、流通等货币职能。在此类区块链的应用中的交易双方可以在无需中介机构参与、无信任协作者的条件下集体维护一个不可篡改的分布式账本。

2014~2017年，区块链处于2.0时代。区块链2.0是数字货币与智能合约相结合，对金融领域更广泛的场景和流程进行优化的应用。在这段时间里，业界许多领域开始使用区块链进行业务试点，例如跨境支付、产业链追溯和智能合约等。智能合约的出现将区块链带入了一个新的应用时代，这标志着区块链2.0开始脱离单一的数字货币领域，走向了服务更多产业的数字内容的新征途。

2017年至今，区块链处于区块链3.0时代。区块链3.0超出金融领域，为各种行业提供去中心化解决方案。区块链技术在社会领域下的应用场景实现，将区块链技术拓展到金融领域之外，为各种行业提供去中心化解决方案的"可编程社会"。区块链3.0涉及日常生活的方方面面，更加具有实用性，将赋能各行业不再依赖于第三方或某

---

❶ 2018华为区块链白皮书[EB/OL].（2018-04-20）[2018-12-14].http://www.sohu.com/a/228948608_654086.

机构去获取信任与建立信用,能够通过实现信任的方式提高整体系统的工作效率。

1.1.2 基础模型与关键技术

区块链技术的基础架构模型如图 1-1-1 所示。一般说来,区块链系统由数据层、网络层、共识层、激励层、合约层组成。该基础架构模型中,基于时间戳的链式区块结构及分布式节点的共识机制、基于共识算力的经济激励和灵活可编程的智能合约是区块链技术最具代表性的创新点。

```
┌─────────────────────────────────────────┐
│  脚本代码      算法机制      智能合约      │
│              合约层                      │
└─────────────────────────────────────────┘
┌─────────────────────────────────────────┐
│  发行机制                  分配机制        │
│              激励层                      │
└─────────────────────────────────────────┘
┌─────────────────────────────────────────┐
│  PoW    PoS    DPoS    ……              │
│              共识层                      │
└─────────────────────────────────────────┘
┌─────────────────────────────────────────┐
│  P2P网络     传播机制      验证机制        │
│              网络层                      │
└─────────────────────────────────────────┘
┌─────────────────────────────────────────┐
│  数据区块    链式结构      时间戳          │
│  哈希算法    Merkle树     非对称加密       │
│              数据层                      │
└─────────────────────────────────────────┘
```

图 1-1-1 区块链基础架构模型❶

1.1.2.1 数据层

数据层封装了底层数据区块以及相关的数据加密和时间戳等技术,狭义的区块链可以被认为是一种被去中心化系统各节点共享的数据账本。每个分布式节点都可以通过特定的哈希算法和 Merkle 树数据结构,将一段时间内接收到的交易数据和代码封装到一个带有时间戳的数据区块中,并链接到当前最长的主区块链上,形成最新的区块。该过程涉及数据区块、链式结构、哈希算法、Merkle 树和时间戳等技术要素。

1.1.2.2 网络层

网络层封装了区块链系统的组网方式、消息传播协议和数据验证机制等要素。结合实际应用需求,通过设计特定的传播协议和数据验证机制,可使得区块链系统中的每一个节点都能参与区块数据的校验和记账过程,仅当区块数据通过全网大部分节点验证后,才能记入区块链。

---

❶ 袁勇,王飞跃.区块链技术发展现状与展望 [J].自动化学报,2016,42 (04):481-494.

1.1.2.3 共识层

共识层主要封装网络节点的各类共识算法，如何在分布式系统中高效地达成共识是分布式计算领域的重要研究问题。正如社会系统中"民主"和"集中"的关系，决策权分散的系统达成共识的效率较低，但系统稳定性较好；而决策权集中的系统易达成共识，但同时易出现专制和独裁。区块链技术的核心优势之一就是能够在决策权高度分散的去中心化系统中使各节点高效地针对区块数据的有效性达成共识。早期的比特币采用高度依赖节点算力的工作量证明（Proof of Work，PoW）机制来保证比特币网络分布式记账的一致性。随着区块链技术的发展和各种竞争币的相继涌现，研究者提出多种不依赖算力而能够达成共识的机制，例如点点币首创的权益证明（Proof of Stake，PoS）共识和比特股首创的授权权益证明机制（Delegated Proof of Stake，DPoS）等。区块链共识层即封装了这些共识机制。

1.1.2.4 激励层

激励层将经济因素集成到区块链技术体系中来，主要包括经济激励的发行机制和分配机制等。区块链共识过程通过汇聚大规模共识节点的算力资源来实现共享区块链账本的数据验证和记账工作，因而其本质上是一种共识节点间的任务众包过程。去中心化系统中的共识节点本身是自利的，最大化自身收益是其参与数据验证和记账的根本目标。因此，必须设计激励相容的合理众包机制，使得共识节点最大化自身收益的个体理性行为与保障去中心化区块链系统的安全和有效性的整体目标相吻合。区块链系统通过设计适度的经济激励机制并与共识过程相集成，从而汇聚大规模的节点参与并形成了对区块链历史的稳定共识。

1.1.2.5 合约层

合约层主要封装各类脚本代码、算法机制和智能合约，是区块链可编程特性的基础。如果说数据、网络和共识3个层次作为区块链底层"虚拟机"分别承担数据表示、数据传播和数据验证功能的话，合约层则是建立在区块链"虚拟机"之上的商业逻辑和算法，是实现区块链系统灵活编程和操作数据的基础。包括比特币在内的数字加密货币大多采用非图灵完备的简单脚本代码来编程控制交易过程，这也是智能合约的雏形；随着技术的发展，目前已经出现以太坊等图灵完备的、可实现更为复杂和灵活的智能合约的脚本语言，使得区块链能够支持宏观金融和社会系统的诸多应用。

1.1.3 产业应用发展情况

目前我国区块链产业链条已经形成，从上游的硬件制造、平台服务、安全服务，到下游的产业技术应用服务，到保障产业发展的行业投融资、媒体、人才服务，各领域的公司已经基本完备，协同有序，共同推动产业不断前行。图1-1-2示出了中国区块链产业生态。

从区块链产业细分领域新成立公司分布状况来看，截至2018年3月底，区块链领域的行业应用类公司数量最多，其中为金融行业应用服务的公司数量达到86家，为实体经济应用服务的公司数量达到109家。此外，区块链解决方案、底层平台、区块链媒体及社区领域的相关公司的数量均在40家以上。

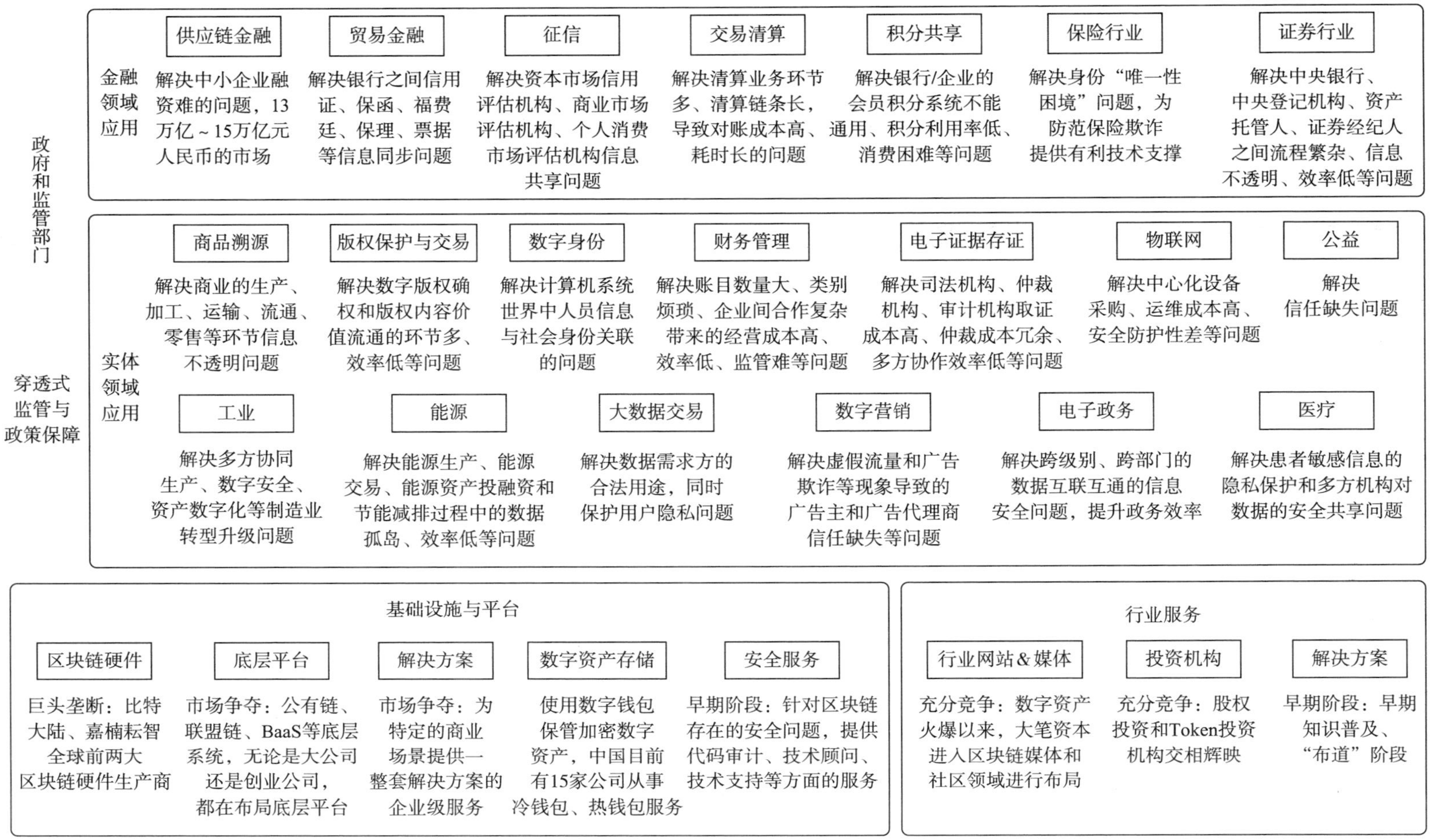
政府和监管部门
穿透式监管与政策保障
金融领域应用
供应链金融
解决中小企业融资难的问题，13万亿～15万亿元人民币的市场
贸易金融
解决银行之间信用证、保函、福费廷、保理、票据等信息同步问题
征信
解决资本市场信用评估机构、商业市场评估机构、个人消费市场评估机构信息共享问题
交易清算
解决清算业务环节多、清算链条长，导致对账成本高、耗时长的问题
积分共享
解决银行/企业的会员积分系统不能通用、积分利用率低、消费困难等问题
保险行业
解决身份“唯一性困境”问题，为防范保险欺诈提供有利技术支撑
证券行业
解决中央银行、中央登记机构、资产托管人、证券经纪人之间流程繁杂、信息不透明、效率低等问题
实体领域应用
商品溯源
解决商业的生产、加工、运输、流通、零售等环节信息不透明问题
版权保护与交易
解决数字版权确权和版权内容价值流通的环节多、效率低等问题
数字身份
解决计算机系统世界中人员信息与社会身份关联的问题
财务管理
解决账目数量大、类别烦琐、企业间合作复杂带来的经营成本高、效率低、监管难等问题
电子证据存证
解决司法机构、仲裁机构、审计机构取证成本高、仲裁成本冗余、多方协作效率低等问题
物联网
解决中心化设备采购、运维成本高、安全防护性差等问题
公益
解决信任缺失问题
工业
解决多方协同生产、数字安全、资产数字化等制造业转型升级问题
能源
解决能源生产、能源交易、能源资产投融资和节能减排过程中的数据孤岛、效率低等问题
大数据交易
解决数据需求方的合法用途，同时保护用户隐私问题
数字营销
解决虚假流量和广告欺诈等现象导致的广告主和广告代理商信任缺失等问题
电子政务
解决跨级别、跨部门的数据互联互通的信息安全问题，提升政务效率
医疗
解决患者敏感信息的隐私保护和多方机构对数据的安全共享问题
基础设施与平台
区块链硬件
巨头垄断：比特大陆、嘉楠耘智全球前两大区块链硬件生产商
底层平台
市场争夺：公有链、联盟链、BaaS等底层系统，无论是大公司还是创业公司，都在布局底层平台
解决方案
市场争夺：为特定的商业场景提供一整套解决方案的企业级服务
数字资产存储
使用数字钱包保管加密数字资产，中国目前有15家公司从事冷钱包、热钱包服务
安全服务
早期阶段：针对区块链存在的安全问题，提供代码审计、技术顾问、技术支持等方面的服务
行业服务
行业网站＆媒体
充分竞争：数字资产火爆以来，大笔资本进入区块链媒体和社区领域进行布局
投资机构
充分竞争：股权投资和Token投资机构交相辉映
解决方案
早期阶段：早期知识普及、“布道”阶段

图 1-1-2　中国区块链产业生态[1]

[1] 工信部发布《2018中国区块链产业白皮书》［EB/OL］.［2018-12-14］. https://baijiahao.baidu.com/s?id=1601165775785933483&wfr=spider&for=pc.

从区块链产业细分领域投资事件分布状况来看，行业应用服务相关公司投资事件数最多，总共达到了 113 起，可见投资人对于有具体的应用场景、能够实际落地的项目越来越看重。底层平台领域的投资事件数为 42 起，区块链媒体及社区领域的投资事件数也达到了 28 起。区块链领域正在吸引越来越多的创业者和资本入场，成为创新创业的新热点。随着区块链技术的发展以及应用的加速落地，产业规模将不断增加，该领域未来有望成为新的经济增长点。

区块链技术不仅受到了创业企业的青睐，也受到了互联网巨头企业的广泛关注，互联网巨头企业纷纷拓展区块链业务，快速推动我国区块链产业发展。

1.1.4 面临的问题

虽然区块链越来越受到人们的关注，关于区块链的应用也越来越多，但是课题组通过企业调研、参加行业峰会、邀请专家座谈等多种方式了解到区块链发展中仍然存在诸多问题，主要集中在以下几个方面：

第一是技术研发点和行业应用模式尚不明确，技术的不成熟制约了商业的应用落地。目前隐私保护算法、共识机制等区块链核心技术虽然种类较多，但是普遍来说还不具备商业可用性，如何通过技术上的改进促进区块链的商业应用是目前亟待解决的问题。此外，区块链的应用模式仍在探索中，还没有找到真正的"杀手级"应用，区块链的"不可替代"优势还未体现。

第二是区块链尚无统一的行业标准。虽然工业和信息化部公布了《全国区块链和分布式记账技术标准化技术委员会筹建方案公示》，初步明确了区块链标准化方案，但是目前国内外区块链领域还没有统一的标准，区块链应用面临兼容性和互操作性差的问题，区块链开发和部署缺乏标准化引导。

第三是区块链的安全性有待提高。包括底层代码的安全性、密码学算法的安全性、共识机制的安全性、智能合约的安全性、链上数据隐私的保护等，令区块链面临着在平台安全和应用安全上的严峻形势。

第四是作为快速兴起的新技术，区块链在多个行业均具有广泛的应用前景，如何撰写专利申请使好的技术获得恰当的授权保护范围，对于很多企业来说是亟须获得指导之处。

第五是行业专业人才相对稀缺。区块链技术是一门多学科跨领域的技术，涉及操作系统、网络通信、密码学、数学、金融、生产等，虽然目前已有部分高等院校开展了交叉学科教育、区块链专项技能学科设定，但专业人才在市场上仍十分稀缺。

课题组通过对区块链专利技术进行分析，全面多维度了解区块链发展历史及区块链专利技术研究现状，以期从中发现上述问题的解决方案。

1.2 研究方法和内容

1.2.1 研究方法

课题组通过调研研究法、文献研究法以及比较研究法对区块链专利技术进行了分析。

调研研究法是指深入多家企业调研，交流创新主体对区块链技术及应用的看法，向企业求证课题组划分的技术分支，确保所划分的分支符合行业一般认知；制作调查问卷，分发给有关人员，然后回收整理、统计和研究。

文献研究法是指通过广泛阅读区块链相关的非专利文献，了解有关问题的区块链的发展历史和现状，有助于了解事物的全貌。

比较研究法是指通过时间、地域、申请人、技术分支等多维度对区块链全球和中国专利申请进行比较分析，得到区块链专利布局态势、热点技术、主要申请人等信息。

1.2.2 研究内容

课题组通过在互联网广泛检索并了解区块链领域的支撑技术内容划分和技术应用场景划分，针对所面临的问题，将区块链技术分解为支撑技术分支和技术应用分支。基于专利分析研究的需求，经深入多家企业调研，结合面临的问题，逐步修订并最终确定了支撑技术分支及技术应用分支的整体框架。随后，针对全球区块链技术专利申请进行检索，对检索结果进行人工标引，并根据标引结果对支撑技术分解表和技术应用分解表作最终完善处理。课题组对上述经过人工标引的专利数据进行详细分析，得到本报告第 1~7 章。

第 1 章主要介绍区块链技术及产业应用发展情况，同时介绍区块链专利数据检索和处理情况。第 2 章从整体上分析了区块链全球和中国专利申请的趋势、区域布局、技术构成以及主要申请人，同时分析了国外来华专利申请；对区块链在全球最主要的技术来源国和目标国——中国和美国——的专利申请作了对比分析。第 3 章对区块链支撑技术的全球和中国专利申请进行了分析，并对支撑技术的 5 项关键技术——数据层、共识层、合约层进行了具体的分析，选取数据层中的区块数据技术、加解密技术、数据管理技术，共识层中的共识算法、共识流程预处理，合约层中的智能合约——绘制技术发展路线，给出重要专利列表。第 4 章对区块链技术应用的全球和中国专利申请进行了分析，并对技术应用中的重点应用场景金融货币、存在性证明、共享数据进行了详细分析。同时，为避免涉及区块链技术应用的专利申请因撰写不当导致不可专利性的问题，课题组还对区块链技术应用专利申请的可专利性进行了分析。第 5 章从专利分析的角度出发，结合区块链技术的特点，为现有行业运行过程中的痛点问题寻找专利解决方案；同时研究了在运用过程中亟待解决的问题，为区块链技术更广泛的应用提供更优的解决方案，为行业发展、专利突破提供指引。第 6 章选取了区块链领域的 5 位重点申请人，对它们的专利申请量、申请年份、主要市场、技术分布以及重点专利进行分析，同时分析了各重点申请人的专利布局策略。第 7 章是课题组在专利分析基础上给出的结论和建议。

1.2.3 支撑技术分解

支撑技术分解主要采取"技术-技术构成"的方式，遵循了"符合行业标准、认知、习惯"与"便于专利数据检索、标引"二者统一的原则，将区块链支撑技术分为数据层、网络层、共识层、激励层和合约层。具体分解情况如表 1-2-1 所示。

表 1-2-1 区块链支撑技术分解表

支撑技术	数据层	区块数据
		加解密
		时间戳
		哈希算法
		链式结构
		数据管理技术
		数据验证机制
	网络层	P2P 网络
		分布式组网
	共识层	共识算法
		共识流程预处理
	激励层	发行机制
		分配机制
	合约层	智能合约
		脚本代码

数据层包括区块数据、加解密、时间戳、哈希算法、链式结构、数据管理技术、数据验证机制 7 项技术，网络层包括 P2P 网络和分布式组网 2 项技术，共识层包括共识算法和共识流程预处理 2 项技术，激励层包括发行机制和分配机制 2 项技术，合约层包括智能合约和脚本代码 2 项技术。

1.2.4 技术应用分解

区块链技术目前应用场景较多，基于"区块链 +"技术的智能化应用也从不同程度上促进了经济发展和社会进步。由区块链独特的技术设计可见，区块链系统具有分布式高冗余存储、时序数据且不可篡改和伪造、去中心化应用、自动执行的智能合约、安全和隐私保护等显著的特点，使得区块链技术不仅可以成功应用于数据加密货币领域，同时在经济、金融和社会系统中也存在广泛的应用场景。

对区块链技术应用的具体分解情况如表 1-2-2 所示。

表1-2-2 区块链技术应用分解表

技术应用	金融货币	数字货币支付
		交易、清算
		资产管理
		区块链钱包
		信贷、贷款
		保险、保理
		基金、证券
		匿名、隐私
	数据权属	用户控制
		VPN 资源管理
		通信工具、平台
		数字身份
		网络安全
	价值交换	内容变现
		数据信息交易
		市场服务
		社交影音、娱乐
		云、分布式存储
		计算
	共享数据	互联网、物联网
		供应链、物流
		内容发布
		信誉
		能源、电网
		购票
		内容维护
	存在性证明	防伪溯源
		公证认证
		医疗、健康管理
		版权保护
		证据保全

1.3 数据检索和处理

中英文数据库的检索策略由课题组所有成员和指导专家共同协商确定。各技术分支在检索中均考虑到不同数据库的特点，并根据技术特点确定最终检索策略。各技术分支均以中国专利全文数据库（CNTXT 数据库）为主，以中国专利文献检索系统（CNABS 数据库）的数据为补充。根据课题一级技术分支的平行独立性，采用"分—总"式的检索策略。对于一个技术分支，先全面检索、保证查全，再通过各种去噪方式（包括分类号去噪、关键词去噪以及人工阅读手工去噪）逐步剥离无关项，达到可接受的查准率。全球专利的检索在德温特世界专利索引数据库（DWPI 数据库）中进行。在检索中根据不同数据库的特点及区块链支撑技术和技术应用本身的特点确定检索要素和策略。检索要素如表 1-3-1 所示。

表 1-3-1　检索要素

	区块链
中文关键词	区块链、比特币、莱特币、狗狗币、以太币、以太坊、智能合约、工作量证明、权益证明、公有链、联盟链、私有链、拜占庭容错、分布式账本、分布式记账、分布式总账、公开总账本、分布式应用账本、共识机制、虚拟货币、虚拟数字币、矿机、矿池、电子货币、数字货币、去中心化、无中心化、共识、分布式应用、挖矿、采矿、矿工
英文关键词	blockchain、block chain、bitcoin、litecoin、dogcoin、Ethereum、smart contract、proof of work、proof of stake、delegated proof of stake、practical byzantine fault tolerance、distributed ledger、decentralized ledger、digital currency、digital money、Crypto Currency、CryptoCurrency、consensus、decentralize、Mining、Consensus、decentralization、hyperledger
分类号	G06Q、H04L、G06F、G06K、H04W、G09C、H04N、H04K、H04M、G07F、G06N、G07C、G16H

本课题通过检索—验证—分析原因—继续检索—验证，实现数据查全和查准。采用关键词和多种分类号相结合的检索方式，先确定一个技术分支的范围，然后利用分类号、关键词或两者的结合进行初步检索，通过阅读相关专利文献来进一步扩展关键词，调整检索策略，并用申请人进行补全，归纳噪声文献特点，进行初步去噪，然后进行查全率和查准率验证，根据验证的结果分析漏检和引入噪声的原因，再进一步调整检索式，如此反复至查全率和查准率满足要求。最终，区块链支撑技术和技术应用各分支文献量如表 1-3-2 和表 1-3-3 所示。

表1-3-2 区块链支撑技术各分支文献量

检索结果	总量	数据层	共识层	合约层	网络层	激励层
全球/项	1478	1058	123	221	49	27
中国/件	1063	738	101	176	32	16

表1-3-3 区块链技术应用各分支文献量

检索结果	总量	金融货币	存在性证明	数据权属	共享数据	价值交换
全球/项	1812	696	484	303	264	65
中国/件	1219	424	349	190	214	42

1.4 查全和查准评估

查全率和查准率是评估检索结果优劣的指标。

1.4.1 查准率评估

由于课题组对每篇中文及英文文献的检索结果均进行了人工查阅和标引，因此区块链下各分支的中文检索和英文检索的查准率都接近100%。

1.4.2 查全率评估

在对区块链领域重要申请人进行分析时，由于几乎未引入任何会导致实质缩小检索范围的检索要素来限定申请人的相关集合，因此，实际上是对相关申请人的区块链专利进行的人工标引，从而可以认为，对于所研究的重要申请人的专利检索结果的查全率接近100%。需要进行查全率分析的是针对全领域进行检索获得的检索结果。

查全评估主要是基于申请人和/或发明人和基于中英文反证来构建查全测试样本专利文献集合，即在阅读的专利文献中搜集非重要申请人和/或发明人所申请的专利文献作为测试样本，以及将中文及英文检索结果中经过清理、标引后的数据作为样本。选取多个非重要申请人的其他抽样，得到查全率结果。查全率计算公式为：查全率＝测试样本/检索结果集合×100%。

本报告根据上述评估查全率的方法对中文及英文检索结果的查全率进行了验证，得到区块链专利申请检索结果的查全率为85%。可见，区块链领域的中英文检索结果的查全率能够满足研究需要。

1.5 相关事项和约定

为保证本报告表述内容的一致性，在此对相关内容作以下约定。

1.5.1 相关数据的解释和说明

项：同一项发明可能在多个国家或地区提出专利申请，DWPI 数据库将这些相关的多件申请作为一条记录。在进行专利申请数量统计时，对应数据库中以一族（这里的"族"指的是同族专利中的"族"）数据的形式出现的一系列专利文献，计算为一"项"。一般情况下，专利申请的项数对应于技术的数目。

件：在进行专利申请量统计时，例如为了分析申请人在不同国家、地区或组织所提出的专利申请的分布情况，将同族专利申请分开进行统计，所得到的结果对应于申请的件数。一项专利申请可能对应于一件或多件专利申请。

专利族：同一项发明创造在多个国家申请专利而产生的一组内容相同或基本相同的专利文献出版物，称为一个专利族。从技术角度看，属于同一专利族的多件专利申请可视为同一项技术。在本课题中，针对技术和专利技术原创国分析时对同族专利进行了合并统计，针对专利在国家或地区的公开情况进行分析时对各件专利进行了单独统计。

涉讼专利：涉及诉讼的专利。
全球申请：申请人在全球范围内的各专利局提出的专利申请。
中国申请：申请人在中国国家知识产权局提出的专利申请。
多边申请：因为同一项发明专利可能在多个国家或地区提出专利申请，本报告中的"多边"申请是指同时在两个或两个以上国家或地区提出的专利申请。
专利被引频次：指专利文献被在后申请的其他专利文献引用的次数。
国内申请：中国申请人在中国国家知识产权局的专利申请。
国外来华申请：外国申请人在中国国家知识产权局的专利申请。
日期规定：依照最早优先权日确定每年的专利数量，无优先权日以申请日为准。

本报告所涉及的专利数据检索截止日期为 2018 年 8 月 6 日。由于不同国家或地区的专利公布时间不同，在对申请人、国别等项目比较时，为了确保数据更具可比性，部分数据的截止时间更早。

1.5.2 主要申请人名称约定

由于翻译或者存在子母公司、企业兼并重组等因素，在对专利申请人的表述上存在一定的差异。为便于本课题的规范，以下对主要申请人名称进行统一。主要申请人名称的约定见表 1-5-1。

表 1-5-1 主要申请人名称约定

约定名称	对应申请人名称及注释	申请人类型
阿里巴巴	阿里巴巴集团控股有限公司	国内公司
万事达卡	万事达卡国际股份有限公司	国外公司

续表

约定名称	对应申请人名称及注释	申请人类型
IBM	国际商业机器公司 International Business Machine	国外公司
杭州云象网络	杭州云象网络技术有限公司	国内公司
美国银行	美国银行 American Bank	国外公司
中国人民银行	中国人民银行 中国人民银行数字货币研究所 中国人民银行印制科学技术研究所	国内公司
北京瑞卓喜投	北京瑞卓喜投科技发展有限公司	国内公司
中国联通	中国联合网络通信集团有限公司	国内公司
江苏通付盾	江苏通付盾科技有限公司	国内公司
nChain	NCHAIN HOLDINGS LIMITED EITC HOLDINGS LTD 恩链控股有限公司 엔체인홀딩스리미티드	国外公司
Coinplug	코인플러그 Coinplug INC	国外公司
中链科技	中链科技有限公司	国内公司
深圳市轱辘车联	深圳市轱辘车联数据技术有限公司	国内公司
深圳前海微众	深圳市前海微众银行股份有限公司	国内公司
深圳前海达闼	深圳市前海达闼云端智能科技有限公司	国内公司
上海唯链	上海唯链信息科技有限公司	国内公司
杭州复杂美	杭州复杂美科技有限公司	国内公司
布比网络	布比（北京）网络技术有限公司	国内公司
天津米游	天津米游科技有限公司	国内公司
北京云图科瑞	北京云图科瑞科技有限公司	国内公司
北京量子保	北京量子保科技有限公司	国内公司
北京果仁宝	北京果仁宝科技有限公司	国内公司
上海钜真	上海钜真金融信息服务有限公司	国内公司
北京区块链云	北京区块链云科技有限公司	国内公司
北京知金链	北京知金链网络科技有限公司	国内公司
武汉凤链	武汉凤链科技有限公司	国内公司
杭州秘猿	杭州秘猿科技有限公司	国内公司
北京云知科技	北京云知科技有限公司	国内公司
现在北京支付	现在北京支付股份有限公司	国内公司

续表

约定名称	对应申请人名称及注释	申请人类型
北京天德科技	北京天德科技有限公司	国内公司
浪潮	浪潮电子信息产业股份有限公司 济南浪潮高新科技投资发展有限公司	国内公司
深圳银链	深圳银链科技有限公司	国内公司
三井住友银行	株式会社三井住友银行	国外公司
芝加哥商业交易所	CHICAGO MERCANTILE EXCHANGE INC	国外公司
湖南搜云网络	湖南搜云网络科技股份有限公司	国内公司
腾讯科技	深圳市腾讯计算机系统有限公司	国内公司
济南曼维信息	济南曼维信息科技有限公司	国内公司
北京太一云	北京太一云科技有限公司	国内公司
北京乐酷达	北京乐酷达网络科技有限公司	国内公司
喜悦智慧实验室	深圳市喜悦智慧实验室有限公司	国内公司
北京金股链	北京金股链科技有限公司	国内公司
平安科技	平安科技（深圳）有限公司	国内公司
杭州趣链	杭州趣链科技有限公司	国内公司
捷码数位科技	捷码数位科技有限公司	国内公司
中国银行	中国银行股份有限公司	国内公司
中国移动	中国移动通信有限公司研究院	国内公司
北京众享比特	北京众享比特科技有限公司	国内公司
中国银联	中国银联股份有限公司	国内公司
合肥维天运通	合肥维天运通信息科技股份有限公司	国内公司
杭州纳戒科技	杭州纳戒科技有限公司	国内公司
日本电气	日本电气股份有限公司	国外公司
上海凭安	上海凭安网络科技有限公司	国内公司
上海亿账通	上海亿账通区块链科技有限公司 上海壹账通金融科技有限公司	国内公司
杭州天谷信息	杭州天谷信息科技有限公司	国内公司
众安信息技术	众安信息技术服务有限公司	国内公司
微软	微软技术许可有限责任公司	国外公司
中电三十所	中国电子科技集团公司第三十研究所	国内科研院所
南京喜玛拉云	南京喜玛拉云信息技术有限公司	国内公司

续表

约定名称	对应申请人名称及注释	申请人类型
富士通	富士通株式会社	国外公司
樊溪电子	深圳市樊溪电子有限公司	国内公司
中金云金融	中金云金融北京大数据科技股份有限公司	国内公司
深圳市淘淘谷	深圳市淘淘谷信息技术有限公司	国内公司
惠众商务	惠众商务顾问北京有限公司	国内公司
宁圣金融	宁圣金融信息服务上海有限公司	国内公司
弗洛格（武汉）	弗洛格（武汉）信息科技有限公司	国内公司
INGENICO	INGENICO GROVR（巴黎）	国外公司
中钞信用卡	中钞信用卡产业发展有限公司	国内公司
浙江图讯	浙江图讯科技股份有限公司	国内公司
上海瑞麒维	上海瑞麒维网络科技有限公司	国内公司
中兴	中兴通讯股份有限公司	国内公司
日本电信	日本电信电话株式会社	国外公司
区块链控股	区块链控股有限公司	国外公司

第 2 章　区块链技术专利态势分析

本章将分析区块链全球和中国专利申请的概况,重点研究区块链整体和支撑技术、技术应用各分支的专利申请趋势、专利申请人分布等。通过梳理区块链行业的技术发展历程和分析行业整体专利态势,帮助业内人士对区块链领域有一个总体了解,掌握各支撑技术和技术应用分支的发展变化和研发热点。

2.1　全球专利申请态势分析

2.1.1　申请趋势

从 2008 年到检索截止日,区块链全球专利申请总量为 2688 项,区块链全球专利申请经历了从个位数的年申请量到每年涌现上千项专利申请的过程。伴随着区块链技术的日益发展和应用日渐推广,区块链领域的专利申请呈现快速增长态势,预计之后几年内依旧呈增长态势。

图 2-1-1 示出了区块链全球专利历年申请趋势,区块链领域的专利申请量总体上呈现增长的态势。

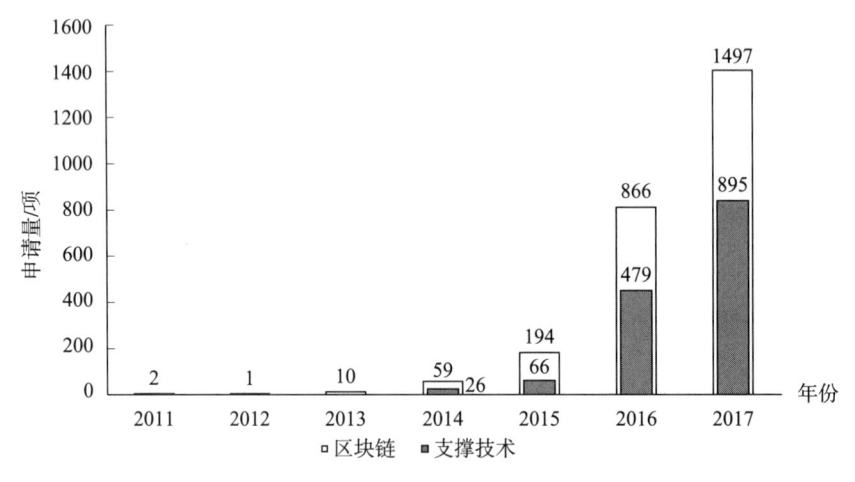

图 2-1-1　区块链全球专利历年申请趋势

2011~2013 年为萌芽期。早在 2011 年,来自美国的卡拉韦·高尔夫和 Feigelson Dougals 分别申请了一项区块链相关专利申请(公开号:US2013065669A1、US2013166455A1),均涉及金融货币;2012 年美国的 Muse Randall Frank 申请一项专利申请（公开号：US2013041773A1），同样涉及金融货币。可见，区块链领域的专利申请早期主要以金融货币为主，这与区块链起源的比特币本身就是一种金融货币有着密不可分的关系。2013年的申请仍然多数来自技术应用分支，有6项涉及数据权属，2项涉及金融货币，1项涉及共享数据，这表明区块链的应用已逐渐延伸至金融货币之外的领域。区块链的早期申请均来源于技术应用，这表明随着区块链的广泛应用，人们逐渐意识到专利对区块链的重要性，纷纷申请相关专利，确保自身在区块链领域的发展。

2014～2015年为平稳发展期。该阶段区块链专利的申请量相比于2011～2013年有了一定的增长，也开始出现支撑技术相关的专利申请。虽然申请量不多，但是表明在区块链技术的发展初期已经有相应的研究人员开始进行专利布局，希望通过专利制度进行保护。这一阶段的支撑技术相关专利主要集中在区块链数据、数据管理技术、数据验证机制、工作量证明和智能合约。此阶段的区块链技术应用主要涉及交易转账、数字货币等金融货币的应用，同时涉及防伪溯源追踪、公证、资产管理等应用，说明区块链技术伴随着比特币进入公众视野，其快速发展引起了政府部门、金融机构、科技企业和资本市场的广泛关注。

2016年至今为快速发展期。该阶段区块链领域的专利申请量占区块链领域专利总申请量的90%，呈现明显的快速增长态势。随着区块链技术的进一步发展，其"去中心化"以及"数据防伪"的特点在除金融领域以外的其他领域逐步受到重视，陆续被应用到了公证、审计、域名、物流、鉴证等领域。为了迎合区块链技术和应用的巨大市场，保证企业能够在区块链的浪潮中占有一席之地，全球申请人开始大量申请区块链领域的专利。

图2-1-2示出了区块链领域申请人数量增长情况。从中可以看出，在2011～2013年的区块链萌芽期，全球每年申请区块链专利的申请人不足10位，仅有少数申请人意识到利用专利来保护关注区块链技术。随着区块链技术的发展和应用的普及，在2014～2015年，越来越多的公司、机构开始入局区块链，各公司、机构之间也在区块链应用上展开了不同程度的竞争。在市场竞争中开疆拓土的一把利器便是专利，每年申请区块链专利的申请人的数量由2013年的个位数增长至2014年的45，并在2015年突破100，达到103。2016年后，区块链进入快速发展期，2017年全球有526位申请人

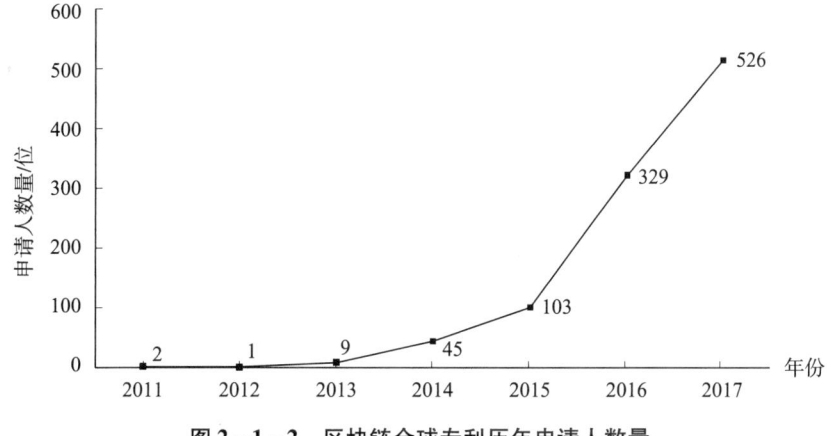

图2-1-2 区块链全球专利历年申请人数量

提交了区块链专利申请,显示出越来越多的全球创新主体投入区块链的研发和应用,同时也显示出全球创新主体的专利保护意识也在逐渐增强。

2.1.2 技术来源地和布局区域

经过分析发现,美国是区块链领域全球最大的技术来源地,中国是区块链领域全球最大的目标地。从表2-1-1可以看出,在区块链领域,美国是全球最大的技术来源地,其次是中国、欧洲、韩国、日本。

表2-1-1 区块链全球专利区域布局   单位:件

目标国家、地区或组织	来源国家或地区						
	美国	中国	欧洲	韩国	日本	其他	总计
中国	45	502	3	1	11	5	567
世界知识产权组织	82	30	15	12	5	4	148
美国	370	3	9	1	2	5	390
欧洲	82	2	11	0	2	1	98
韩国	39	0	0	1	0	0	40
日本	36	0	1	0	0	0	37
其他	70	2	4	3	0	5	84
总计	724	539	43	18	20	20	

注:表中数据截至2016年12月31日。

美国作为全球最大技术来源地,其不仅在美国国内申请了370件专利,而且向世界知识产权组织、欧洲、中国、韩国、日本等主要国家、地区或组织提交了数十件专利申请。除此以外,美国还重视在其他国家的专利布局,其专利申请较多的国家有加拿大(31件)和澳大利亚(26件)。美国在区块链领域全球化布局的态势已初步显现。

中国是全球第二大技术来源地。从技术流向来看,来自中国的专利申请93%流向了中国市场,仅有7%流向了海外。在流向海外的申请中,有30件是通过PCT国际申请的形式。这一方面说明国内申请人非常看好区块链技术的前景,非常重视国内市场,利用PCT国际申请进行全球布局的意识逐渐提升;另一方面也说明中国申请人在全球布局方面仍有所欠缺。

欧洲作为全球第三大技术来源地,非常重视利用PCT国际专利申请进行专利保护,其向世界知识产权组织提交了15件国际专利申请。除重视PCT国际申请外,欧洲地区还重视本地区和美国市场,在其中分别有11件、9件专利申请。

从目标国家、地区或组织来看,中国是全球最大的目标地,其次是美国、欧洲、韩国、日本。除国内申请人外,来自美国、欧洲和日本等国家或地区的申请人均在中国有区块链专利布局。美国是全球第二大目标地,除来自美国的申请人外,来自中国、欧洲、日本、韩国等国家或地区的申请人均在美国有专利申请,说明全球各地的申请人都非常重视美国市场,纷纷向美国专利商标局申请专利。

2.1.3 技术构成

区块链全球专利申请总量为2688项,由于部分专利申请既涉及支撑技术分支,又涉及技术应用分支，存在支撑技术分支和技术应用分支交叉的情况。区块链申请量分布如下：支撑技术 1496 项，占比 56%；技术应用 1812 项，占比 67%；有 620 项既涉及支撑技术分支，又涉及技术应用分支，占比 23.1%。

2.1.3.1 支撑技术构成

从区块链支撑技术构成来看，数据层是区块链领域申请人重点关注的技术分支，其次是合约层、共识层、网络层和激励层，如图 2-1-3 所示。在区块链支撑技术中有 1058 项专利申请涉及数据层技术，占据区块链支撑技术的 71%，远远超过区块链支撑技术的其他技术分支。区块链数据层是区块链的底层技术，涉及数据验证机制、数据管理机制、区块数据等技术，对区块链来说是非常重要的技术，同时可改进和研究的技术点非常多，这使得区块链数据层成为区块链领域申请人的关注重点。

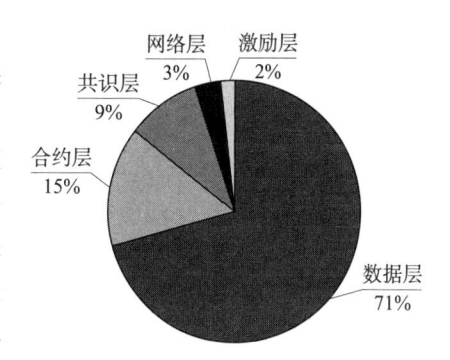

图 2-1-3 区块链全球专利申请支撑技术构成

支撑技术中申请量排名第二的技术分支是合约层技术，有 221 项专利申请，占比 15%。合约层技术主要涉及智能合约和脚本代码。涉及共识层的专利申请有 123 项，占比 9%。涉及网络层的专利申请有 49 项，占比 3%。区块链技术主要利用现有的分发网络和传输协议，对网络技术的改进相对较少——这并非区块链领域申请人关注的重点，涉及区块链网络层技术的专利申请相对较少。涉及激励层的专利申请有 27 项，占比 2%。激励层主要是将经济因素集成到区块技术体系中，包括经济激励的发行机制和分配机制等，涉及技术上的改进相对较少，因此区块链激励层技术的专利申请最少。

区块链支撑技术起步较晚，2014 年才开始出现相关专利申请。图 2-1-4 示出了区块链支撑技术各分支全球专利历年申请量情况：2014~2015 年，区块链支撑技术缓慢增长，申请量增幅不大；2016~2017 年，区块链支撑技术专利申请量出现快速增长。

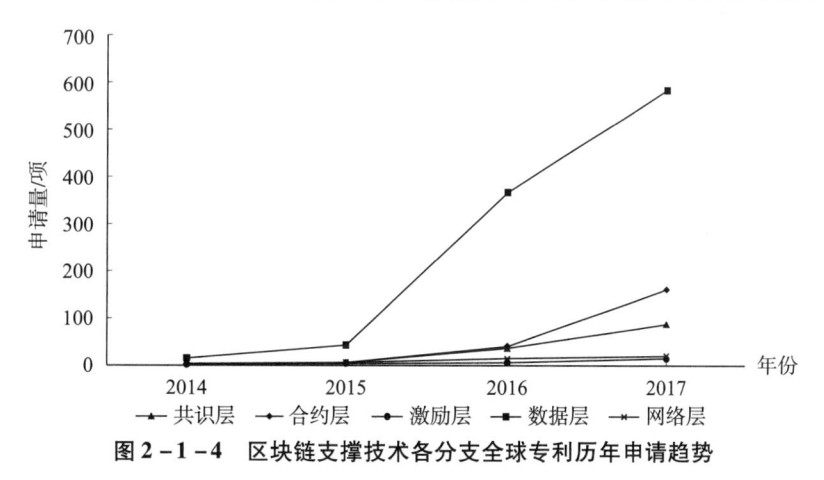

图 2-1-4 区块链支撑技术各分支全球专利历年申请趋势

数据层技术是支撑技术中申请量最大的技术分支，相关专利申请最早出现在 2014 年，有 16 项。在 2014~2015 年，数据层技术的专利申请平稳增长，增幅不大，年申请量不足 50 项。从 2016 年开始，数据层技术的专利申请出现爆发式增长，年申请量由 2015 年的 44 项迅速增长到 2016 年的 379 项，到 2017 年已突破 600 项，是区块链支撑技术各技术分支中增速最快的技术分支。这表明申请人对数据层技术的关注程度非常高，非常重视区块链底层技术的研究。

与数据层技术相比，共识层技术、合约层技术、网络层技术以及激励层技术的年申请量的增幅相对平缓，除合约层技术在 2017 年年申请量突破 100 项达到 166 项以外，其余各分支的历年申请量均不足 100 项。共识层技术的历年申请量在 2016～2017 年平稳增加，年申请量维持在数十项。激励层技术和网络层技术的历年申请量维持在 10 项左右。

2.1.3.2 技术应用构成

经过分析发现，金融货币是区块链技术应用中申请量最大的应用场景，占据 38% 的份额，其次是存在性证明、数据权属、共享数据和价值交换，分别占据 27%、17%、14%、4% 的份额，如图 2-1-5 所示。与支撑技术数据层一家独大的情况不同的是，技术应用中的金融货币、存在性证明两个应用场景齐头并进、份额相当，数据权属和共享数据主要应用场景的比例也较为接近，这表明申请人关注的区块链技术应用场景非常广泛。

图 2-1-6 示出了区块链技术应用各分支全球专利的历年申请量情况。从中可以看出，2011～2013 年技术应用相关的专利申请量很少，年申请量只有个位数，处于萌芽阶段；在 2014～2015 年，申请量开始稳步提升，年申请量突破 100 项；2016～2017 年，出现快速增长，2017 年申请量突破 1000 项，达到 1083 项。

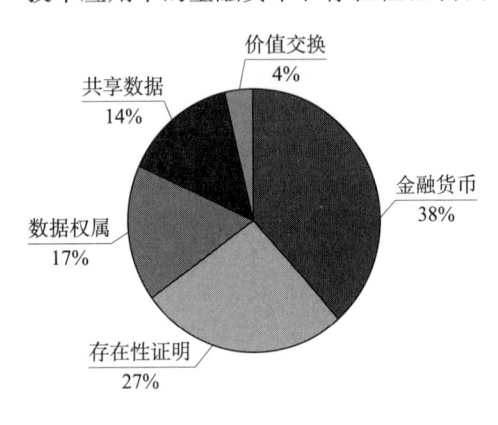

图 2-1-5 区块链全球专利技术应用构成

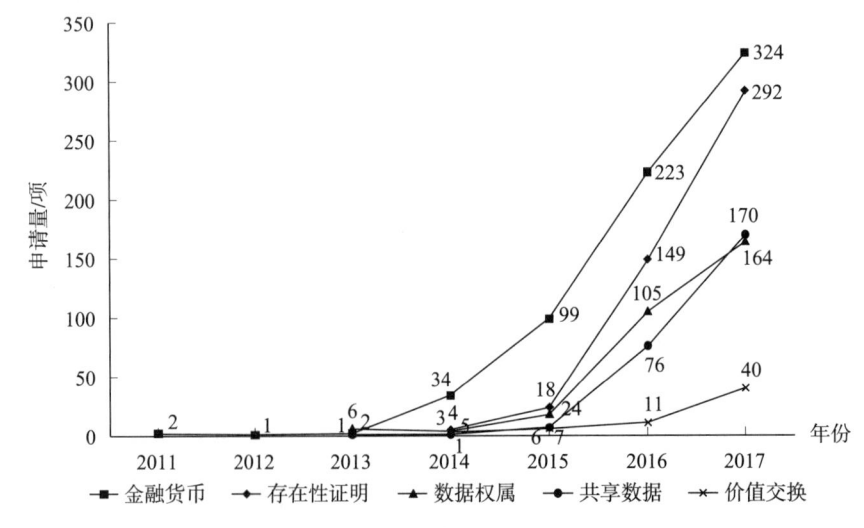

图 2-1-6 技术应用各分支全球专利历年申请趋势

金融货币是区块链技术应用最主要的应用场景，也是申请量最大和专利申请出现最早的技术应用分支。早在2011年，来自美国的两位申请人分别申请了1项金融货币相关的专利申请。在金融货币领域，美国是起步最早的国家。在2011~2013年，金融货币相关的专利申请量非常少，年申请量只有2项，处于萌芽阶段。从2014年开始，金融货币相关的专利申请的数量开始出现快速增长，年申请量由2013年的2项迅速增长至2014年的36项，到2017年已经增长到339项。

与金融货币相比，技术应用中的存在性证明分支起步相对较晚，2013年来自中国的申请人提出了2项涉及存在性证明的专利申请，提出了信息凭证系统及相关操作方法。2013~2015年，存在性证明的年申请量稳步提升，但年申请量始终维持在30项以下；2016~2017年，涉及存在性证明的专利申请量开始出现快速增长，年申请量迅速突破100项。

数据权属与共享数据类似，申请量分别占据区块链技术应用的17%和14%。二者的首次专利申请均出现于2013年，并在2014~2015年申请量有小幅提升，但年申请量不足10项。2016~2017年，二者的申请量开始出现快速增长，年申请量突破100项。与上述四个技术应用分支相比，价值交换的专利申请相对较少，虽然早在2013年就出现了相关专利申请，但是发展较为缓慢，年申请量始终维持在100项以内。

2.1.4 主要申请人

本报告首先选取了截至2018年8月6日公开的专利申请，对各创新主体全球专利申请量进行了统计分析。如图2-1-7所示，阿里巴巴以63项专利申请位于全球首位，第二至十位分别是：万事达卡、Coinplug、中国人民银行、IBM、电子科技大学、杭州云象网络、美国银行、nChain、布比网络。

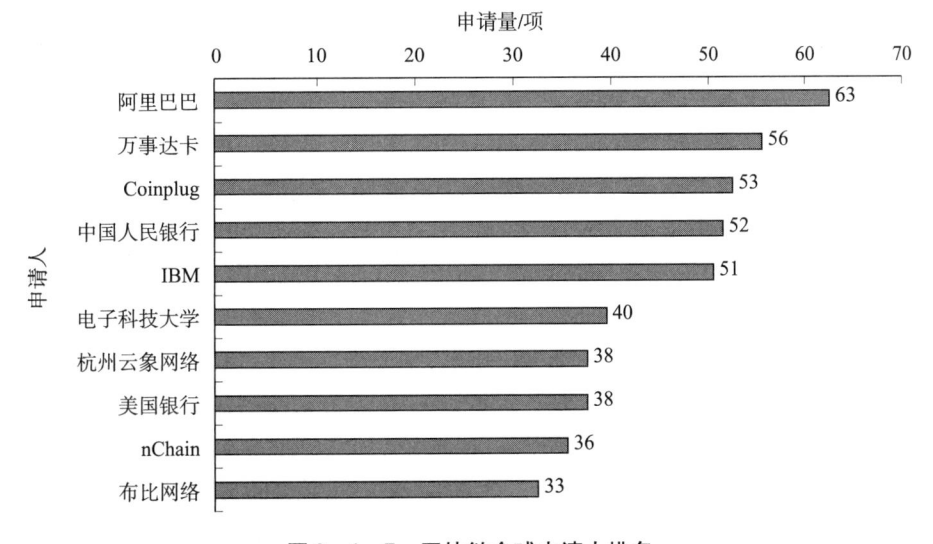

图2-1-7 区块链全球申请人排名

注：图中数据截至2018年8月6日。

全球申请量排名前十的申请人中,中国申请人占据五席,美国占据三席,韩国、英国各占据一席。各企业专利申请量的排名在一定程度上反映了企业技术创新能力,但是也和企业专利布局、重视程度等因素密切相关。

表2-1-2示出了全球申请量排名前十的申请人历年排名情况。从中可以看出阿里巴巴开始布局较晚,近两年发展迅速,目前排名第一。万事达卡从2015年开始申请区块链相关发明专利以来申请量一直位于前两位,实力不容小觑。美国银行和Coinplug是全球各主要申请人中布局区块链专利最早的,且自2014年以来排名维持在前十名左右。布比网络是布局区块链最早的国内申请人,从2015年开始就已经有区块链相关的专利申请,且2015年在全球申请人申请量排行榜中排名第三。

表2-1-2 各主要申请人申请量历年排名情况

申请人	2014年	2015年	2016年	2017年	2018年
阿里巴巴	—	—	31	1	1
万事达卡	—	2	1	2	2
Coinplug	14	1	2	3	3
中国人民银行	—	—	9	4	4
IBM	—	6	3	5	5
电子科技大学	—	—	41	6	6
杭州云象网络	—	—	7	8	7
美国银行	10	10	4	7	8
nChain	—	—	—	9	9
布比网络	—	3	5	10	10

注:表中数字表示申请人申请量的历年排名。

从表2-1-2中还可以看出,国内申请人的排名是从2017年开始才高于国外申请人的排名。由于2017~2018年部分专利未公开的原因,图2-1-7示出的全球专利申请人申请量排名并不能客观反映出国外申请人的实际排名情况。为了避免由于部分专利未公开导致的数据不准确的情况,本报告同时选取了2016年12月31日前申请的专利申请数据进行了分析。图2-1-8示出了截至2016年12月31日,区块链全球专利申请人申请量排名。从中可以看出,排名前四的申请人均为国外申请人,其中万事达卡以55项专利申请排名第一,Coinplug以52项专利申请排名第二,IBM以48项专利申请排名第三,美国银行以38项专利申请排名第四。除此之外,国外申请人英特尔以20项专利申请排名第八。全球前十的申请人中,国外申请人占据了五席,并且前四名全是国外申请人。这显示出国外申请人在区块链领域具有相当的优势。国内申请人中的布比网络、江苏通付盾、杭州云象网络分别位居第五至七名,中国人民银行、深圳前海达闼、杭州云象网络分别位居第九名、第十名。虽然国内申请人与国外申请人相比具有一定的不足,但是也显示出国内申请人在区块链领域拥有一定的基础。随着阿里巴巴、电子科技大学等国内申请人逐渐进入区块链领域,国内申请人和国外申请人申请量的差距正在逐渐缩小。

申请量/项

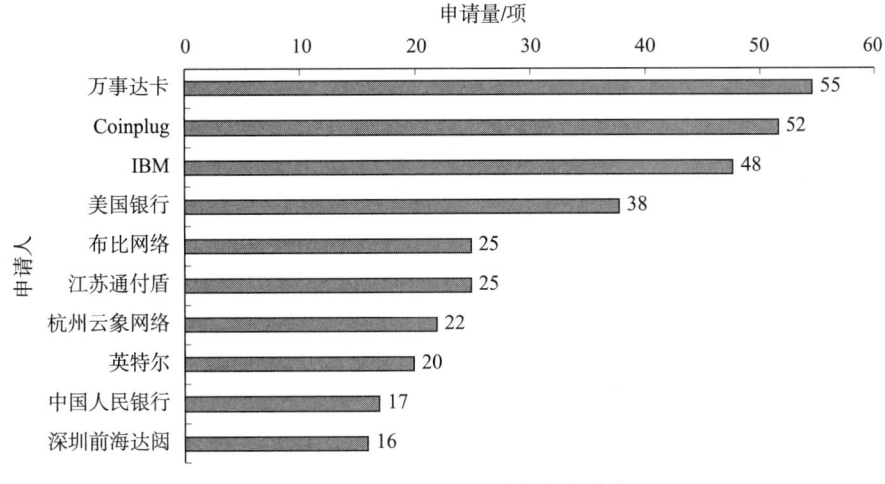

图 2-1-8　区块链全球申请人排名

注：图中数据截至 2016 年 12 月 31 日。

下面对阿里巴巴、万事达卡、Coinplug、中国人民银行、IBM、美国银行和布比网络的申请支撑技术和技术应用专利的情况作逐一对比分析。

阿里巴巴以 63 项发明专利申请排名全球首位。图 2-1-9（a）（见文前彩色插图第 1 页）及图 2-1-10（a）（见文前彩色插图第 2 页）示出了阿里巴巴的申请集中在支撑技术的数据层（34 项），另外还有少部分涉及共识层（14 项），在合约层、网络层和激励层也有少量的专利申请。在技术应用方面，阿里巴巴的申请主要集中在存在性证明（14 项），在金融货币、共享数据和数据权属方面也有少量涉及。阿里巴巴虽然拥有支付宝这样的占据移动支付市场 54.26% 市场份额的支付工具❶，但是并没有将区块链的关注点放在对金融货币的应用上，而是深耕区块链的底层技术，拓展区块链在存在性证明如防伪溯源、证据保全等方面的应用。

万事达卡以 56 项发明专利申请位居区块链全球申请人申请量排行榜第二的位置。图 2-1-9（b）及图 2-1-10（b）中示出了万事达卡的申请主要集中在数据层（支撑技术）和金融货币（技术应用）两个方面，分别是 26 项和 25 项，其他分支虽然也有涉及但是量很少，均不足 3 项。这与万事达卡本身是一个信用卡国际组织、主要从事金融行业有着密不可分的关系。万事达卡在区块链的专利申请与它的主营业务息息相关，其非常重视在区块链在金融货币的应用方面布局，与此同时，万事达卡也积极在区块链的底层技术数据层布局。

Coinplug 以 53 项发明专利申请位居区块链全球申请人申请量排行榜第三的位置。图 2-1-9（c）及图 2-1-10（c）示出了 Coinplug 的专利申请主要集中在数据层（9 项）和存在性证明（23 项）。在支撑技术中，Coinplug 还有 1 项专利申请涉及合约层，在共识层、网络层和激励层没有布局。在技术应用方面，Coinplug 有 12 项专利申请涉

---

❶ 王蓬博．易观．2017 年第 4 季度中国第三方支付移动支付市场交易规模 377 275 亿元人民币［EB/OL］. (2018-04-02)［2018-12-14］. https：//www.analysys.cn/article/analysis/detail/1001257.

及金融货币。虽然 Coinplug 是韩国最大的比特币交易所，但是从其专利布局来看，并没有在金融货币方面过多布局，而是在防伪溯源、证据保全、公证等存在性证明方面大量布局，是全球排名前十的申请人中在存在性证明方面布局最多的申请人。

中国人民银行以 52 项发明专利申请位居区块链全球申请人申请量排行榜第四的位置。其研发团队包括了中国人民银行数字货币研究所。图 2-1-9（d）及图 2-1-10（d）示出了中国人民银行的专利申请主要集中在数据层（8 项）和金融货币（48 项）。中国人民银行是全球排名前十的申请人中在金融货币方面布局最多的申请人，但布局方向单一，除金融货币外仅有 1 项存在性证明专利，在共享数据、价值交换、数据权属方面的布局为零。

IBM 以 51 项发明专利申请位居区块链全球申请人申请量排行榜第五的位置。图 2-1-9（e）及图 2-1-10（e）示出了 IBM 的申请在支撑技术方面主要集中在数据层（16 项），同时在共识层（6 项）和合约层（5 项）也有少量涉及。在技术应用方面，IBM 的申请主要集中在金融货币（15 项），在存在性证明方面也有一定涉及（7 项），在数据权属、共享数据、价值交换等方面有少量涉及，分别是 4 项、2 项、2 项。可以看出，IBM 的专利申请量虽然不是最多的，但是布局范围是非常广泛的，各个方面都有一定的涉及。

美国银行以 38 项发明专利申请位居区块链全球申请人申请量排行榜第八的位置。图 2-1-9（f）及图 2-1-10（f）示出了美国银行在区块链技术应用方面的布局要多于在支撑技术方面的布局。在技术应用方面，美国银行主要关注金融货币和数据权属，各有 11 项发明专利申请，在存在性证明和共享数据方面有少量涉及，在价值交换方面存在空白。在支撑技术方面，美国银行主要关注数据层技术，有 15 项发明专利申请，在合约层、激励层和网络层各有一项发明专利申请。

布比网络以 33 项发明专利申请位居区块链全球申请人申请量排行榜第十的位置。图 2-1-9（g）及图 2-1-10（g）示出了布比网络在区块链技术应用方面的布局要多于在支撑技术方面的布局。在技术应用方面，布比网络主要关注金融货币和存在性证明，分别有 9 项、7 项发明专利申请；在共享数据和数据权属方面有 5 项申请，在价值交换上存在空白。在支撑技术方面，布比网络主要关注数据层技术，有 13 项发明专利申请，在共识层和合约层分别有 3 项、1 项发明专利申请；在激励层和网络层方面存在空白。

2.2 中国专利申请态势分析

2.2.1 申请趋势

区块链中国专利申请始于 2013 年，图 2-2-1（见文前彩色插图第 3 页）示出了区块链相关专利申请在中国的历年申请趋势，由于部分专利尚未公开的缘故，2017~2018 年专利申请量有所下降。从中可以看出，与国外专利申请相比，中国专利申请起步晚于国外专利申请，2013 年才开始出现区块链相关的中国专利申请，来自国内的 4 位申请人申请了涉及数字货币、身份鉴权方法、索引结构和信息凭证等区块链相关的专利申请。2013~2015 年，中国专利申请处于起步阶段，年申请量只有数十件。2016

年起,中国专利开始出现快速增长,并在 2017 年突破 1200 件。从图 2-2-1 还可以看出,中国专利申请的主要申请人为国内申请人,来自国内申请人的申请占据 95% 的份额。这表明国内申请人对于区块链有着非常高的关注度,对区块链的前景非常看好。

2.2.2 技术来源地

国内申请是中国专利申请最主要的来源。如表 2-2-1 所示,国内申请的申请量占中国专利申请总量的 95%;国外来华专利申请有 89 件,占比 5%。国外来华专利申请来源中,美国是最主要的技术来源地,其次是欧洲、日本等国家或地区。与国内申请相比,国外来华专利申请数量较少,这表明相较于国外创新主体,国内创新主体对区块链产业在中国市场的发展前景具有更高的预期,并且已经在国内的区块链市场中占据了相当大的优势。

表 2-2-1 区块链中国专利申请技术主要来源国家

来源国家或地区	申请量/件
中国	1721
美国	50
欧洲	19
日本	13
韩国	1
其他	6

2.2.3 技术构成

区块链中国专利申请总量为 1840 件,由于部分专利申请既涉及支撑技术又涉及技术应用,因此,支撑技术相关的专利申请和技术应用相关的专利申请存在交叉的情况。其中,涉及支撑技术的专利有 1078 件,占比 58.6%;涉及技术应用的专利申请有 1215 件,占比 66%;支撑技术和技术应用重叠的相关专利申请有 453 件,占比 24.6%。中国专利的技术构成与全球专利的技术构成基本一致。

2.2.3.1 支撑技术构成

如图 2-2-2 所示,数据层是区块链领域申请人重点关注的技术分支,其次是合约层、共识层、网络层和激励层。这与区块链全球专利申请支撑技术的技术构成情况类似。

在区块链支撑技术中有 738 件专利申请涉及数据层技术,占据区块链支撑技术领域的 68% 份额,远远超过区块链支撑技术其他技术分支。区块链数据层是区块链的底层技术,涉及数据验证机制、数据管理机制、区块数据等技术,对区块链来说是非常重要的技术,同时可改进和研究的技术点非常

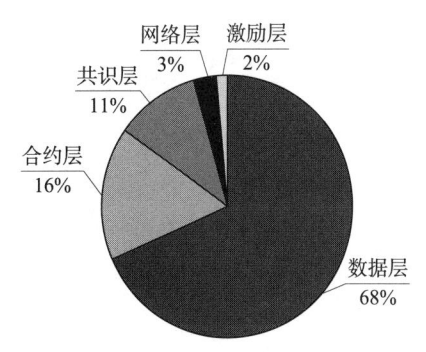

图 2-2-2 区块链中国专利申请支撑技术构成

多。这使得区块链数据层成为区块链领域申请人的关注重点。

支撑技术中申请量排名第二的技术分支是合约层技术，有176件专利申请，占比16%。合约层技术主要涉及智能合约和脚本代码。涉及共识层的专利申请有116件，占比11%。涉及网络层的专利申请有32件，占比3%。涉及激励层的专利申请有16件，占比2%。

图2-2-3示出了区块链支撑技术各分支中国专利历年申请量情况。从中可以看出，区块链支撑技术起步较晚，2014年才开始出现相关专利申请；2014~2015年，区块链支撑技术缓慢增长，申请量增幅不大；2016~2017年，区块链支撑技术专利申请量出现快速增长。

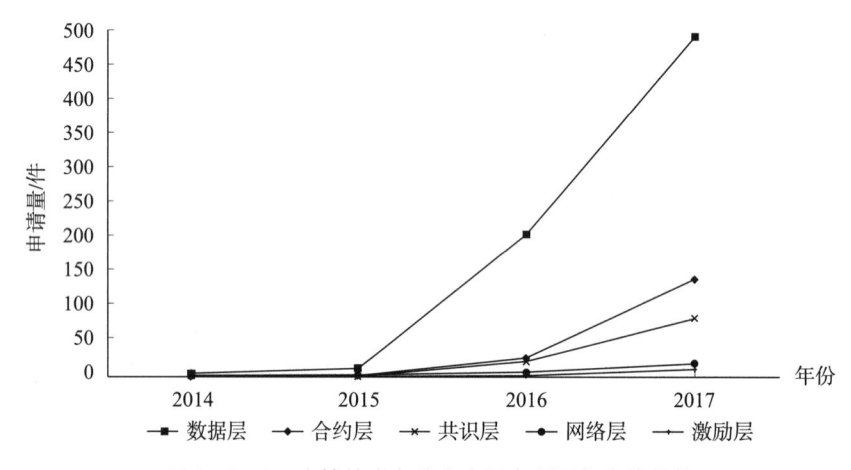

图2-2-3 支撑技术各分支中国专利历年申请趋势

数据层技术是支撑技术中申请量最大的技术分支，该分支专利申请最早出现在2014年，当年有5件专利申请。在2014~2015年，数据层技术的专利申请平稳增长，增幅不大，年申请量只有10件左右。从2016年开始，数据层技术的专利申请出现爆发式增长，年申请量由2015年的13件迅速增长到2016年的209件，到2017年已达499件，是区块链支撑技术各技术分支中增速最快的。这表明了申请人对数据层技术的关注程度非常高，同时也表明申请人非常重视对区块链底层技术的研究。

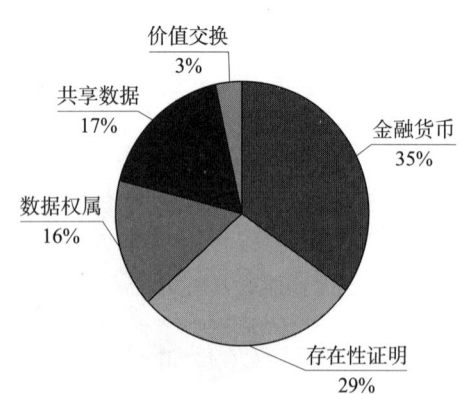

图2-2-4 区块链中国专利技术应用构成

与数据层技术相比，共识层技术、合约层技术、网络层技术以及激励层技术的年申请量的增幅相对平缓，除合约层技术在2017年年申请量达到143件以外，其余各分支的历年申请量均不足100件，共识层技术的历年申请量在2016~2017年平稳增加，年申请量维持在数十件，激励层技术和网络层技术的历年申请量均维持在10件左右。

2.2.3.2 技术应用构成

区块链中国专利申请技术应用构成与全球专利技术应用构成类似，图2-2-4示出了区块链中国专利技术应用的构成情况。从中可以看出金融货币是区块链技术应用中申请量最大的应用场景，占据35%的份额，其次是存在性证明、数据权属、共享数据和价值交换，分别占据29%、16%、17%、3%的份额。和支撑技术中数据层技术一家独大的情况不同的是，技术应用中金融货币、存在性证明两个应用场景的份额相当，均为30%左右，数据权属和共享数据的份额均为15%左右，这表明申请人关注的区块链技术应用场景不仅仅局限于金融货币，区块链技术已逐渐应用到生活中的各个方面。

图2-2-5示出了区块链技术应用各分支中国专利的历年申请量情况。从中可以看出与区块链全球专利技术应用相比，中国专利技术应用起步较晚，在2013年才开始出现相关申请；2013~2015年技术应用相关的专利申请量很少，年申请量只有十几件；2016~2017年，申请量开始快速增长，2017年申请量接近900件。

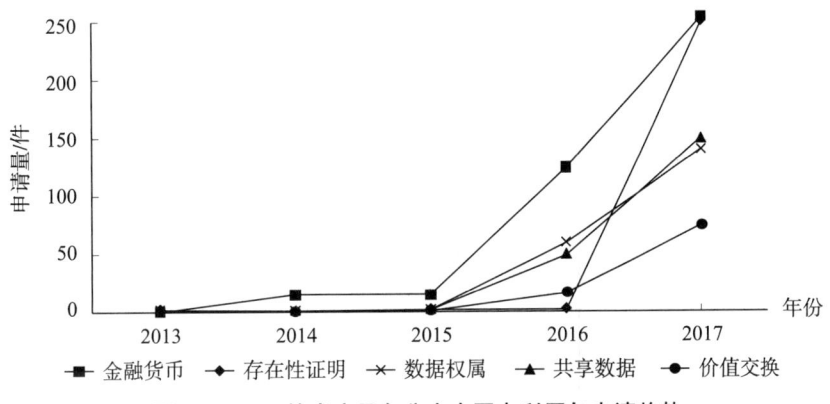

图2-2-5 技术应用各分支中国专利历年申请趋势

2.2.4 主要申请人

阿里巴巴以63件的申请量处于国内领先地位。中国人民银行、电子科技大学、杭州云象网络、布比网络、北京瑞卓喜投、中国联通、江苏通付盾、腾讯科技、中链科技分别排名第二至十位，如图2-2-6所示。在排名前十的申请人中，高校仅有电子科技大学，其申请量为40件，其余申请人均为企业。

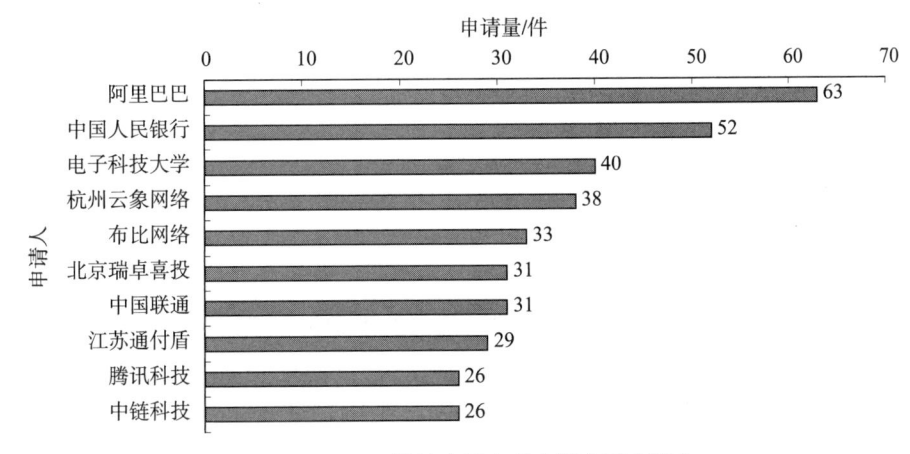

图2-2-6 区块链中国专利申请主要申请人

在这些企业中,包括4家专注于区块链产业的科技公司(杭州云象网络、北京瑞卓喜投、中链科技、布比网络),1家安全服务公司(江苏通付盾),1家国有电信运营商(中国联通),2家互联网科技企业(腾讯科技、阿里巴巴),1家金融机构(中国人民银行),1所高校(电子科技大学)。

专注于区块链研发的科技公司的大量涌现反映出国内市场对于区块链产业有极高的关注度和预期并为此集中了大批的研发力量。而排名前十位申请人的类型多样化,也反映出区块链产业已经引起了包括学术、金融、科技在内的各个领域的广泛关注。

2.2.5 国外来华专利申请分析

区块链领域,申请日截至2017年12月31日的国外来华申请共有89件,占中国专利申请的5%。表2-2-2示出了国外来华专利申请的历年申请量。国内申请始于2013年,申请量逐年增长,2016~2017年呈现快速增长态势,在2017年达到1219件;国外来华专利申请始于2014年,晚于国内申请的开始时间。来自美国的申请人在2014年就已经开始在中国布局区块链专利申请,2014~2016年均有专利申请,截至2018年8月6日共在中国申请50件区块链专利申请,使美国成为国外来华专利申请量最大的技术来源地。欧洲在中国的专利布局起步缓慢,2014~2016年每年提交1件专利申请,2017年提交了16件专利申请,欧洲一跃成为国外来华专利申请第二大技术来源地。日本2015年开始向中国申请区块链专利申请,2016年提交了10件,累计提交13件专利申请,是国外来华专利申请中申请量排名第三的技术来源地。韩国在中国的专利布局非常少,只有1件来华专利申请。

表2-2-2 国外来华专利申请历年申请量   单位:件

年份	来源地				
	美国	欧洲	日本	韩国	其他
2013	0	0	0	0	0
2014	6	1	0	0	1
2015	7	1	1	0	4
2016	32	1	10	1	0
2017	5	16	2	0	1

总体来看,国外来华专利申请无论从布局的开始时间还是布局的数量上来看,与国内申请相比均处于弱势地位。这一方面表明国内申请人对于区块链有着非常高的关注度,看好区块链的发展,另一方面表明国内申请人运用专利的意识逐渐增强。虽然国外来华专利申请与国内申请相比较少,但也可能由于部分国际申请尚未进入中国,国内申请人仍需提高警惕。

图2-2-7示出了国外来华专利申请申请人的申请量排名。万事达卡以10件专利申请排名第一,nChain和区块链控股有限公司(以下简称"区块链控股")分别以6件、5件专利申请排名第二、三位,日本电信、英特尔同以3件专利申请排名第四,IBM、识库链、微软同以2件专利申请位列第五。其余申请人的专利申请量均为1件。

国外来华的 89 件专利申请分散在 47 位申请人手中，排名前十的主要申请人申请量均在 10 件以下，相对比较分散。

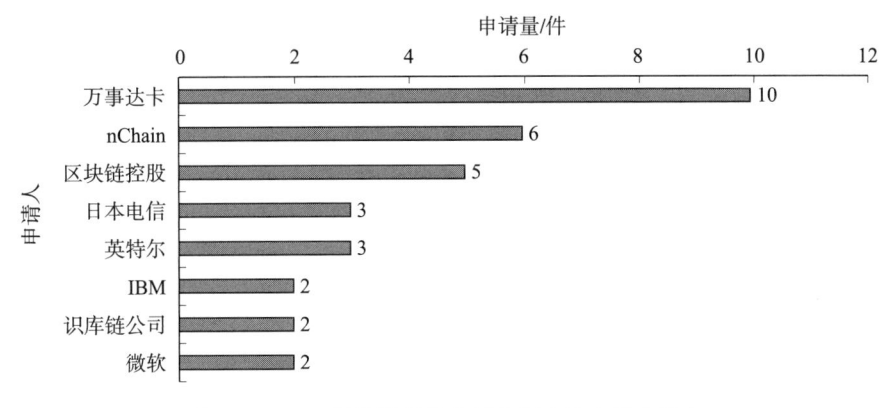

申请人	申请量/件
万事达卡	10
nChain	6
区块链控股	5
日本电信	3
英特尔	3
IBM	2
识库链公司	2
微软	2

图 2-2-7　区块链国外来华专利申请申请人排名

2.2.6　国内区域分布

中国专利申请中有 1790 件是国内申请，占比 97%。图 2-2-8 示出了国内申请中国内区域布局情况。从整体上看北京、广东、浙江、上海是区块链应用场景的主要集中地，区块链专利申请合计占据国内专利申请的 75%，其中北京以 606 件专利申请排名第一，其次是广东（332 件）、浙江（227 件）、上海（173 件）、江苏（86 件）、四川（81 件）、湖北（50 件）。借助于发达的互联网产业和金融行业，相比于国内其他省区市，北京在区块链技术中拥有绝对的领先地位，处于第一梯队。在创新主体数量上，北京共 153 名申请人提交了区块链专利申请，申请量在 10 件以上的申请人有 16 位。广东、浙江、上海三地位居第二梯队，专利申请量均在 100 件以上，拥有发达的互联网、金融产业，具有较强的自主研发能力，企业重视对知识产权的保护。除此以外，江苏、四川、湖北的区块链专利申请也较多，处于第三梯队。

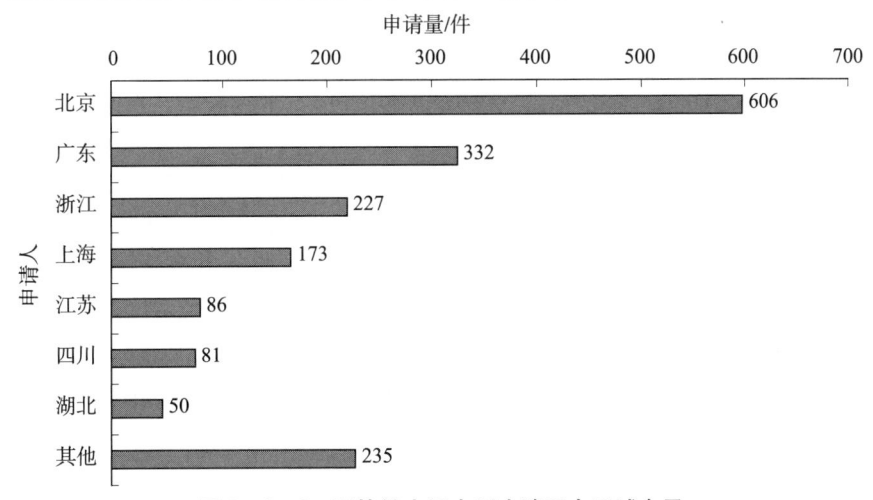

申请人	申请量/件
北京	606
广东	332
浙江	227
上海	173
江苏	86
四川	81
湖北	50
其他	235

图 2-2-8　区块链中国专利申请国内区域布局

2.3 中美专利申请对比分析

中国和美国为区块链领域最大的两个专利目标地,截至 2018 年 8 月 6 日,在中美两国提交的区块链专利申请占全球区块链专利申请的 88.7%,其中中国占比 67.4%,美国占比 21.3%。下面对在中美两国所申请的专利情况进行分析。

2.3.1 申请趋势对比

美国在区块链领域的专利布局可以追溯到 2011 年,而中国在区块链领域的专利布局始于 2013 年。图 2-3-1 示出了中美两国历年发明专利申请趋势。从中可以看出,美国在区块链领域起步于 2011 年,2011 年和 2012 年分别有 2 件、1 件发明专利申请(公开号:US2013065669A1、US2013166455A1、US2013041773A1)。

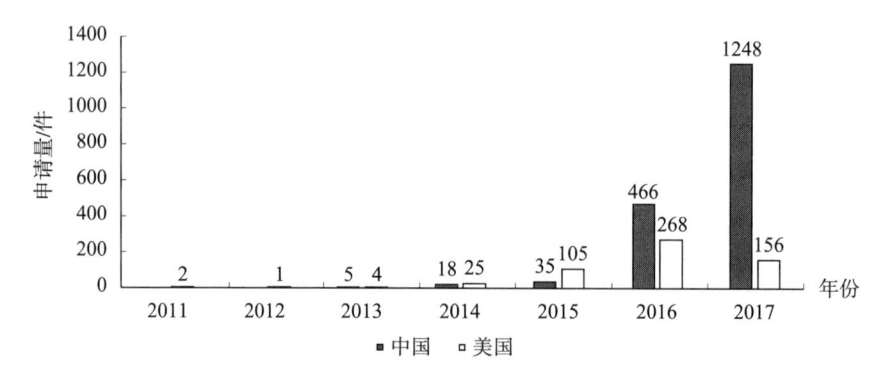

图 2-3-1 中美历年发明专利申请趋势

2011~2013 年为萌芽阶段。此阶段开始出现区块链领域的发明专利申请,但是申请量非常少,两国的发明专利年申请量分别只有 5 件及以下。此阶段的发明专利申请以金融货币应用为主。

2014~2015 年为平稳发展阶段。此阶段中美两国的区块链发明专利申请平稳增长,美国的年申请量在 2015 年已增至 100 余件,同年中国的申请量仍然较少,不足 40 件。此阶段中国在区块链领域的专利布局仍然弱于美国。

2016~2017 年为快速增长阶段。此阶段中国的区块链专利申请开始出现快速增长,由 2015 年的 35 件迅速增长至 2016 年的 466 件,2017 年的年申请量已突破 1000 件,达到 1248 件。2016 年,中国的年申请量已超过美国。美国的专利年申请量由 2015 年的 105 件迅速增长至 2016 年的 268 件,增幅超过 150%。由于部分专利尚未被公开,2017 年美国的专利申请量有所下降。

基于以上分析可以看出,在区块链领域,美国的专利布局早于中国,但是中国后来居上,于 2016 年在专利年申请量上完成反超。2016~2017 年,中国专利出现快速增长态势,中国市场看好区块链的发展,各创新主体纷纷在中国布局。

2.3.2 技术构成对比

向中国国家知识产权局提交的区块链发明专利申请中,支撑技术占比58.6%,技术应用占比66%,支撑技术和技术应用交叉的发明专利申请占比24.6%;向美国专利商标局提交的区块链发明专利申请中,支撑技术占比46.1%,技术应用占比75.2%,支撑技术和技术应用交叉的发明专利申请占比21.3%。

图2-3-2示出了中美两国区块链专利申请的技术构成。和美国相比,在支撑技术和技术应用各分支上中国申请量都多于美国。虽然中美两国在各分支的申请量上不同,但是两国在所有分支上都有所布局,并不存在布局空白。在支撑技术方面,中美两国对支撑技术各层技术的关注顺序相同,均以数据层技术为主要关注点,其次分别为合约层、共识层、网络层和激励层,在数据层技术上的专利布局的数量远大于其他层技术。在技术应用方面,中美两国对技术应用的关注顺序相同,依次为金融货币、存在性证明、数据权属、共享数据和价值交换。美国主要以金融货币为主,而与美国金融货币一家独大的情况不同,中国在金融货币和存在性证明上两翼齐飞,专利布局数量相当,占比分别为32%和30%。

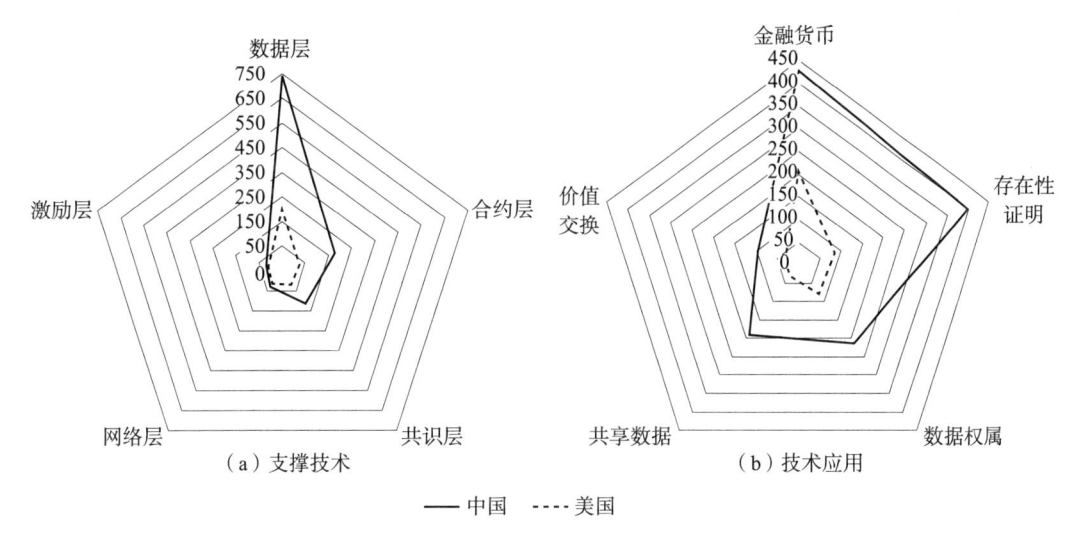

图2-3-2 向中美两国提交的区块链专利申请技术构成

注:图中数字表示申请量,单位为件。

2.4 本章小结

区块链技术是一门新兴的技术,目前在全球范围内被众多的创新主体所关注,越来越多的申请人投入区块链技术的研发中。全球区块链专利申请起步于2011年,于2015年起开始出现快速增长,年申请量迅速突破1000项。目前,区块链技术方兴未艾,随着大量专利申请的公开,预计2018年全球区块链专利的申请量仍会快速增长。

区块链在中国的专利申请起步于2013年,晚于区块链全球专利申请。虽然中国专利申请起步较晚,但是近两年随着国内申请人对区块链技术的关注度越来越高,区块链中国专利申请的年申请量出现快速增长,追赶态势非常明显,并在2016年完成申请量上的反超。

中国和美国是区块链全球专利申请最主要的技术来源地和目标地。最大的技术来源地是美国,其次是中国、欧洲、韩国和日本,其中美国和中国贡献了全球专利申请的93%,是最主要的技术来源地。和技术来源地排名情况不同的是,区块链全球专利申请最大的目标地是中国,其次是美国、欧洲、韩国、日本,其中以中国和美国作为目标地的专利申请占全球专利申请的70%,表明中美两国是最主要的目标地。各地均以在本地布局为主,其中美国在其他国家、地区或组织的申请占其申请总量的49%,已经形成全球化布局态势。

从技术构成来看,技术应用是区块链全球专利申请的重点,涉及技术应用的有1812项,占比67%;涉及支撑技术的有1496项,占比56%;有620项既涉及支撑技术分支,又涉及技术应用分支,占比23%。中国专利申请与全球专利申请的技术构成类似。

支撑技术中数据层、合约层、共识层、网络层和激励层分别占比71%、15%、9%、3%和2%,数据层远超其他技术分支,是申请人的关注重点。技术应用中金融货币、存在性证明、数据权属、共享数据和价值交换分别占比38%、27%、17%、14%、4%,可见,金融货币是申请人的关注重点,存在性证明紧随其后。

全球申请人的申请量普遍偏少,并没有某个申请人在区块链领域占据绝对优势。从2018年8月6日公开的专利申请看,阿里巴巴以63项专利申请位于全球首位,全球申请量排名前十的申请人中,中国占据5席,美国占据3席,韩国、英国各占据1席,国内申请人的排名优于国外申请人的排名。然而,各国或地区专利申请公开政策不同,2017~2018年部分专利未公开,上述排名并不能客观反映出国外申请人的实际排名情况。从2016年底申请的专利数据来看,排名前四的申请人均为国外申请人,其中万事达卡排名第一(55项),Coinplug排名第二(52项),IBM排名第三(48项),美国银行排名第四(38项),这显示出国外申请人在区块链领域具有相当的优势,需要引起国内申请人的注意。中美区块链专利申请量占全球专利申请量的88.7%,两国为区块链领域贡献了主要技术力量。中美两国的专利申请的技术分支覆盖最为全面,在各分支中均有一定数量的专利申请。在支撑技术方面,两国的研究重点较为一致,都将数据层技术作为主要研究对象,在该领域进行了相当大比例的专利申请。在技术应用方面,中美两国有所不同,美国主要以金融货币作为主要的应用场景,中国则以金融货币和存在性证明两个应用场景作为主要关注点。

第 3 章 关键支撑技术专利分析

支撑技术是区块链各项应用的基础技术，主要涉及区块链数据结构的底层技术，包括数据层、网络层、共识层、激励层和合约层。涉及区块链数据层、合约层和共识层的专利申请占据区块链支撑技术专利申请总量的95%，是申请人重点关注的技术分支，因此，本章选取数据层、合约层和共识层，从专利申请的年度分布、区域专利布局、重点申请人专利布局、重要专利的构成情况以及各关键技术的发展路线方面进行详细分析，为进一步了解区块链支撑技术的具体发展状况提供依据。

3.1 关键支撑技术专利态势分析

3.1.1 全球专利申请态势

本节以全球区块链支撑技术的1496项专利申请为样本，分析区块链支撑技术专利的各分支及其发展趋势、国内外主要申请人的情况以及其专利申请的主要来源国家/地区。

3.1.1.1 申请趋势

对全球专利的申请量和申请时间进行统计分析，得出区块链支撑技术全球专利申请量的年度分布图，图3-1-1示出了支撑技术全球专利申请量趋势。

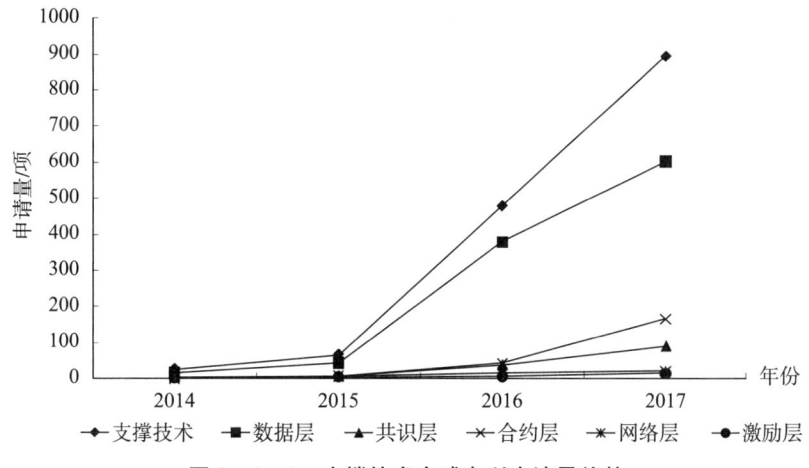

图 3-1-1 支撑技术全球专利申请量趋势

从图3-1-1中的区块链支撑技术全球专利申请量趋势可以看出，区块链支撑技术2014~2015年处于萌芽期，2016年进入快速发展期。区块链支撑技术兴起于2014年，但2014年专利申请量较少，仅有26项，其中涉及数据层16项、共识层4项、网络层4项、激励层2项，2014~2015年全球专利申请量呈现小幅增长的趋势。2015年区块链支撑技术全球专利申请量达到66项，在2015年出现了关于合约层的专利申请。2015年以前区块链技术主要应用在比特币，关于区块链支撑技术的专利申请较少。随着比特币的发展，区块链技术进入公众视野，特别是区块链技术在金融领域的发展使创新主体意识到区块链技术的优势并开始对区块链底层支撑技术进行研究。到2016年，区块链支撑技术全球专利申请出现爆发式增长，申请量增长到479项，相比于2015年增长了6倍。2016年开始，各创新主体开始加大在各支撑技术分支的布局，其中在数据层、共识层、合约层的专利布局最多。

具体从五大技术分支来看，数据层、共识层、网络层、激励层专利申请出现于2014年。数据层是区块链支撑技术中专利申请量最大的技术分支，数据层逐年申请量远高于其他技术分支的申请量。主要在于区块链的去中心化特性，需要将加密数据存储在区块链网络的各个节点中，这样的存储方式使得数据的存储、数据安全性、隐私、监管、查询成为区块链发展的制约因素，因此，数据层成为各创新主体研究的重点和热点。网络层规定了区块链网络节点的通信机制，实现没有中心服务器的数据共享，目前主要采用P2P组网技术，P2P组网技术是一种非常成熟的组网技术，各创新主体关注较少，相关的专利申请量较少。激励层主要包括经济激励的发行制度和分配制度，是将经济因素纳入到区块链技术体系中，其功能是提供激励措施，鼓励节点参与区块链中的安全验证工作，由于激励层主要涉及经济激励制度，其可专利性有待商榷，因此，相关的专利申请量相对较少。2015年以前，区块链技术主要应用在数字货币领域，涉及区块链共识层技术的专利申请量较少，随着区块链的发展，传统的适应于数字货币的共识算法难以满足不同应用场景的具体要求，进而促进了共识层技术的发展。合约层专利申请出现于2015年，稍晚于数据层和共识层专利申请的出现，随着以以太坊为代表的区块链技术有了实用价值的应用，合约层相关专利申请开始出现并得到迅速发展，到2017年其专利申请量已经远超共识层，随着智能合约应用场景不断扩展，预计合约层专利申请将会继续增长。

3.1.1.2 技术来源国/地区

对区块链支撑技术的全球专利申请的国家和地区进行统计，区块链支撑技术的中国专利申请量远超其他国家和地区，随后分别是美国、欧洲、韩国等。其中中国申请占全球申请量的54%，是全球最大的技术来源地。中国研发主体对区块链的前景看好，相关的研发力量积极投入，使得中国区块链技术的专利申请量呈现爆发式增长，一跃成为全球申请量第一的国家。美国作为全球第二大技术来源地，对区块链技术的研究起步较早，因此，美国也成为主要的技术来源地之一。中美两国都拥有实力强大的互联网和金融企业，可以预期在未来，在区块链支撑技术上的专利申请将会继续增长。欧洲、韩国、日本所占比例相当，相对于中美来说占比较少。图3-1-2示出了支撑技术全球专利申请国家/地区分布。

3.1.1.3 技术应用构成

区块链支撑技术专利申请主要包括数据层、合约层、共识层、网络层、激励层五个技术分支，分别占据71%、15%、9%、3%、2%的份额，从占比上可以看出，数据层、合约层、共识层是目前专利申请量最多的三个技术分支,后续章节中将详细分析。数据层是全球区块链支撑技术中申请量最大的技术分支,申请量高达1058项,是区块链最底层的技术,关键技术有数据管理技术、区块数据技术和加解密技术。虽然数据层专利申请量较多,但数据层的专利申请尚未形成专利壁垒,各创新主体可以加紧专利布局。区块链应用领域多样性促进共识层技术快速发展。共识层技术包括共识流程处理和共识算法,其中共识算法是共识层主要研究方向。共识算法种类较多,单一共识算法各有缺陷,由单一共识向混合共识演进是共识层技术的发展趋势。合约层主要包括脚本代码和执行脚本语言的虚拟机,其中,智能合约占据合约层94%的份额,是重点研究方向。随着智能合约应用场景进一步扩展,预计涉及智能合约的专利申请量会持续增长。图3-1-3示出了支撑技术构成全球专利分布。

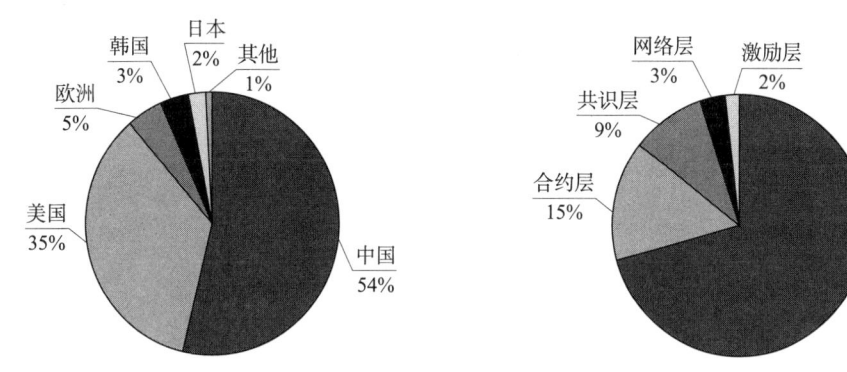

图3-1-2 支撑技术全球专利申请国家/地区分布图

图3-1-3 支撑技术构成全球专利分布

3.1.1.4 主要申请人

对全球区块链支撑技术相关专利的重要申请人进行统计分析,图3-1-4示出了该技术领域国内外前十位申请人申请量的排名情况。从图中可以看出,万事达卡以27项专利

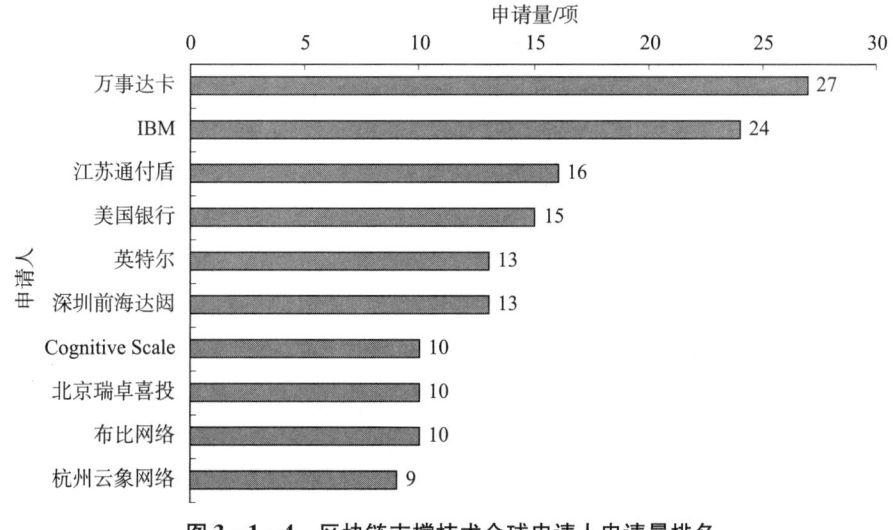

图3-1-4 区块链支撑技术全球申请人申请量排名

注:图中数据截至2016年12月31日。

申请位于全球首位,在全球申请量前十的申请人中,主要涉及的为互联网、物联网、银行等领域的企业,中国和美国的研发主体各占5席。由此可见,申请量前十的申请人分布在中国、美国,与图3-1-2中支撑技术专利的主要技术来源地保持一致。各企业专利申请量的排名在一定程度上反映了企业基础技术创新能力和对基础技术的重视程度。

图3-1-5示出了支撑技术全球重要申请人分布,从图中可以得出,全球申请量最大的申请人万事达卡和美国银行在区块链支撑技术的专利主要分布在数据层,在网络层和共识层也进行了少量的专利布局,它们作为传统的金融巨头,展现出在区块链领域的巨大潜能;IBM作为全球最大的信息技术和业务解决方案公司,在数据层进行了一定量的专利布局,同样关注底层技术的研究,在共识层和合约层也进行了专利布局;江苏通付盾作为新晋的科技公司在数据层、共识层、合约层都进行了专利布局;英特尔也在数据层进行了较多的专利布局。由此可见,国内外申请人均抓紧对数据层底层技术的研究,也进一步印证了数据层在区块链中的核心地位。

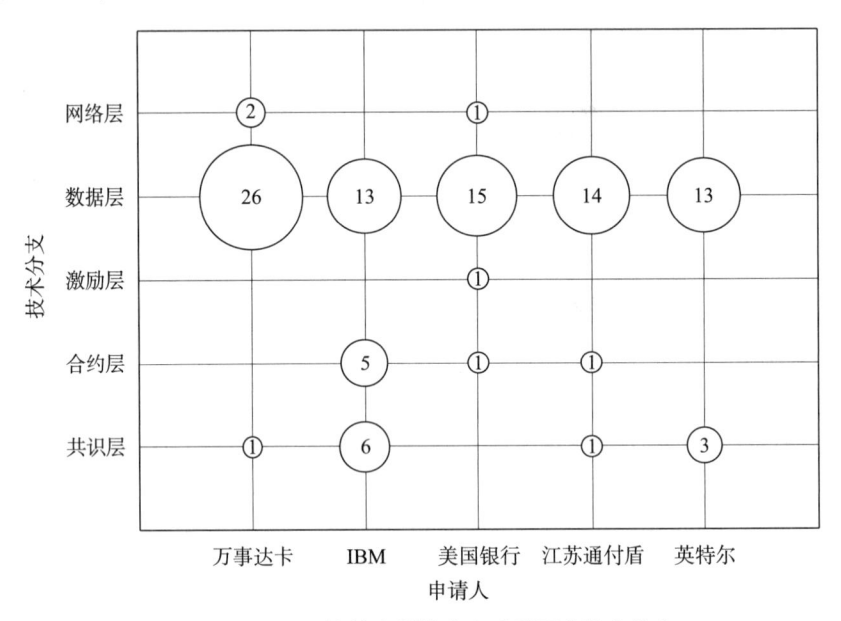

图3-1-5 区块链支撑技术全球重要申请人分布

注:圈中数字表示申请量,单位为项。

3.1.2 中国专利申请态势

3.1.2.1 申请趋势

区块链支撑技术在中国的发展轨迹与全球区块链技术发展几乎同步。图3-1-6示出了支撑技术全球/中国专利申请趋势。2014~2015年是区块链支撑技术发展的起步阶段,全球的申请量也仅在百项以内,数量较少,但随着国内对区块链技术的深入研究,从2016年开始,有关区块链支撑技术的专利申请大量增多,中国专利申请在全球专利申请的占比也在逐渐增加,充分说明国内各大金融机构和科技企业开始重视关于区块链支撑技术领域的专利布局。

	2014年	2015年	2016年	2017年
■ 中国专利申请/件	11	20	269	759
□ 全球专利申请/项	26	66	479	895

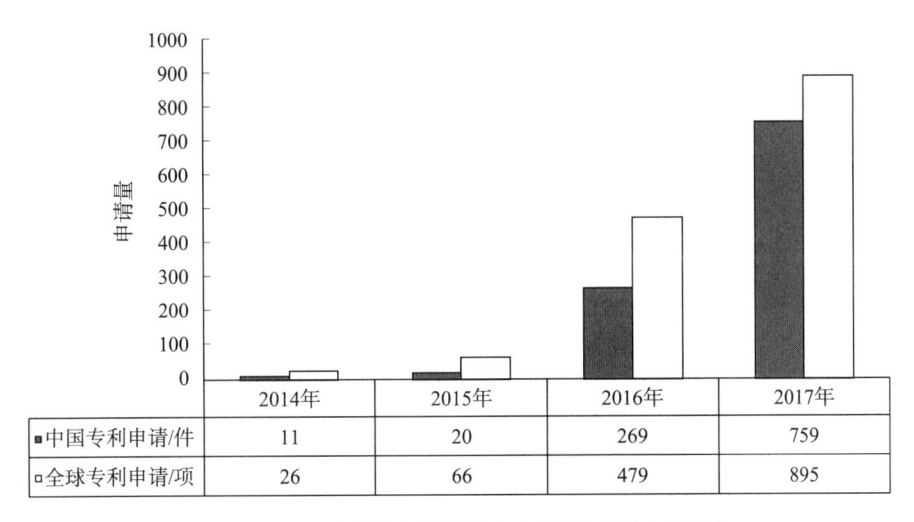

图 3-1-6　区块链支撑技术全球/中国专利申请趋势

3.1.2.2　应用构成

图 3-1-7 显示了区块链中国专利支撑技术构成分布。数据层、合约层、共识层、网络层以及激励层分别占据 68%、16%、11%、3%、2% 的份额，这一占比排序与全球专利支撑技术构成分布排序一致，可见国内外申请人对于支撑技术的研究方向基本一致，都是最关注对数据层的研究，其次关注合约层和共识层，在网络层和激励层研究较少。

3.1.2.3　主要申请人

对中国区块链支撑技术相关专利的重要申请人进行统计分析，图 3-1-8 示出了该技术领域中国前 13 位重要申请人申请量的排名情况。从中可以看出，阿里巴巴以 56 件专利申请位于首位，北京瑞卓喜投和中国联通均以 30 件专利申请位居第二，杭州云象网络和腾讯科技分别以 23 件和 22 件位居第四、第五位。此外，电子科技大学和江苏通付盾均有 21 件，中国科学院、布比网络、上海点融信息以及深圳前海达闼、中国银行均占有 17 件专利申请。

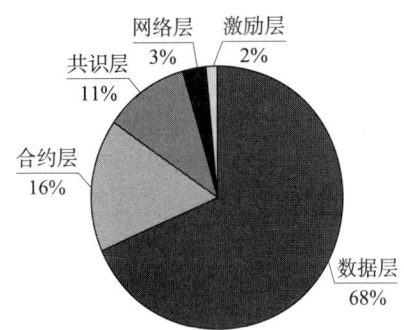

图 3-1-7　区块链中国专利支撑技术构成分布

在国内申请量前 11 的申请人中，阿里巴巴作为大型互联网企业，在区块链中的投入有目共睹，紧紧围绕其相关互联网业务进行了专利布局；北京瑞卓喜投、杭州云象网络、布比网络均是新兴的区块链产业科技公司，展现出对区块链行业的密切关注；电子科技大学作为国内知名高校，也提交了相当数量的专利申请，可见高校也对区块链技术的发展呈现一定的敏感度。国内新兴区块链产业创新主体的涌现以及相关科研机构对区块链的热情，充分说明国内对区块链的重视，也为区块链技术在国内的行业发展奠定了基石。

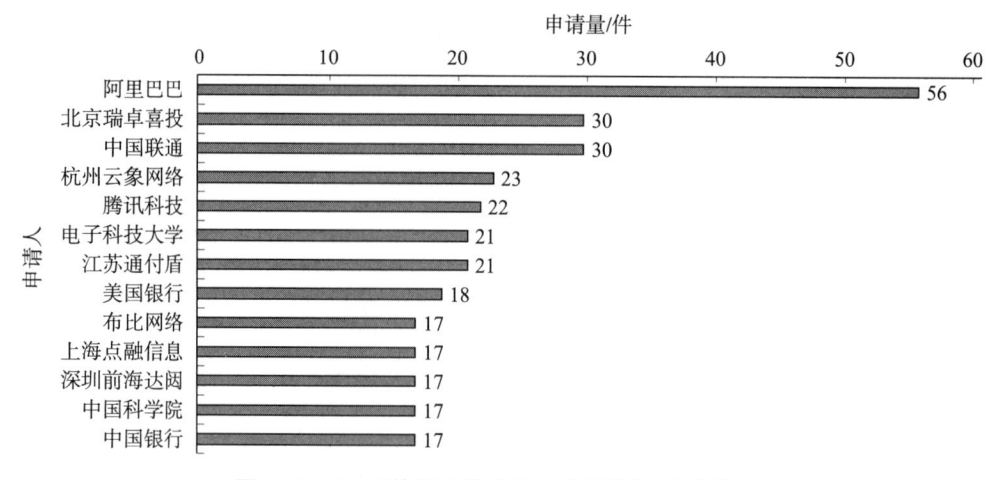

图 3-1-8 区块链支撑技术中国申请人申请量排名

申请人申请量（单位：件）：
- 阿里巴巴：56
- 北京瑞卓喜投：30
- 中国联通：30
- 杭州云象网络：23
- 腾讯科技：22
- 电子科技大学：21
- 江苏通付盾：21
- 美国银行：18
- 布比网络：17
- 上海点融信息：17
- 深圳前海达闼：17
- 中国科学院：17
- 中国银行：17

3.2 数据层专利技术分析

数据层是最底层的技术，主要实现了两个功能：数据存储、账户和交易的实现与安全。基本工作原理是每个分布式节点可以通过特定的哈希算法和 Merkle 树数据结构，将一段时间内接收到的交易数据和代码封装到一个带有时间戳的数据区块中，并链接到当前最长的主区块链上，形成最新的区块。区块链数据层技术包括区块数据、加解密、时间戳、哈希技术、链式结构、数据管理技术、数据验证机制 7 个技术分支。

3.2.1 全球专利态势

涉及区块链数据层的专利申请共 1058 项，本节将对其进行分析。

3.2.1.1 申请趋势

数据层专利申请出现于 2014 年，2014～2015 年申请量开始小幅增长，但全球专利申请量每年均不足 100 项，这属于区块链数据层的萌芽时期。2016～2017 年，申请量迅速攀升，每年专利申请量突破 300 项，并于 2017 年达到 602 项，可见这个时期，技术培育逐渐成形，已经为随后的爆发式发展储备了能量，随着涉及区块链数据层的大量申请被提出，整个行业呈现良好的发展态势。图 3-2-1 示出了数据层全球专利历年申请趋势。

数据层全球专利历年申请趋势数据：
- 2014年：16
- 2015年：44
- 2016年：379
- 2017年：602

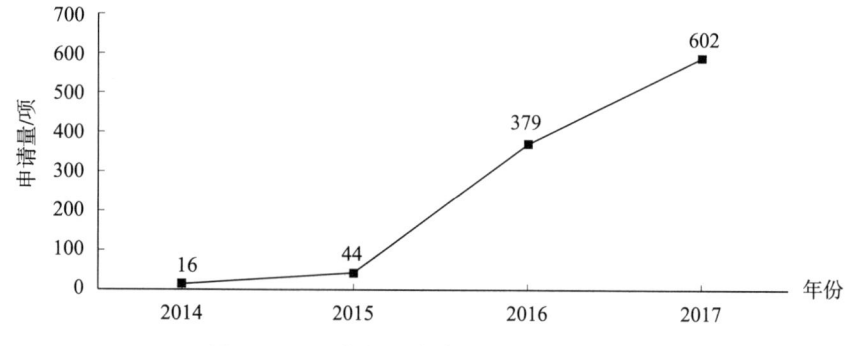

图 3-2-1 数据层全球专利历年申请趋势

上述状况与区块链产业的发展趋势基本吻合。自2008年中本聪提出比特币的概念后，区块链应运而生。2009~2014年，区块链的应用以比特币及其产业生态为主，催生了大量的比特币交易平台。2014年起，区块链随着比特币进入公众视野，新生的钱包支付和汇款公司出现，区块链经济扩散到金融领域；区块链底层技术不断创新，随之开始有专利申请被提出。随后，各创新主体开始探索行业应用，大量区块链创业公司出现。区块链技术被从比特币系统中剥离出来。2017年进入行业应用的爆发期，大量的区块链数据层专利申请被提出。

3.2.1.2 技术分支

数据管理技术、区块数据、数据验证机制和加解密是数据层申请量较大的分支，是申请人在数据层研究的重点技术。图3-2-2示出了区块链数据层的各技术分支申请量全球占比情况。

表3-2-1示出了数据层各技术分支全球历年专利申请量，从中可以看出，各技术分支2014~2015年的申请量均较少。数据管理技术2016~2017年起申请量出现快速增长，呈爆发态势；区块数据、数据验证机制、加解密紧随其后，在2016~2017年呈现快速增长态势；哈希技术、链式结构、时间戳申请量较少，增长缓慢。

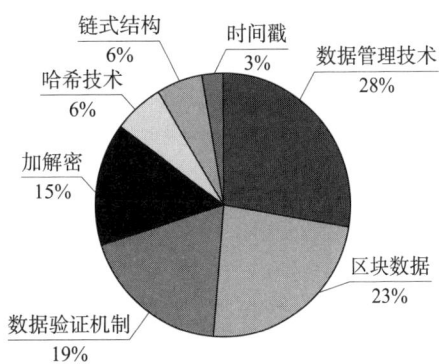

图3-2-2 数据层各技术分支全球专利占比

表3-2-1 数据层各技术分支全球历年专利申请量　　　　　　单位：项

年份	2014	2015	2016	2017	2018
链式结构	0	5	23	34	0
区块数据	7	9	83	149	1
数据管理技术	1	8	117	159	7
数据验证机制	1	11	76	108	2
哈希技术	1	3	17	44	1
加解密	6	8	54	86	4
时间戳	0	0	7	21	0

3.2.1.3 技术来源国家/地区

图3-2-3示出了数据层全球专利申请技术来源国家或地区分布。来源于中国、美国、欧洲、韩国、日本的专利申请占到区块链数据层领域申请总量的99%，说明上述国家或地区是区块链数据层的主要技术来源地。

中国贡献了区块链数据层全球53%的专利申请，是全球最大的技术来源国，表明中国申请人非常重视数据层的研究，这与中国互联网技术发达，对底层技术的研究较为成熟密切相关。美国和欧洲拥有全球领

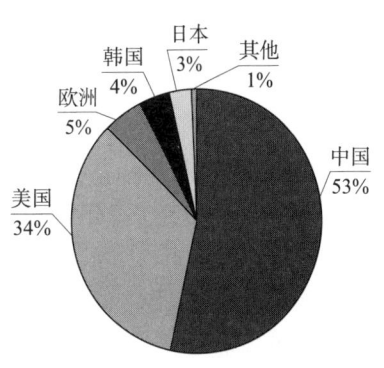

图3-2-3 数据层全球专利申请技术来源国家或地区分布

先的互联网技术和发达的金融公司,在区块链数据层有着很多实力强大的企业,在数据层申请量上排名第二、第三位,分别贡献了全球34%、5%的专利申请。

图3-2-4示出了主要技术来源国家或地区历年专利申请量,从中可以看出各主要技术来源国家或地区均是从2014年开始布局数据层专利申请,中国和美国在2016年出现申请量的快速增长,欧洲、日本、韩国的申请量保持平稳增长。这与区块链的广泛应用时间一致,区块链技术的大规模应用促进了区块链数据层的快速发展。中国、美国、欧洲起步比较早,2014年开始就有了一定数量的申请,中国的增速快于美国和欧洲。

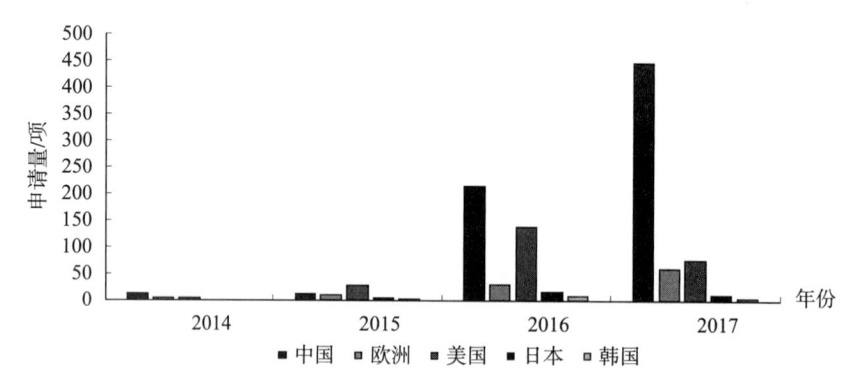

图3-2-4 数据层全球专利申请主要技术来源国家或地区历年专利申请量

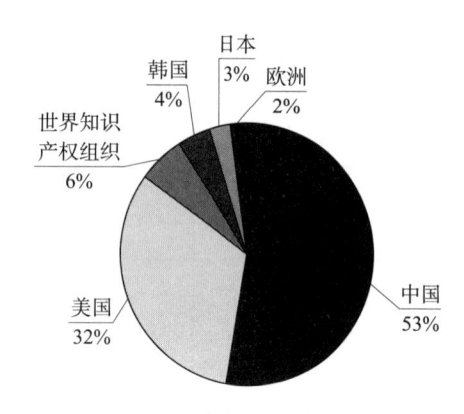

图3-2-5 数据层全球专利申请目标地分析

3.2.1.4 目标地

图3-2-5示出了数据层全球专利申请目标地。中国是区块链数据层全球最大的目标地,占整个数据层市场的53%,这与区块链技术在国内的广泛应用有着密切的关系,众多的国内申请人为了确保自身在区块链技术中的领先地位,已经开始在国内申请大量区块链数据层相关的专利。美国占比32%,排名第二。欧洲、日本、韩国等也有少量的专利布局。

区块链数据层的PCT国际申请也占有6%的比例,这表明多数申请人越来越重视国际目标市场,有计划在多个国家或地区同时部署该技术的专利保护体系。

3.2.1.5 申请人

区块链专利各主要申请人的申请量普遍偏少,均不足30项,这与区块链是一项新兴技术的情形相匹配,图3-2-6示出了区块链数据层全球主要申请人的申请量排名情况。

万事达卡以24项申请排名第一,江苏通付盾、IBM、美国银行、深圳前海达闼、Cognitive Scale、英特尔、北京瑞卓喜投、蓝树荣、樊溪电子、杭州云象网络分列第二至11位。

```
申请量/项
         0    5    10   15   20   25   30
万事达卡                              24
江苏通付盾                   14
IBM                       13
美国银行                     13
深圳前海达闼                 12
Cognitive Scale       10
英特尔                  10
北京瑞卓喜投          9
蓝树荣              7
樊溪电子            7
杭州云象网络         7
```

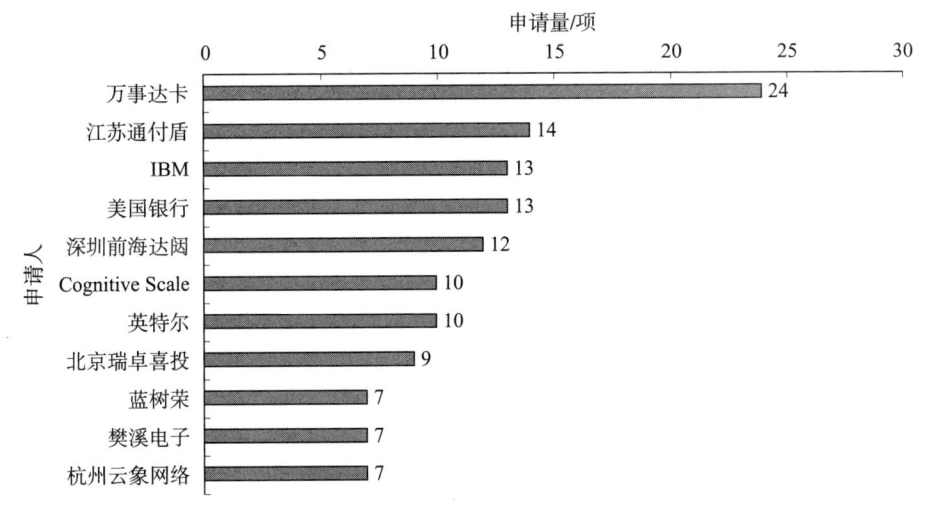

图 3-2-6　数据层全球申请人排名

注：图中数据截至 2016 年 12 月 31 日。

在全球申请量排名前十的申请人中，来自中国的申请人占据六席，来美国的申请人占据五席。各主要申请人的申请量差距不大，排名第一的万事达卡和排名第 11 的杭州云象网络仅相差 17 项，由此可见，在区块链数据层领域并没有申请人形成垄断地位，不存在专利壁垒。

图 3-2-7 示出了数据层全球排名前五的申请人的历年申请量，万事达卡和江苏通付盾于 2015 年开始数据层的专利布局，2016 年万事达卡和江苏通付盾申请量持续增长，美国银行、深圳前海达闼和 IBM 于 2016 年开始数据层专利布局，申请了 10 项左右的专利申请。

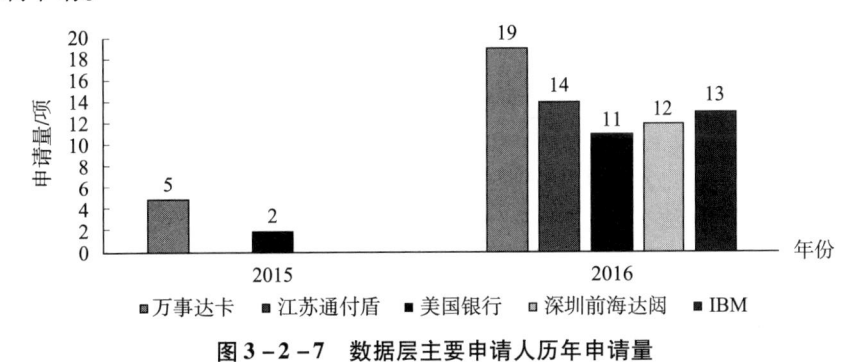

```
申请量/项
  20
  18
  16        19
  14           14
  12              11  12  13
  10
   8
   6   5
   4       2
   2
   0
       2015         2016           年份
  ■万事达卡 ■江苏通付盾 ■美国银行 ■深圳前海达闼 ■IBM
```

图 3-2-7　数据层主要申请人历年申请量

万事达卡是全球第二大信用卡国际组织，拥有全球最全面的支付品牌，在全球拥有 24000 个会员金融机构，为多个国家和地区的人们提供金融服务。从图 3-2-7 中可以看出，万事达卡的专利申请集中在 2015～2016 年，专利布局早于其他主要申请人，这与万事达卡主要从事金融行业密切相关。

江苏通付盾是一家以数字身份为核心的数字化安全解决方案和服务提供商，聚焦网络安全、人工智能以及区块链技术，为行业用户提供数字化安全解决方案产业和服务。江苏通付盾在数据层有 14 项专利申请，排名第二位。

IBM 是全球最大的信息技术和业务解决方案提供商，其区块链布局除金融领域外，还渗透到医疗保健、证券交易所市场交易流程中去，甚至与政府机构在学历认证、医疗数据管理以及特殊药品管控、安全食品等方面也建立了区块链技术合作。在数据层，IBM 以 13 项专利申请与美国银行并列第三位。

美国银行是美国第一大商业银行，是布局区块链最早的申请人之一。作为银行，它并没有把区块链的专利都布局在金融货币应用方面，在区块链底层技术数据层上也布局了 13 项专利申请，排名与 IBM 并列第三位。

深圳前海达闼由前美国 UT 斯达康 CTO、中国移动研究院院长黄晓庆先生于 2015 年 3 月创立，专注于云端智能机器人技术的研究与开发。目前，深圳前海达闼提出了基于区块链技术的 IOT 接入认证方案，实现去中心化的可靠的 IDaaS 服务，在数据层拥有 12 项专利申请，排名第五位。

3.2.2 中国专利态势

3.2.2.1 申请趋势

虽然国内外申请人于 2014 年开始在中国有了数据层专利申请的布局，但是在 2015 年之前，国内外申请量均较小，这与区块链数据层全球申请趋势基本吻合，图 3-2-8 示出了区块链数据层中国专利申请历年申请趋势。

图 3-2-8 数据层中国专利申请历年申请趋势

对国内申请而言，2014~2015 年处于缓慢增长阶段，年申请量维持在 10 件左右；2016~2017 处于快速增长阶段，2017 年申请量达到 190 件，2018 年达到 423 件，远远大于国外申请人的申请量。2016~2017 年国内申请人专利申请量的快速增长离不开区块链技术在中国市场的广泛应用，也充分表明国内申请人对区块链应用的前景抱有非常积极乐观的态度。

对国外申请人而言，在中国的专利布局偏少，2014~2017 年，年申请量始终维持在 5 件以下。

3.2.2.2 技术构成

数据层技术构成相对较为分散，图 3-2-9 示出了区块链数据层各技术分支的构成情况，数据管理技术占数据层申请量的29%，所占比例最高，申请量达到211件；区块数据占比23%；数据验证机制占比18%；加解密占比14%；哈希技术占比7%；链式结构占比6%；时间戳占比3%。

3.2.2.3 主要申请人

图3-2-10示出中国专利申请中申请量排名前十的申请人均为国内申请人。从申请量上看，排名第一的阿里巴巴有34件，排名第十的中国银行有13件，二者相差21件，

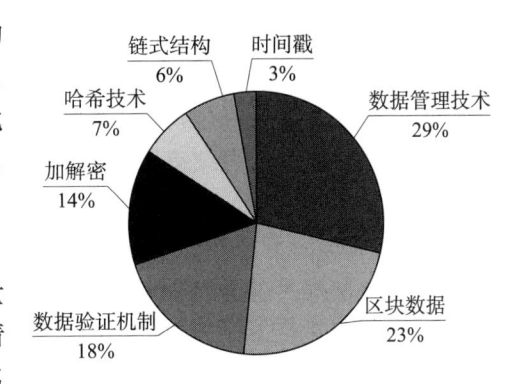

图3-2-9 数据层中国专利申请技术构成

由此可见，各申请人的申请量相差不大，在数据层中国专利申请上并没有申请人形成垄断地位。与图3-2-6相比，在数据层全球申请量较多的万事达卡、IBM、美国银行并未大量在中国进行专利布局。

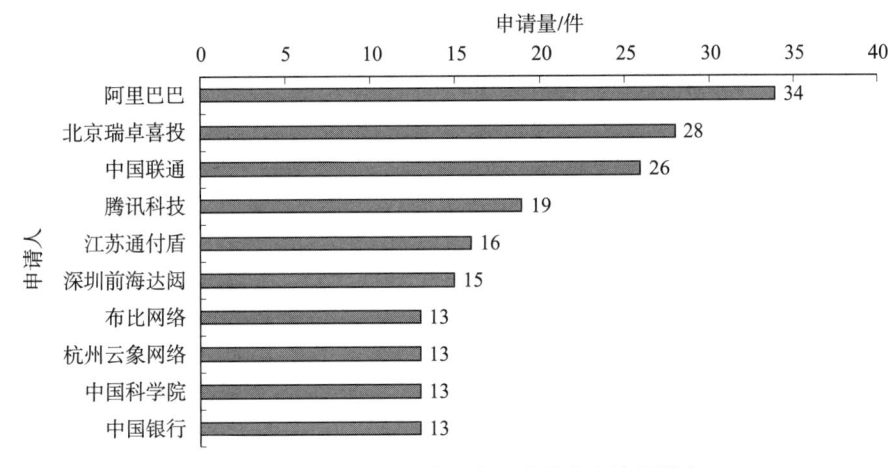

图3-2-10 数据层中国专利申请人申请量排名

在中国专利申请排名前十的申请人分别为阿里巴巴、北京瑞卓喜投、中国联通、腾讯科技、江苏通付盾、深圳前海达闼、布比网络、杭州云象网络、中国科学院、中国银行，上述申请人均为国内申请人，由此可以看出，国内申请人非常重视区块链数据层在中国市场的专利布局。从申请量上看，排名前十的申请人的申请量均不是太大，阿里巴巴以34件专利申请排名第一，其仅比排名第十的中国银行多21件。区块链数据层是一项新兴技术，并没有某个申请人在专利布局上形成垄断地位，技术壁垒尚未形成，各申请人仍然可以积极进行专利布局，以寻求更加全面完善的知识产权保护。

布比网络成立于2015年，开展区块链的商业应用探索，主要是在数字资产和贸易金融/供应链金融等方面，应用于商业积分、电子券、证券化资产以及仓单质押融资、应收账款融资等场景。布比网络在区块链数据层领域的专利申请集中在链式结构、数据管理技术和加解密、时间戳、哈希技术。杭州云象网络是开源区块链项目Hyperledger成员，服务领域包括金融、供应链、不动产登记、征信等。杭州云象网络在区

块链数据层拥有 13 件专利申请，主要涉及数据管理技术和数据验证机制，这与其提供的服务相对应。中国科学院拥有 13 件中国专利申请，主要涉及区块技术、数据管理技术和数据验证机制，这与其重视区块链基础问题研究相匹配。目前，中国科学院已联合北京太一云科技有限公司成立"大数据与区块链实验室"，旨在利用数据技术研究区块链领域前沿基础问题。中国银行自主研发的区块链跨境支付系统已落地，拥有 13 件中国专利申请，其申请的专利涉及区块数据的访问查询、数据管理技术、数据验证机制。

表 3-2-2 示出了中国专利申请量排名前十的申请人历年专利申请量，从中可以看出，中国联通在 2014 年进行数据层专利申请，是上述十位申请人中最早在数据层进行布局的申请人；腾讯科技在 2015 年开始进行专利申请；除中国联通和腾讯科技外，其余申请人的申请均集中在 2016~2017 年，其中杭州云象网络仅在 2017 年就申请了 18 件专利。对比数据层全球申请人布局情况，中国申请人布局稍晚，但是增长势头明显，随着区块链技术在中国市场的兴起，将会有越来越多的中国企业提出专利申请。

表 3-2-2 数据层中国专利申请人历年申请量   单位：件

申请人	2014 年	2015 年	2016 年	2017 年
阿里巴巴	0	0	3	31
北京瑞卓喜投	0	0	9	19
布比网络	0	0	0	26
杭州云象网络	0	0	1	18
江苏通付盾	0	0	15	1
深圳前海达闼	0	0	14	1
腾讯科技	0	5	3	5
中国科学院	0	0	9	4
中国联通	1	0	2	10
中国银行	0	0	5	8

3.2.2.4 区域分布

图 3-2-11 示出了数据层中国专利申请国内区域分布。数据层国内申请中，从各省区市的分布来看，北京的申请量最高，达到 233 件，占国内申请人总申请量的 38%，其次是经济发达的沿海地区，依次是广东、上海、浙江、江苏，这些地区均有着发达的互联网产业和金融产业，适合区块链技术的发展和应用。北京共有 85 位申请人申请了区块链数据层相关的专利申请，其中北京瑞卓喜投以 28 件申请位居第一，申请量大于 10 件的申请人有 4 家，分别是北京瑞卓喜投、中国联通、众享比特、布比网络。广

东共有61位申请人提交了区块链数据层相关的专利申请,其中申请量大于10件的只有深圳前海达闼一家,为15件,其余申请人的申请量均为10件以下。浙江共有25位申请人提出了数据层相关的专利申请,其中申请量排名前两位的分别是阿里巴巴和杭州云象网络,申请量分别是34件和13件。上海共有25位申请人申请了数据层相关的专利申请,申请量最大的申请人是上海点融信息,有9件申请。通过上述分析可以看出,从创新主体的数量上来说,北京拥有最多的创新主体。从创新主体的专利申请拥有量上来看,各创新主体的申请量普遍偏少,均不足30

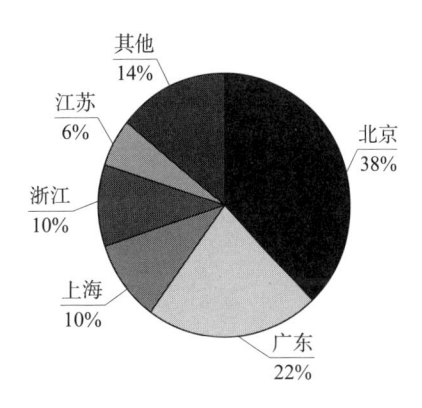

图3－2－11 数据层中国专利申请国内区域分布

件,没有任何一个申请人能够在该领域占据绝对优势,形成垄断地位。

3.2.3 关键技术——区块数据技术

数据区块一般包括区块头和区块体两部分。区块头封装了当前版本号,前一区块地址,当前区块的目标哈希值,当前区块共识过程的解随机数,时间戳等信息。区块体则包括当前区块的交易数量以及经过验证的、区块创建过程中生成的所有交易记录,而区块体中包括的这些数据就构成了区块数据。区块数据中包括了区块创建过程中的所有数据,这样的存储方式会使得在对数据进行查询时遍历区块链中存储的所有相关记录,从而导致查询效率较低。此外,在区块链中用户在任一节点获取数据信息时,如果不遍历所有节点,则会存在获取的数据可能被篡改的情况。如果遍历所有节点,会导致计算机资源的严重浪费,因而,如何提高区块链中数据查询的效率和准确性成为区块数据技术目前关注的焦点。

对涉及区块数据的249项专利进行筛选的过程中同样发现,涉及数据查询效率和数据查询准确的专利申请在区块数据技术专利申请中关注度也比较高。因此,为了更好地对区块链中的区块数据技术进行分析,课题组从数据查询效率和数据查询准确两个方面进行深入挖掘。

3.2.3.1 数据查询效率

区块链中数据查询效率不高是区块数据中亟待解决的问题,针对这一问题各申请人提出了多种解决的技术方案。从区块数据技术专利申请中筛选出涉及数据查询效率的重要专利申请16项,并对其方案进行具体分析,发现在提高查询效率问题上,主要通过数据索引(5项)、结构化存储(4项)、分片存储(3项)的技术手段来实现。

通过梳理数据查询效率的重要专利可以获得数据查询效率的发展路线图,图3－2－12示出了区块数据查询效率技术发展路线,表3－2－3示出了数据查询效率重要专利。下面将结合图3－2－12以及表3－2－3对数据查询效率的发展路线进行介绍。

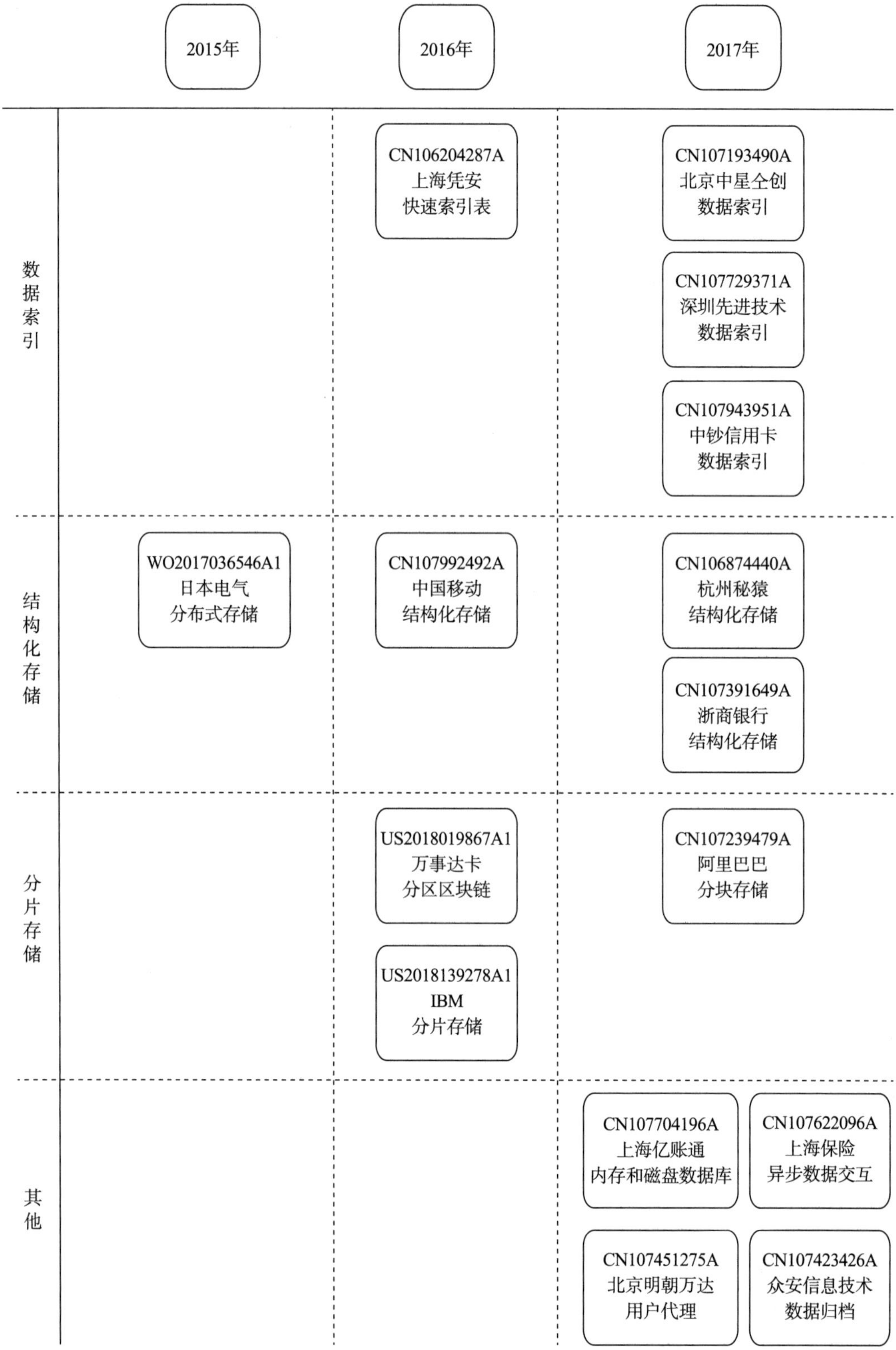

	2015年	2016年	2017年
数据索引		CN106204287A 上海凭安 快速索引表	CN107193490A 北京中星全创 数据索引 CN107729371A 深圳先进技术 数据索引 CN107943951A 中钞信用卡 数据索引
结构化存储	WO2017036546A1 日本电气 分布式存储	CN107992492A 中国移动 结构化存储	CN106874440A 杭州秘猿 结构化存储 CN107391649A 浙商银行 结构化存储
分片存储		US2018019867A1 万事达卡 分区区块链 US2018139278A1 IBM 分片存储	CN107239479A 阿里巴巴 分块存储
其他			CN107704196A 上海亿账通 内存和磁盘数据库　　CN107622096A 上海保险 异步数据交互 CN107451275A 北京明朝万达 用户代理　　CN107423426A 众安信息技术 数据归档

图 3-2-12　区块数据查询效率技术发展路线

表 3-2-3 数据查询效率重要专利

技术分支	申请年份	公开号	申请人	技术手段
数据查询效率	2015	WO2017036546A1	日本电气	分布式存储
	2016	CN106204287A	上海凭安	快速索引表
		US2018019867A1	万事达卡	分区区块链
		CN107992492A	中国移动	结构化存储
		US2018139278A1	IBM	分片存储
	2017	CN107943951A	中钞信用卡	数据索引
		CN106874440A	杭州秘猿	结构化存储
		CN107239479A	阿里巴巴	分片存储
		CN107391649A	浙商银行	结构化存储
		CN107622096A	上海保险	异步数据交互
		CN107451275A	北京明朝万达	用户代理
		CN107273556A	上海点融	二级索引
		CN107729371A	深圳先进技术	建立索引视图链
		CN107704196A	上海亿账通	数据存储在内存数据库和磁盘数据库
		CN106874393A	北京众享比特	业务数据库
		CN107193490A	北京中星全创	数据索引
		CN107423426A	众安信息技术	数据归档

采用建立数据索引的方式提高数据查询效率的专利申请有 5 项。上海凭安于 2016 年 2 月 1 日提交的专利申请 CN106204287A 公开了一种加快区块链查询的索引方法，其通过多方共建一个快速索引表，快速索引表是对当前所有区块中内容进行计算得到的，当有新增区块时重新计算索引表，一旦新的索引表被各方接受则替换原有的索引表，在进行查询时提取快速索引表中的主体 ID，利用所要查询的主体 ID 进行查询，查询到则提取主体记录获取信息，从而提高了数据查询效率。此外，北京中星全创（CN107193490A）、深圳先进技术（CN107729371A）、中钞信用卡（CN107943951A）提交了构思类似的申请。

通过结构化存储的方式提高数据查询效率的专利申请有 4 项。中国移动在 2016 年 10 月 26 日提交了专利申请 CN107992492A 涉及一种数据区块的存储方法、读取方法及其装置，将新数据区块交易记录中的各行交易记录数据采用按列结构存储的方式，创建列结构存储识别信息，将具有列结构存储识别信息的新数据区块存储到区块链中，在查询交易记录数据时，根据识别信息即可快速查询对应列的交易记录数据。日本电气（WO2017036546A1）、杭州秘猿（CN106874440A）、浙商银行（CN107391649A）也提出了类似的申请。

采用分片存储方式提高数据查询效率的专利申请有 3 项。万事达卡于 2016 年 7 月 15 日提交了专利申请 US2018019867A1 涉及一种分区区块链的方法和装置，将区块链进行分区，将不同的事务存储在对应的分区中，进行交易记录查询时根据不同事务所在的分区进行查询，提高了系统的吞吐量。IBM（US2018139278A1）和阿里巴巴（CN107239479A）也提出了类似的专利申请。

此外，还存在其他一些方案来解决此问题。上海亿账通于 2017 年 3 月 9 日提交的专利申请 CN107704196A 公开了一种区块链数据存储系统和方法，节点将区块链数据分别写入内存数据库和磁盘数据库进行存储，读取区块链数据时，先从读写性能高的内存数据库中读取数据，若未读取到数据，再从磁盘数据库中读取区块链数据，并且将读取到的区块链数据同步至内存数据库。北京明朝万达于 2017 年 8 月 4 日提交的专利申请 CN107451275A 公开了一种基于区块链的业务处理方法，通过建立包括用户代理的区块链，当需要查询数据时，用户代理首先查找出对应的摘要信息，然后是对应的目标业务数据，提高了业务数据的处理效率。上海保险于 2017 年 8 月 31 日提交的专利申请 CN107622096A 公开了一种基于区块链系统的异步多方数据交互方法和存储介质，其通过数据交互的各个参与方可以采用异步的方式进行数据的交互，如果数据查询方希望查询数据，则数据查询方和数据提供方可以异步的方式分别在分离的不同事务中发起查询请求并且返回查询结果。众安信息技术于 2017 年 12 月 1 日提交的专利申请 CN107423426A 公开了一种区块链块数据的数据归档方法及电子设备，其通过周期性地监测区块链节点数据，将满足归档条件的块数据从本地拷贝后进行压缩生成压缩包，并将压缩包上传至可靠分布式存储系统，若上传成功，则获取压缩包的文件哈希，并将压缩包的文件哈希保存，获取查询请求，根据哈希值进行查询，并从本地获取对应的数据。

3.2.3.2 数据查询准确

区块数据中查询数据的准确性也是目前区块数据中关注的问题，针对该问题申请人提出多种解决方案。对其方案进行具体分析发现，主要采用安全等级（2项）、构建侧链（2项）实现数据的查询准确，也可以采用可信节点获取数据、可信节点背书、比对不同区块数据等手段实现上述效果。提高查询准确性采用的手段较为多样化，目前处于探索阶段。

通过梳理数据查询准确的重要专利可以获得数据查询准确的技术发展路线图，图 3-2-13 示出了区块数据查询准确发展路线，表 3-2-4 示出了数据查询的重要专利。下面将结合图 3-2-13 以及表 3-2-4 对数据查询准确的技术发展进行介绍。

采用访问权限的方式实现数据查询准确性。美国银行于 2015 年 11 月 9 日提交的专利申请 US2017076286A1 公开了一种控制对数据的访问权限，系统限制账户访问点访问账户，在访问点丢失或被盗的情况下不禁用账户，从而节省禁用账户所消耗的计算资源和带宽，仅创建新账户，并授予账户访问点对新账户的访问权限，从而提高获取账户数据的准确性。

第3章 关键支撑技术专利分析

```
查              2015年              2016年                       2017年
询        ┌──────────────┐   ┌──────────────┐   ┌──────────────┐ ┌──────────────┐ ┌──────────────┐
准        │US2017076286A1│   │US2017228734A1│   │CN107463596A  │ │CN108197498A  │ │CN107491519A  │
确        │  美国银行    │   │  美国银行    │   │北京瑞卓喜投  │ │  中国联通    │ │  中国联通    │
          │  访问权限    │   │设置安全等级  │   │    侧链      │ │  可信节点    │ │不同区块数据比对│
          └──────────────┘   └──────────────┘   └──────────────┘ └──────────────┘ └──────────────┘
                             ┌──────────────┐   ┌──────────────┐ ┌──────────────┐
                             │CN106716421A  │   │CN107451179A  │ │CN108235806A  │
                             │深圳前海达闼  │   │北京瑞卓喜投  │ │深圳前海达闼  │
                             │设置安全等级  │   │    侧链      │ │可信节点背书  │
                             └──────────────┘   └──────────────┘ └──────────────┘
```

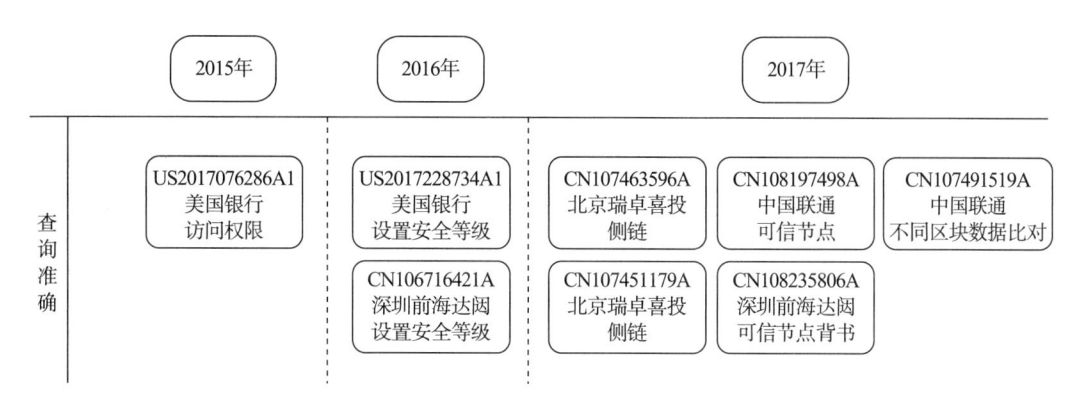

图 3-2-13 区块数据查询准确发展路线

表 3-2-4 数据查询的重要专利

技术分支	申请年份	公开号	申请人	技术手段
数据查询	2015	US2017076286A1	美国银行	访问权限
	2016	US2017228734A1	美国银行	设置安全等级
		CN106716421A	深圳前海达闼	设置安全等级
		US2017230353A1	美国银行	安全访问
		JP2017204706A	日本电信	区块链存储
		CN106528746A	江苏通付盾	SPV 节点向完全节点查询交易
	2017	CN107463596A	北京瑞卓喜投	侧链
		US2018152289A1	IBM	区块数据验证
		CN107451179A	北京瑞卓喜投	侧链
		CN108235806A	深圳前海达闼	可信节点背书
		US2018101701A1	Acronis International GmbH	发布认证凭证
		CN108197498A	中国联通	可信节点

采用设置安全等级的方式提高数据查询准确性。美国银行于 2016 年 3 月 31 日提交的专利申请 US2017228734A1 公开了一种区块链存储方法，建立包括不同安全级别的多个专用块链，接收与交易相关联的交易信息，从交易信息中确定交易因素；从多个专用块链中识别与事务因子相关联的专用块链，为所识别的专用块链中的事务节点生成新的块。深圳前海达闼（CN106716421A）也提出构思类似的专利申请。

采用侧链的方式提高数据查询准确性。北京瑞卓喜投于 2017 年 6 月 8 日提交的专利申请 CN107463596A 公开了一种针对设置链外勘误表的区块链并行查询的方法及系统，根据接收的数据查询请求中的关键信息在链外勘误表以及原始数据表中分别进行数据查询，当查询到的目标勘误记录和目标原始记录中包含了针对同一区块链中的位置信息的记录时，则删除包含该位置信息的目标原始记录，并将目标勘误记录和经删除操作后剩余的目标原始记录作为目标数据输出，保证输出的目标数据为区块链经勘误更正过的数据。该公司申请了类似的专利申请（CN107451179A）。

采用确定可信节点的方式提高数据查询准确性。中国联通于 2017 年 12 月 22 日提交的专利申请 CN108197498A 公开了一种数据获取的方法及装置，其根据各个节点的信用度确定出可信节点，从每个可信节点中获取与目标区块标识对应的区块数据，比对获取的各个区块数据，根据比对结果确定目标区块数据，由于信用度高的节点存储的数据较为准确，因此通过这样的方式能够获取较为准确的区块数据。

采用可信节点背书的方式提高数据查询准确性。深圳前海达闼于 2017 年 12 月 28 日提交的专利申请 CN108235806A 公开了一种安全访问区块链的方法，采用区块链中可信节点的私钥对目标节点公钥进行签名背书，要访问目标节点的新节点获取背书数据并进行签名验证，验证通过后确定对目标节点的身份认证成功，目标节点同样需要对新节点身份进行认证，目标节点在区块链预置的许可权限中查询新节点公钥对应的账户地址许可权限，从而验证新节点的身份，通过目标节点和身份节点身份的双向认证，保证了查询数据的准确性。

采用不同区块数据比对的方式提高数据查询准确性。中国联通于 2017 年 8 月 15 日提交的专利申请 CN107491519A 公开了一种数据查询方法，向第一节点发送第一查询请求，接收第一节点发送的包括目标用户的交易信息的第一区块，获取第一区块的关联信息，从除了第一节点之外的其他节点获取第二区块的关联信息，通过比较第一区块的关联信息和第二区块的关联信息，确定第一区块是否为合法的区块。

3.2.4 关键技术——加解密技术

由于区块链中各节点都存储所有的区块数据，存在区块数据被篡改、伪造等风险，也存在个人隐私泄露的风险，因此，如何提高区块数据的安全性以及区块数据隐私保护是区块链所面临的两大重要问题。此外，区块链的去中心化以及匿名性带来监管难的问题，也是区块链亟待解决的问题。为了保证存储于区块链中的信息的安全与完整，人们将非对称加密等加解密技术用于区块的生成、区块数据加密、数字签名以及身份认证中。

通过梳理区块链加解密技术的重要专利可以获得使用加解密技术解决安全性低、隐私保护性差、监管难这三大问题的技术发展路线图，图 3-2-14 示出了加解密技术发展路线。

3.2.4.1 提高安全性

在提高安全性问题上，采用的技术手段主要分为密钥生成、密钥保存和其他手段三个方面。

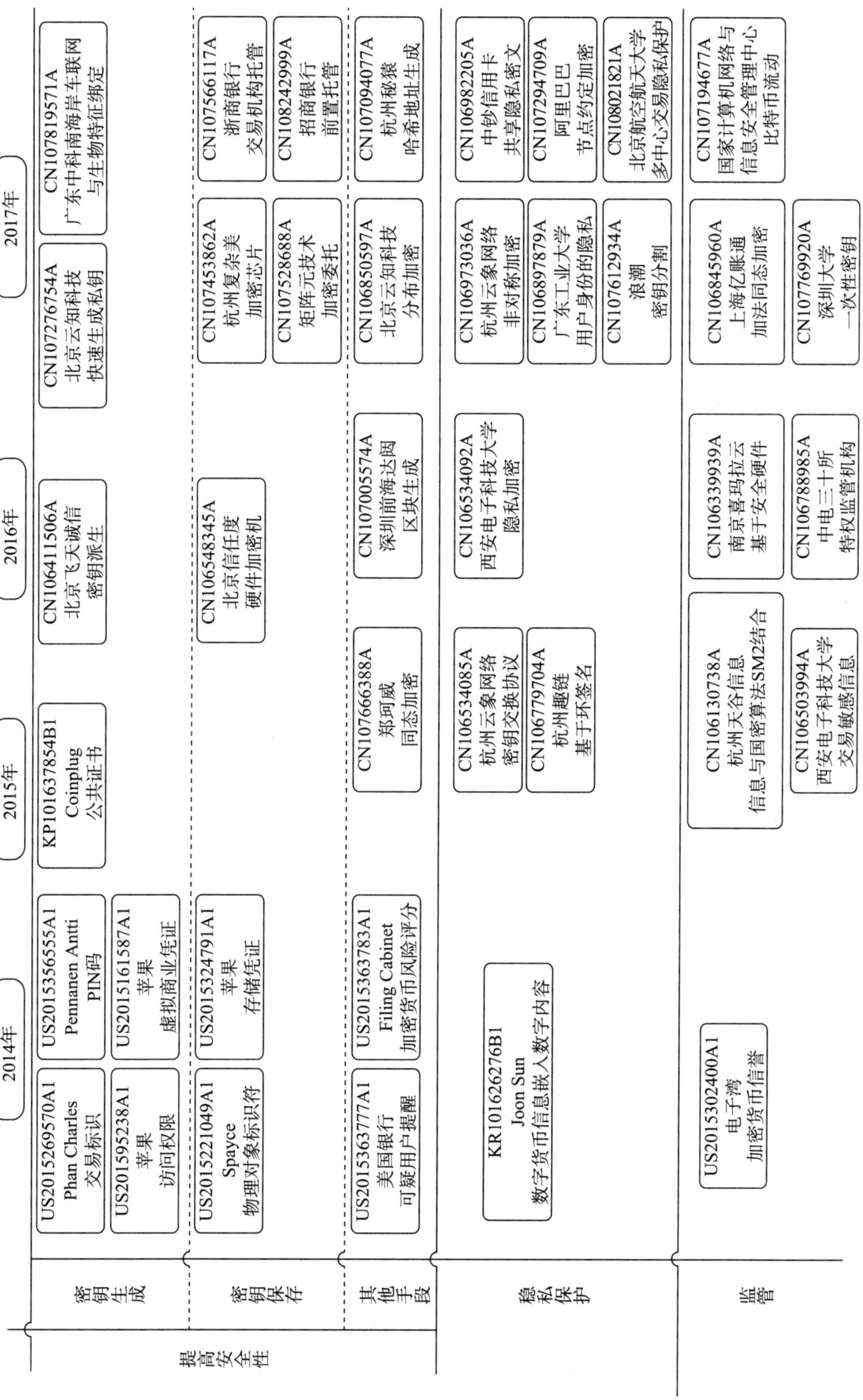

第3章 关键支撑技术专利分析

图 3-2-14 加解密技术发展路线

（1）在密钥生成方面，申请 US2015269570A1 公开了支持商业中提供商品验证的方法，通过使用数字签名和不对称密钥加密来创建可公开验证的实时审计跟踪来证明产品来源的真实性，并提供当前所有权的证明应用程序来捕获与项目相关的交易的信息，与后端服务器一起执行交易和记录交易，这样就防止了仿冒产品。

申请 US2015356555A1 提出使用 PIN 码加密私钥，从而执行加密货币的交易，从而保证了安全交易。除了上面的手段，申请 US201595238A1 通过设置密钥的访问权限实现安全交易，申请 US2015161587A1 通过建立虚拟商业凭证实现安全交易，申请 KR101637854B1 通过生成用于认可证书的个人密钥来防止用于认可证书的个人密钥的泄露，从而实现安全交易。

申请 CN106411506A 提出了一种适用于数字货币的密钥派生方法，其根据密钥种子能够衍生出全部密钥，因此只需要备份密钥种子，而不需要备份根据密钥种子派生出的子密钥，这样备份体积不会随密钥的增多而变大，易于管理，并且能够避免密钥损坏给用户造成损失，从而实现批量生成私钥。申请 CN107276754A 通过同时选取当前区块链的所有区块，并对每个区块中的哈希值和交易信息数据进行拼接生成随机数，再基于随机数和身份信息生成私钥，从而达到快速生成大量私钥的目的，这样私钥生成速度快，生成数量多，安全性高，同时，基于区块链产生的私钥不会被其他人再次生成，保证每个私钥都是独一无二的。申请 CN107819571A 通过使用用户输入的密钥对系统生成的随机数进行加密生成私钥，并利用采集的生物特征数据对所述私钥进行加密生成密文信息，将所述密文信息转换成二维码并存储，从而实现了将私钥通过密钥绑定，将私钥与用户的生物特征相结合，并将结合后的密文信息储存于二维码中，实现了私钥的安全存储。

（2）在密钥保存方面，申请 US2015221049A1 公开了通过虚拟财产系统收集与具有唯一标识符的物理对象相关联的内容文件，并设置对内容文件的调节访问权限，这样保证了密钥的安全。申请 US2015324791A1 将证书服务提供商的数据存储在电子设备安全元件的安全域中。申请 CN106548345A 公开了密钥的生成、分割和合成均在硬件的加密机内瞬间完成的技术方案，这样提升了密钥的安全性。申请 CN108242999A 公开了密钥托管方只须将自己的密钥托管至可信任的区块链参与方的前置托管系统中，这样有利于区块链参与方将自己部署的区块链应用快速推广。申请 CN107566117A 由交易机构托管公私钥对，并建立与客户信息间一一对应的关联关系，解决了客户直接保管私钥时出现丢失的问题，为区块链商用提供了可能。

申请 CN107528688A 公开了密钥加密委托技术，使得用户可以将加密后的私钥委托给管理柜台保存，管理柜台并不知道私钥的真实内容，使得私钥的备份和恢复更加安全，保护用户权益。申请 CN107453862A 将私钥存储在加密芯片中，私钥可在芯片内生成，也可以外部导入，但芯片内的私钥无法导出到芯片外，要用私钥进行签名或解密的内容可以传入加密芯片，并可以将签名结果和解密内容发送到加密芯片外面，这样能够利用人们常用的手机很方便地对区块链进行安全的操作，从而便于用户生成和存储私钥。

(3) 除了以上两个方面，也可以使用其他手段提高安全性的问题，比如：申请 US2015363783A1 公开了对加密货币交易的风险进行评分的方法，申请 US2015363777A1 公开了确定加密货币交易是否可疑，并且向企业传送警报。申请 CN107005574A 通过其他节点设备可以通过对签名区块的签名认证验证该区块生成装置的身份，从而对于非法的区块生成装置，区块链网络可以拒绝在区块链中添加其生成的区块，保证了区块链的安全性。申请 CN107666388A 相较于普通区块链，交易的相关信息全部都实现了加密，数据安全性和保密性得到显著更高。同时，由于完全同态加密的特殊性质，保证了即便处于加密状态，交易的有效性验证操作也可以由任意网络节点安全、同态地完成，这样就保留了区块链去中心化、全网审计的共识机制。

　　申请 CN106850597A 在对数据进行加密时，可以将数据拆分为多个信息段。同时，可以从散落无序的加密机中挑选出与信息段的数量一致的加密机个数，并且在加密机和信息段之间一一映射，从而使得每个加密机中的公钥均可以加密一个信息段。这样，在解密时，需要按照加密机的排列顺序利用相应的私钥进行解密。即使密钥泄露，在不知道加密机排列顺序的情况下，还是无法正确地对加密数据进行解密，这样保证了密钥的安全。

　　申请 CN107094077A 舍弃了去中心化的哈希地址生成算法，解耦了账户地址和账户公钥的密码学对应关系，使用户可以灵活选择公私钥生成算法和私钥签名算法，例如 RSA、ECC、Elgamal、SM2 等非对称加密体系，或者在同一体系内采用不同的参数。

3.2.4.2　隐私保护

　　在隐私保护问题上，申请 KR101626276B1 将公钥嵌入数字内容中，以允许接收数字内容的用户终端播放数字内容，如果用户终端通过使用公钥和私钥创建支付信息，那么创建的支付信息被确定为是真的，这样实现了保护隐私的目的。

　　申请 CN106534085A 通过密钥交换协议生成资产拥有方与监管方共同拥有的对称密钥（即加法同态密钥），用该对称密钥作为加法同态加密的加解密密钥，这样可以解密加密后的账户余额，其他无关方无法知晓该账户的实际余额，有效保障了账户安全性及对账户进行监管，并可提高交易处理的效率。申请 CN106534092A 公开了消息依赖于密钥的隐私数据加密方法，以避免密钥泄露，提高钱包文件的安全性。申请 CN106779704A 公开了基于环签名的区块链匿名交易方法，该申请在区块链上对用户的转账过程使用环签名技术，以及在用户收账过程中产生一个本不存在的目标账户用于收账，这在满足区块链本身的技术特性的同时实现了交易的匿名转账和匿名收账功能。

　　申请 CN106973036A 提出了基于非对称加密的区块链隐私保护方法，能够在数据操作服务由不可信的第三方机构提供时，建立高度灵活的用户授权数据访问模式。申请 CN108021821A 提出了一种多中心区块链交易隐私保护系统，该系统可以实现多方联合管控下对于陷门参数和交易过程中对于交易元数据的隐私保护，有效增强多中心类区块链系统交易过程中的明文数额安全。

申请 CN107294709A 公开了可以使用当前节点与若干关联节点共同约定的方式进行加密。在当前节点加密并存储后，区块链中的关联节点可以基于约定的方式解密区块链数据中的加密后的区块信息，而非关联的节点仅能获取区块链数据但无法查看原始的区块信息，从而达到隐私保护的目的。申请 CN106897879A 公开的技术方案使得如果某个用户的私钥被泄露，任何第三方要恢复他过去所签密消息的明文的行为在计算上都是不可行的，但发送者可以利用自己的私钥恢复他过去所签密消息的明文，即自己本人可以看到自己加密的区块链交易信息，从而可以保护区块链交易数据的完整性、机密性，同时保证交易数据拥有者身份的隐私性，隐藏交易数据中的敏感信息，实现隐私保护。

申请 CN106982205A 通过将明文消息进行加密，生成隐私密文，并基于预设公钥，得到用于共享隐私密文的共享公钥，将隐私密文和共享公钥广播在区块链中，使得转入端、转出端和监管端基于预设私钥对隐私密文进行解密，得到明文；区块链中的节点基于共享公钥来共享隐私密文，并对所共享的隐私密文进行盲共识，保障了用户的隐私权。申请 CN107612934A 有效地解决了移动端生成区块链交易涉及的隐私和保密问题，利用移动端和云端共同协作生成密钥，双方数据交换都是用对方公钥加密，保证了交互过程的传输安全性，密钥进行分割，即使部分密钥泄露，恶意攻击者也无法伪造数字签名，有效地保护了密钥安全性，也保护了区块链上的用户身份。

3.2.4.3 监管

在监管问题上，专利申请人也通过一些技术手段来实现监管。申请 US2015302400A1 在密码货币公共分类账中检测当前的密码货币交易，并且作为响应，可以将信誉标记分配给涉及当前密码货币交易的付款人和收款人。申请 CN106339939A 公开了基于安全硬件的不可篡改分布式账单系统及交易处理方法，以解决现有的金融类系统的资产监管及维护有待改善及提高的技术问题。申请 CN106788985A 提出了特权监管机构只需要自己掌握的一份密钥就可以实现对所有用户的交易历史进行审查与监管，同时还保证，即使用户某一笔交易的私钥泄露，也不会对其他交易的安全构成威胁。申请 CN106130738A 将国密算法 SM2 与区块链结合，保证区块链技术在实现已有的分布式账本技术，实现去中性化、公开透明，让每个人均可参与数据库记录的基础上，同时可以在数据记录的过程中选择使用国密算法 SM2、SM3 分别进行非对称加解密运算、摘要运算，使其符合国内标准及监管要求。

申请 CN106503994A 由于使用加密技术对区块链中的交易隐私数据加密，解决了传统的公有区块链中所有数据公开带来的隐私泄露问题，实现了对区块链中交易敏感信息的隐私保护。申请 CN106845960A 通过密钥交换协议生成资产拥有方与监管方共同拥有的对称密钥（即加法同态密钥），用该对称密钥作为加法同态加密的加解密密钥，这样监管方可以解密加密后的账户余额，其他无关方无法知晓该账户的实际余额，有效保障了账户安全性及对账户进行监管，并可提高交易处理的效率。

申请 CN107194677A 通过分析比特币交易地址所在国家，统计比特币在不同国家地区间的流动情况，这样可以实现检测比特币的流动。申请 CN107769920A 提出的方案中生成的目标密钥与交易密钥是一次性的,因此发送方与接收方是基于一次性公钥交易的,由于一次性公钥具有随机性,各交易具有不可连接性,又由于目标密钥与交易密钥的生成间接或直接使用了追踪方公钥和接收方公钥,因此追踪方客户端可以通过获取目标密钥和交易密钥来恢复出接收方的第一公钥,从而追踪到接收方,解决了传统交易中采用一次性公钥交易时由于缺乏有效的监管而易成为洗钱、敲诈等犯罪活动的温床的技术问题。

为了进一步保证区块链中信息的完整和安全,申请人还研究了区块链技术中的其他加解密技术手段,表3-2-5示出了加解密重要专利。

表3-2-5 加解密重要专利

技术分支		申请年份	专利公开号	申请人	技术手段
提高安全性	密钥生成	2011	US2013166455A1	Feigelson Douglas	物理设备信息编码
		2014	US2015269570A1	Phan Charles	交易标识
			US2015356555A1	Pennanen Antti	PIN 码
			US201595238A1	苹果	访问权限
			US2015161587A1	苹果	虚拟商业凭证
		2015	KR101637854B1	Coinplug	公共证书
		2016	CN106411506A	北京飞天诚信	密钥派生
		2017	CN107276754A	北京云知科技	快速生成私钥
			CN107819571A	广东中科南海岸车联网	与生物特征绑定
	密钥保存	2014	US2015221049A1	Spayce	物理对象标识符
			US2015324791A1	苹果	存储凭证
		2016	CN106548345A	北京信任度	硬件加密机
		2017	CN107453862A	杭州复杂美	加密芯片
			CN107566117A	浙商银行	交易机构托管
			CN107528688A	矩阵元技术	加密委托
			CN108242999A	招商银行	前置托管
	其他手段	2014	US2015363777A1	美国银行	可疑用户提醒
			US2015363783A1	Filing Cabinet	加密货币风险评分
		2016	CN107666388A	郑珂威	同态加密
			CN107005574A	深圳前海达闼	区块生成
		2017	CN106850597A	北京云知科技	分布加密
		2017	CN107094077A	杭州秘猿	哈希地址生成

续表

技术分支	申请年份	专利公开号	申请人	技术手段
隐私保护	2014	KR101626276B1	Joon Sun	数字货币信息嵌入数字内容
	2016	CN106534085A	杭州云象网络	密钥交换协议
		CN106534092A	西安电子科技大学	隐私加密
		CN106779704A	杭州趣链	基于环签名
	2017	CN106973036A	杭州云象网络	非对称加密
		CN106982205A	中钞信用卡	共享隐私密文
		CN106897879A	广东工业大学	用户身份的隐私
		CN107294709A	阿里巴巴	节点约定加密
		CN107612934A	浪潮	密钥分割
		CN108021821A	北京航空航天大学	多中心交易隐私保护
监管	2014	US2015302400A1	电子湾	加密货币信誉
	2016	CN106130738A	杭州天谷信息	与国密算法 SM2 结合
		CN106339939A	南京喜玛拉云	基于安全硬件
		CN106503994A	西安电子科技大学	交易敏感信息
		CN106788985A	中电三十所	特权监管机构
	2017	CN106845960A	上海亿账通	加法同态加密
		CN107194677A	国家计算机网络与信息安全管理中心	比特币流动
		CN107769920A	深圳大学	一次性密钥
其他	2014	US2016098730A1	The Filing Cabinet	商品的验证
		US2016164884A1	SKU Chain	物流交易记录
	2015	KR20160114749A	李进熙	加密钱包地址
		US2016342989A1	万事达卡	事务授权
	2016	US2016218879A1	Ferrin Daniel Robert	私钥验证
		US2017302440A1	PeerNova	加速 SHA-2 算法的实现
	2017	US2017132421A1	New Voice Media	安全记录语音通信
		WO2017145004A1	nChain	发行和/或传输令牌
	2018	US2018152304A1	Shocard	管理用户的身份

3.2.5 关键技术——数据管理技术

区块链中的数据管理是指各节点通过对参与交易的数据进行验证、存储、同步以保证各节点数据一致性。随着节点的不断增加，数据量也急剧膨胀，网络响应速率也会进一步降低。因此，存储空间和同步效率成为现阶段制约区块链网络发展的最大挑战因素。

3.2.5.1 降低节点存储压力

对涉及数据管理的281项专利进行筛选的过程中发现，数据同步效率与节点数据存储的专利申请也是数据管理技术专利申请中得到关注度比较高的。因此，为了更好地对区块链中的数据管理技术，尤其是数据同步与存储技术进行分析，课题组从数据存储和数据同步两个方面进行深入挖掘。

如何降低节点存储压力是数据管理的关键问题，通过对技术方案涉及降低区块链节点存储压力的专利申请进行统计分析发现，主要采用数据分块后存储（5项）、将大数据降维后存储（3项）、分层存储（2项）、减少同步数据量（2项）等手段实现对节点存储压力的降低，也可采用删除不必要的冗余数据、为运行节点配备额外子节点、仅存储数据摘要而不存储元数据、以及将数据流量子化后存储等手段实现上述效果。

通过梳理降低节点存储压力的重要专利可以获得降低节点存储压力的技术发展路线，图3-2-15示出了降低节点存储压力的技术发展路线。

采用分布式存储方式降低节点存储压力。2015年，申请人Nec Europe Ltd提出的区块链中交易信息存储（WO2017036546A1），通过在区块链中存储相应的交易信息，使得具有预先确定性的编码存储在区块链中的所述交易中的信息不能被修改；2016年，美国银行也提出了准确地跟踪和记录生命周期的方法（US201860836A1），通过区块链来生成具有嵌入其中的可搜索元数据代码的块，利用分布式分类帐技术在应用程序生命周期中存储完整的支付结构及其事件以重建事件处理的历史记录；同年，国内申请人深圳前海达闼也提出了将信息写入区块链网络的方法（CN107135661A），将采集的目标信息数字签名后，发布到区块链网络中，以实现信息存储的完整性和安全性；此外，国内申请人江苏通付盾也提出了类似的申请（CN106506638A），通过将与区块头信息对应的哈希表以及后续的哈希表上传至分布式存储网络中实现分布式存储；2017年，WELLS FARGO BANK提出将流事件记录在区块链中的专利申请（WO2018006056A1），实现流事件的分布式存储，进而可被追踪。

采用数据分块的方式降低节点存储压力。2016年，IBM提出了将区块链数据的子集存储在网络设备中并通过网络设备将区块链事务发送至区块链（US2018139278A1）；同年，中国申请人中国银联也提出了将内容划分为多个数据块进行分块存储的技术方案（CN106372533A）；2017年，国内申请人中链科技也提出了将文件分块后分别存储以降低节点存储压力的专利申请（CN108062202A）。

采用数据降维后存储的方法也可以降低节点存储压力。2016年，中金云金融还提出了将图像视频等大数据降维后指纹处理进行保存以实现降维后存储的技术方案

	2015年	2016年	2017年	2018年
分布式存储	WO2017036546A1 日本电气 存储在区块链中信息不能被修改	US2018060836A1 美国银行 利用区块链来生成具有可嵌入的搜索元数据代码块 CN107135661A 深圳前海达闼 将生成的数据包进行数字签名后发布到区块链网络中 CN106506638A 江苏通付盾 将与第一区块头信息对应的第一哈希表和第二哈希表上传至分布式存储网络	WO2018006056A1 WELLS FARGO BANK 将流事件跟踪并记录在区块链	
数据分块		US2018139278A1 IBM 将区块链数据的子集存储在网络设备进而链接到区块链 CN106372533A 中国银联 内容划分为多个数据块	CN108062202 中链科技 文件分块存储	
数据降维		CN106534273A 中金云金融 大数据降维后指纹处理进行保存	CN107728941A 中国银行 数据压缩方法	
分层存储		CN106843750A 中科院苏州生物所 预置多个存储层并编号，根据其顺序编号进行相邻存储设备间的两两信息交互和两两数据备份		
减少同步量		US2018183600A1 芝加哥商业交易所 在新块中生成事务，将指示新块的数据传送给实现区块链的其他系统	CN107332876A 深圳前海微众 状态区块存储有最新区块链状态数据，同步状态区块即可	
其他手段		CN107992492A 中国移动 按行存储转换为按列存储 CN106713412A 弗洛格（武汉） 为区块链系统中的运行节点配置子备份节点	US2018129700A1 INGENICON GROUP（巴黎） 删除不必要的数据 CN107196989A 阿里巴巴 各共识节点将业务数据的数据摘要存入区块链	CN108063774A 苏州汉辰 将数据流量子化后区块链存储

图 3-2-15 降低节点存储压力的技术发展路线

（CN106534273A）；2017年，中国银行提出了将数据进行压缩后存储的方法（CN107728941A）。

此外，中国申请人中科院苏州生物所于2016年还提出了一种分层存储的方法（CN106843750A），通过设置多个存储层并顺序编号，根据其顺序编号进行相邻存储设备间的两两信息交互和两两数据备份。

采用减少同步量实现降低节点存储压力的方法受到了国内和国外申请人的青睐。2016年，芝加哥商业交易所提出在新块中生成事务，仅将指示新块的数据传送给实现区块链的其他系统，即仅将新块进行同步（US2018183600A1）；2017年，深圳前海微众提出同步状态区块的方法（CN107332876A），以状态区块存储最新区块链状态数据，同步状态区块即可。

与此同时，还有一些其他方法用于解决此问题。2016年，弗洛格（武汉）提出通过为区块链系统中的运行节点配置子备份节点的方法（CN106713412A）；同年，中国移动提出将区块链中的按行存储转换为按列存储的方法（CN107992492A）；2017年，INGENICON GROUP提出通过删除不必要的数据来减小存储量的方法（US2018129700A1）；同年，阿里巴巴提出了通过各共识节点存储数据摘要的方法（CN107196989A）；2018年，苏州汉辰提出了将数据流量子化后存储区块链的方法，从而减少节点的存储量。

从上述分析可以看出，国内申请着重在对所存储的数据的改进中，从降低节点存储压力考虑，出现了如变量存储、分块存储、降维存储、量子化后存储等多项专利申请；国外偏重于基础类专利布局，如依托区块链所能实现的分布式存储和追溯等特点，提交的均是涉及交易信息存储的申请，比如全量存储和变量存储，即存储全部交易信息或者仅存储发生变化的数据，而几乎没有涉及进一步改进减小存储量的申请。

通过对发明点涉及降低节点存储压力的专利进行筛选，得到如表3-2-6示出的降低节点存储压力的重要专利的列表。

表3-2-6 降低节点存储压力重要专利

技术分支	申请年份	公开号	申请人	技术手段
分布式存储	2015	WO2017036546A1	Nec Europe Ltd.	使得具有预先确定性的编码存储在区块链中的所述交易中的信息不能被修改
	2016	CN105630609A	杭州复杂美	打包存储，循环依次向多台服务器写盘
		CN106506638A	江苏通付盾	将与第一区块头信息对应的第一哈希表和第二哈希表上传至分布式存储网络
		CN107135661A	深圳前海达闼	采集的目标信息数字签名后，发布到区块链网络中
		US2017005804A1	Nasdaq	生成的区块链事务包括附加事务数据的哈希值并存储
		US2018060836A1	美国银行	利用区块链分布式网络来生成具有嵌入其中的可搜索元数据代码的块

续表

技术分支	申请年份	公开号	申请人	技术手段
分布式存储	2017	CN107193490A	北京中星全创	数据录入模块向数据存储模块录入数据内容，并利用哈希算法计算数据内容的摘录，存在区块链上
		CN107273410A	上海点融信息	将哈希值记录在区块链网络中并且将文件存储在分布式网络中
		CN107239940A	北京博晨	第一节点和第二节点对达成一致的交易信息同步记账
		WO2018006056A1	WELLS FARGO BANK	与BLC*相关的多个文件流事件被跟踪并记录在区块链
数据分块	2016	CN106372533A	中国银联	内容划分为多个数据块
		US2018139278A1	IBM	将区块链数据的子集存储在网络设备中
	2017	CN108062202A	中链科技	文件分块存储
		CN107809484A	中国联通	分片后存储
		CN107249046A	李俊庄	分割后存储
数据降维	2016	CN106534273A	中金云金融	视频等大数据降维后指纹处理进行保存
	2016	CN106603198A	深圳大学	引入网络编码，利用网络编码对原始数据进行编码处理
	2017	CN107728941A	中国银行	数据压缩方法
分层存储	2016	CN106843750A	中国科学院	设置多个存储层并编号，根据编号进行相邻存储设备间两两数据备份
	2017	CN108038184A	横琴密达	采用三层存储的方式完成存储
减少同步量	2016	US2018183600A1	芝加哥商业交易所	在新块中生成事务，将指示新块的数据传送给实现区块链的其他系统
	2017	CN107332876A	深圳前海微众	状态区块存储有最新区块链状态数据，同步状态区块即可
其他手段	2016	CN106713412A	弗洛格（武汉）	为区块链系统中的运行节点配置子备份节点
		CN107992492A	中国移动	按行存储转换为按列存储
	2017	CN107196989A	阿里巴巴	将业务数据的数据摘要存入区块链，而不会将业务数据存入区块链
		US2018129700A1	INGENICO	删除不必要的数据
	2018	CN108063774A	苏州汉辰	将数据流量子化后区块链存储

* Block-chain based letter of credit.

3.2.5.2 提升同步效率

区块链中各个节点均存储一份副本，当有新节点加入系统，或者当节点从长时间未启动恢复启动，或网络连接中断后重新恢复时，需要同步大量的区块头或区块数据才能进行正常的工作和业务，因此同步的效率也是区块链亟需解决的问题之一。

通过对技术方案涉及提升同步效率的专利申请进行统计分析发现，主要有采用同步所有信息保证各节点数据一致的全量同步（5项），采用同步变化的数据提升同步效率的变量同步（4项），采用引入外部数据库实现数据同步（2项），采用中间数据库实现同步（2项），此外，也有采用其他手段直接或者间接提升同步效率的专利申请，如根据网络处理能力确定同步的交易量，防止网络瘫痪；使某些节点不需要等待节点同步区块数据便可进行相应业务；通过临时通道实现数据同步等手段实现上述效果。

通过以上分析可以看出，常规的同步方法即为全量同步，即实现全部数据信息的同步，之后出现变量同步，即仅同步发生变化的数据信息。国内外申请人对这两类申请均进行了专利布局。此外，国内申请人还着重于采用现有技术中可以提高数据同步的技术手段来解决区块链中的同步问题，如借助中间数据库实现同步等。

通过梳理提升同步效率的重要专利可以获得提升同步效率的技术发展路线，图3－2－16示出了提升同步效率发展路线。

采用全量同步的方式进行同步。2015年，浙江图讯科技股份有限公司提出了对等网络中的同步方法（CN105404701A），基于区块链技术，拥有完整的数据交换记录，解决了传统中心模式的数据交换；2016年，北京众享比特也提出了同步所有信息至分布式存储系统的数据同步方法（CN106649632A、CN106776894A）；同年，国外申请人万事达也提出了将当前数据块的散列值以附加到链的形式来更新区块链以实现同步的方法（US2017346693A1）。

采用仅同步数据变化实现变量同步可以提高同步效率。2016年，万事达卡提出了一种仅同步新块的方法（US2018183600A1），通过将生成包括当前时间戳，前一块散列值，当前块散列值和数字签名新的块头附加新块来更新区块链的方法；2017年，深圳前海微众提出了状态区块链的同步方法（CN107332876A），只要同步并存储状态区块即可，无须再同步其他各个区块；同年，上海瑞麒维也提出了通过同步新增量的哈希校验值来实现同步的方法（CN107124444A）；此外，2018年杭州复杂美也提出了将增量数据合并为最新的区块高度的状态或余额来实现同步的方法（CN108243253A）。

此外，借助外部数据库实现同步也可以提高同步效率。2016年，惠众商务提出了将交易信息同步至外部数据库的方法（CN106157142A）；2017年，北京众享比特也提出了将交易信息同步至外部数据库的方法（CN106874393A）。

采用中间数据库进行同步也是提高同步效率的手段之一。2017年，中钞杭州研究院提出了通过中间数据库进行同步的方法（CN107918666A），利用数据在区块链中的地址调用获取接口来获取待同步数据；同年，中国银行提出了借助区块链中间件实现同步的方法（CN107657059A）。

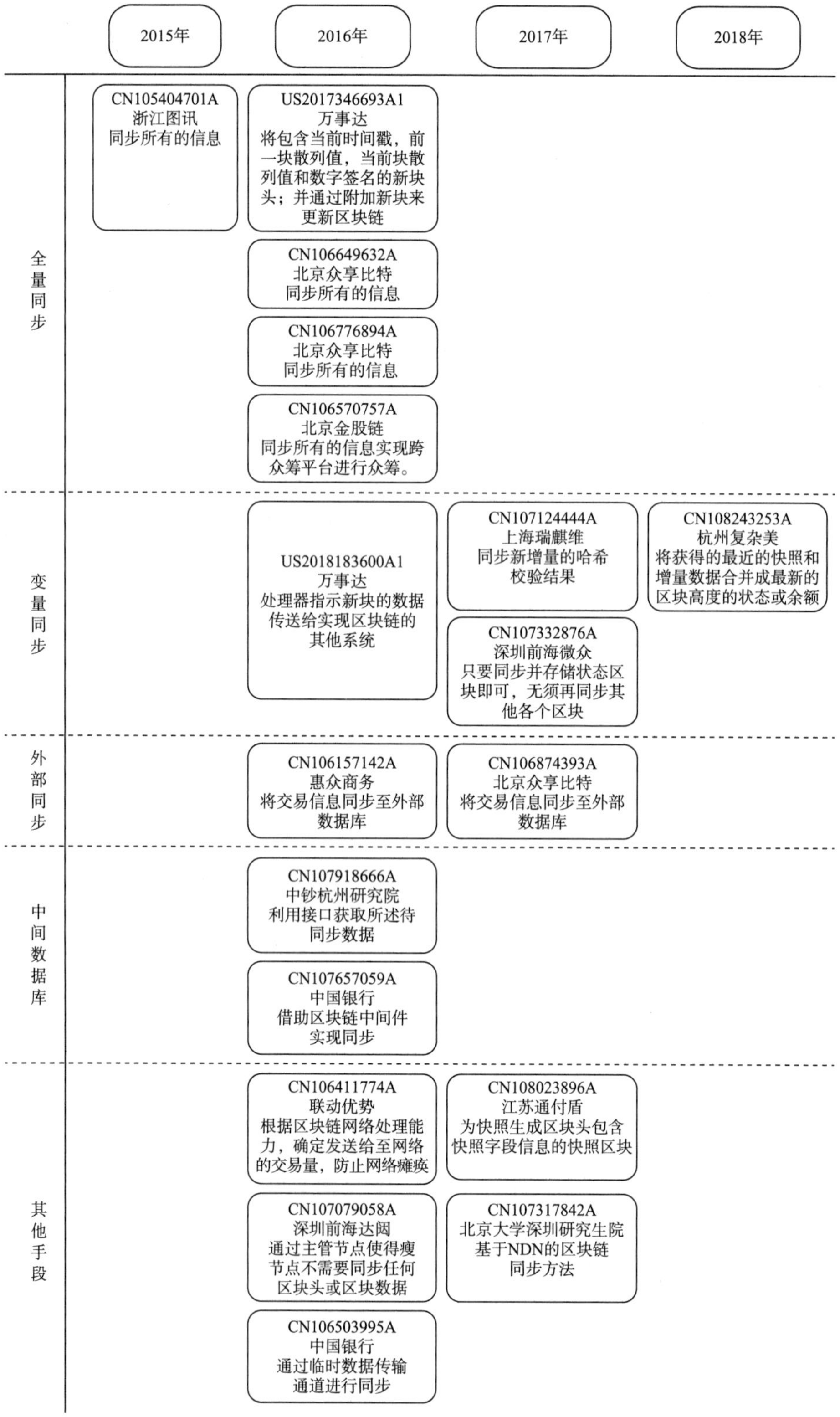

	2015年	2016年	2017年	2018年
全量同步	CN105404701A 浙江图讯 同步所有的信息	US2017346693A1 万事达 将包含当前时间戳，前一块散列值，当前块散列值和数字签名的新块头；并通过附加新块来更新区块链 CN106649632A 北京众享比特 同步所有的信息 CN106776894A 北京众享比特 同步所有的信息 CN106570757A 北京金股链 同步所有的信息实现跨众筹平台进行众筹。		
变量同步		US2018183600A1 万事达 处理器指示新块的数据传送给实现区块链的其他系统	CN107124444A 上海瑞麒维 同步新增量的哈希校验结果 CN107332876A 深圳前海微众 只要同步并存储状态区块即可，无须再同步其他各个区块	CN108243253A 杭州复杂美 将获得的最近的快照和增量数据合并成最新的区块高度的状态或余额
外部同步		CN106157142A 惠众商务 将交易信息同步至外部数据库	CN106874393A 北京众享比特 将交易信息同步至外部数据库	
中间数据库		CN107918666A 中钞杭州研究院 利用接口获取所述待同步数据 CN107657059A 中国银行 借助区块链中间件实现同步		
其他手段		CN106411774A 联动优势 根据区块链网络处理能力，确定发送给至网络的交易量，防止网络瘫痪 CN107079058A 深圳前海达闼 通过主管节点使得瘦节点不需要同步任何区块头或区块数据 CN106503995A 中国银行 通过临时数据传输通道进行同步	CN108023896A 江苏通付盾 为快照生成区块头包含快照字段信息的快照区块 CN107317842A 北京大学深圳研究生院 基于NDN的区块链同步方法	

图 3-2-16　提升同步效率发展路线

还有一些其他手段也可以提高同步效率。如2016年中国银行提出了通过临时数据传输通道进行同步的方法（CN106503995A），联动优势提出了根据区块链网络处理能力确定待发送交易量的方法（CN106411774A），深圳前海达闼提出通过引入主管节点控制瘦节点以使其不需要同步任何区块数据（CN107079058A）；2017年，江苏通付盾提出通过为快照生成快照区块从而同步快照区块的方法（CN108023896A）；同年，北京大学深圳研究生院提出了基于NDN的同步方法（CN107317842A）。

通过对发明点涉及提升同步效率的专利进行筛选，得到如表3-2-7所示的提升同步效率的重要专利列表。

表3-2-7 提升同步效率重要专利

技术分支	申请年份	公开号	申请人	技术手段
变量同步	2016	US2018183600A1	万事达卡	仅同步新块
	2017	CN107332876A	深圳前海微众	只要同步并存储状态区块即可，无须再同步其他各个区块
		CN107124444A	上海瑞麒维	同步新增量的哈希校验结果
	2018	CN108243253A	杭州复杂美	将获得的最新的区块高度的状态或余额存储
全量同步	2015	CN105404701A	浙江图讯	同步所有的信息
	2016	CN106570757A	北京金股链	同步所有的信息实现跨众筹平台进行众筹
		CN106649632A	北京众享比特	同步所有的信息
		CN106776894A	北京众享比特	同步所有的信息
		US2017346693A1	万事达卡	通过在原数据上附加新块来更新区块链
外部同步	2016	CN106157142A	惠众商务	将交易信息同步至外部数据库
		CN106874393A	北京众享比特	将交易信息同步至外部数据库
中间数据库	2017	CN107918666A	中钞信用卡	利用数据在区块链中的地址调用获取接口获取所述待同步数据
		CN107657059A	中国银行	借助区块链中间件实现同步
其他手段	2016	CN106411774A	联动优势	根据区块链网络处理能力，确定同步给至网络的交易量
		CN107079058A	深圳前海达闼	通过主管节点使得瘦节点不需要同步任何区块头或区块数据
		CN106503995A	中国银行	通过临时数据传输通道进行同步

续表

技术分支	申请年份	公开号	申请人	技术手段
其他手段	2017	CN108023896A	江苏通付盾	快照生成区块头包含快照字段信息的快照区块并进行同步
		CN107993149A	深圳前海微众	通过联盟链实现各数据库之间的同步
		CN107734021A	上海亿账通	借助临时存储区实现同步
		CN107317842A	北京大学深圳研究生院	基于NDN的区块链同步方法

3.3 共识层专利技术分析

区块链架构是一种基于分布式的网络架构，共识机制的本质就是要解决分布式系统一致性的问题。区块链系统的部署方式有公有链、联盟链、私有链三种，对应的是去中心化分布式系统、部分去中心化分布式系统和弱中心分布式系统，系统中的数据由所有节点独立存储，由共识层来协调保证分布式网络中各节点数据记录一致性。

分布式系统中，多个节点通过异步通信方式组成网络集群。在这样的一个异步系统中，需要节点之间进行状态复制，以保证每个节点达成一致的状态共识。从客观因素上讲，异步系统中可能出现无法通信的故障节点，节点的性能随时会由于网络拥塞导致下降，这些都可能引起错误信息在系统内传播。从主观因素上讲，区块链旨在建立一个陌生人之间的网络，人与人（节点与节点）之间没有信任基础，没有公开透明的计账机制，没有第三方提供信任保障、监管措施以及监督过程。因而，要想达到全网的最终一致性是一件极为困难的事情。

分布式系统一致性问题的研究一直在进行，也是计算机科学中既古老又前沿的重要研究方向。在20世纪80年代出现的分布式系统共识算法是区块链共识算法的基础，区块链技术正是运用一套基于共识的数学算法，在节点之间建立"信任"网络，从而通过技术背书而非中心化信用机构来达成一致性。

可见，共识算法是区块链的关键技术，它像行为规范一样对整个区块链系统的运行起到约束作用。共识机制能够确保所有诚实节点所保存的区块链前缀完全相同，保证由诚实节点发布的消息终将被所有其他诚实节点记录到自己的区块链中，从而实现数据有效性、可靠性。目前，逐渐也出现了使用共识流程预处理的方法来提升共识效率的方案。因此，本节重点研究区块链共识机制，针对共识算法以及共识流程的预处理的专利申请进行深入分析。

3.3.1 全球专利态势

本节分析区块链共识机制国内外申请现状和趋势，分析技术构成，进一步剖析热点技术手段,统计技术来源地,挖掘本领域主要的申请人。

3.3.1.1 申请趋势

申请日截至 2016 年 12 月 31 日,涉及区块链共识层的全球专利申请共计 46 项,其中 26 项来自中国,占 56%。图 3-3-1 示出了共识层全球申请量。

从区块链共识层全球专利申请量趋势来看,2015 年以前专利申请量较少,处于萌芽期;在 2015 年以后,全球专利申请量急剧增加,尤其在 2017 年专利申请量达到了 79 项。从上述趋势可以看出,2015 年以后,随着区块链技术在金融货币、防伪追踪、价值交换等各领域的广泛应用,共识机制迎来了发展的契机,专利申请量大幅增长,区块链共识层全球专利申请进入了快速发展期。图 3-3-2 示出了共识层全球/中国年申请量发展趋势。

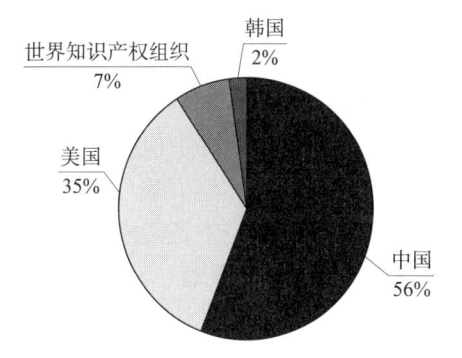

图 3-3-1 共识层全球申请量

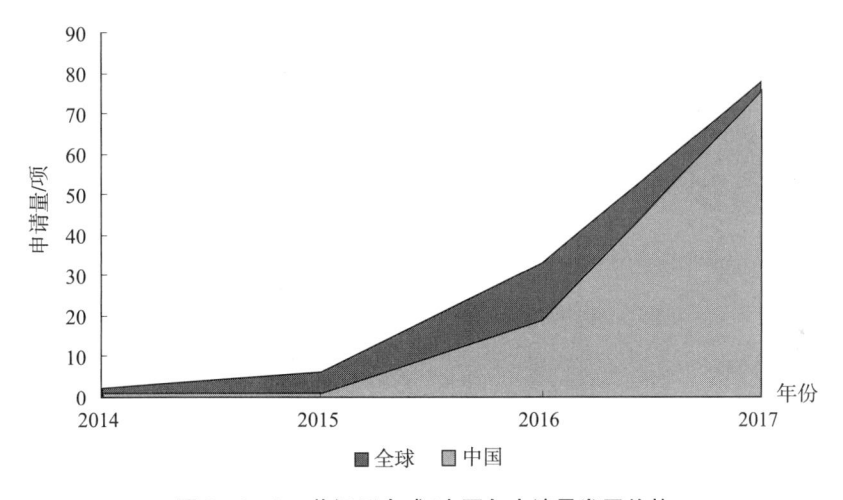

图 3-3-2 共识层全球/中国年申请量发展趋势

2015 年以前,区块链技术主要应用在数字货币领域("币圈"),比特币是其最早也最为著名的数字货币实例。与大多数货币不同,比特币不依靠特定货币机构发行,它依据特定算法,通过大量的计算产生。比特币经济使用整个 P2P 网络中众多节点构成的分布式数据库来确认并记录所有的交易行为,工作量证明被应用在比特币中以确认工作量来达成各节点之间的共识。比特币是面向全世界每一个人的,即比特币是公有链,大多数数字货币皆是如此,由此才能实现货币流通的价值,但公有链固有的大量节点也大大限制了共识机制的发展。2015 年以后,随着区块链技术优势的不断显现,应用前景的不断拓宽,应用场景的不断落地以及实现产业化应用,区块链"链圈"迅速发展,传统的适应于数字货币的共识算法难以满足各种各样的应用场景的具体要求,因此需要研发新的共识算法以提升共识效率,适应联盟链、私有链应用场景中节点相对少、响应速度快的要求，进而促进了共识层的专利申请量的增加。

从申请量来看，中国的专利申请量占比相当高，尤其是近年来，中国申请人提交的关于共识层的专利申请增长迅速。这是由于共识机制并不是一成不变的，尽管数字货币最先起源于国外，但是得益于区块链"链圈"在中国的迅猛发展，腾讯科技、阿里巴巴等公司都相继开发了各自的区块链底层平台，为了支撑底层平台的上层应用，新的共识算法的研发是国内申请人的一个重要发力点。

3.3.1.2　技术来源地

中国是区块链共识层技术的主要来源地，这与电子发票、供应链追踪、电子存证等区块链应用场景在中国的落地相关。图3-3-3示出了共识层全球专利申请主要来源地，从中可以看出，中国目前占据了区块链共识层技术的领先地位，这与区块链技术在中国的受重视程度和技术地位相符。在涉及区块链的各项技术中，中国的研究水平也都在前列。值得一提的是，中国申请人在区块链共识层技术领域的研究越来越多，而且随着中国正进入建设创新型国家的关键时期，知识产权发展是作为创新驱动的关键途径和手段，国内申请人的知识产权保护意识也日益增强，中国的专利申请量增长比较快，这说明中国申请人已经有意识运用专利保护自己的技术，进一步强化中国经济竞争力。另外，美国在共识层拥有16项申请，日本、韩国、欧洲在共识层也进行了少量专利申请布局。

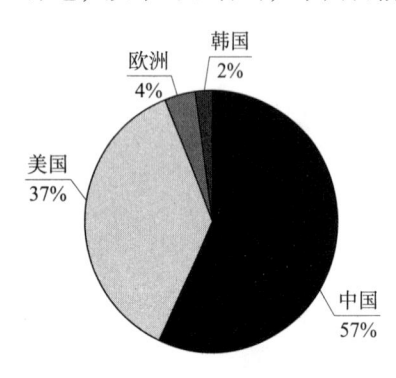

图3-3-3　共识层全球专利申请主要来源地

3.3.1.3　技术构成

共识算法是共识层技术的主要研究方向，各研发主体希望通过提出新的共识算法或者改进现有的共识算法来实现区块链中各个节点的共识。图3-3-4示出了区块链共识层的全球专利申请主要技术构成，其中涉及共识算法的专利申请量占比81%，涉及共识流程预处理的方法的专利申请占比19%。

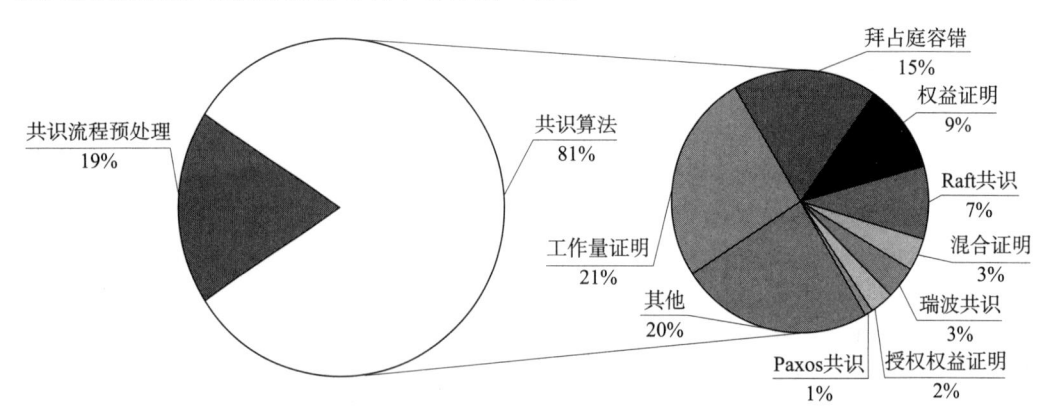

图3-3-4　共识层全球专利申请技术构成

共识算法种类较多,主要包括:工作量证明、权益证明、授权权益证明、拜占庭容错、Paxos 共识、Raft 共识、瑞波共识、混合证明等。其中关于工作量证明的专利申请量最多,占比 21%,共计 26 项,其次是拜占庭容错,占比 15%,共计 18 项,接下来分别是权益证明、Raft 共识、混合证明、瑞波共识(见图 3-3-5)。经分析,申请量大小与各共识算法的发展时间以及应用广度成正相关。工作量证明最早应用于比特币中的共识,适合于公有链,发展历史最长,是最为基础的共识算法,针对工作量证明的改进也比较多,因此工作量证明的专利申请量最大;拜占庭容错更适合于联盟链,在"链圈"应用场景亟待落地使用的大趋势下,各研发主体倾向于将拜占庭容错作为研发热点进行深耕,因此基于拜占庭容错的共识算法申请量仅次于工作量证明,位于第二位。图 3-3-5 示出了共识层主要共识算法全球专利申请分布。

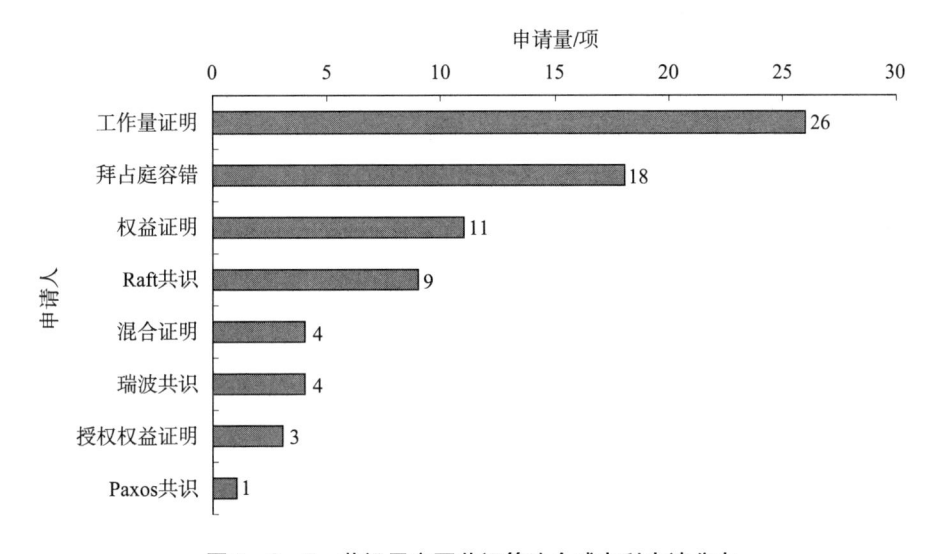

图 3-3-5 共识层主要共识算法全球专利申请分布

3.3.1.4 主要申请人

图 3-3-6 示出了共识层主要申请人排名,从中可以看出,区块链共识层的申请人非常分散,申请量均不足 10 项。IBM 以 6 项专利申请排名第一,英特尔以 3 项专利申请排名第二,其余申请人的申请量均为 2 项,这说明国内外聚焦区块链共识层技术的申请人在该领域技术研发实力较为平均且处于起步阶段,其他研发主体可以基于上述情况考虑在该领域投入研发力量,进行基础专利布局。

排名前十的申请人中有 7 位来自中国、3 位来自美国,可见中国企业对区块链共识层的研发非常重视。近年来,国内关于区块链应用项目的需求激增,而共识机制是区块链项目运行必不可少的一环,然而,没有一种共识算法是针对所有类型的应用都合适的,不同企业所专注的区块链应用项目的类型不同,而各类型的区块链应用又要求适应各自应用架构的共识算法,由此,引发了广大国内申请人针对共识算法研究的热潮,同时也形成了各种共识算法百家争鸣的现状。

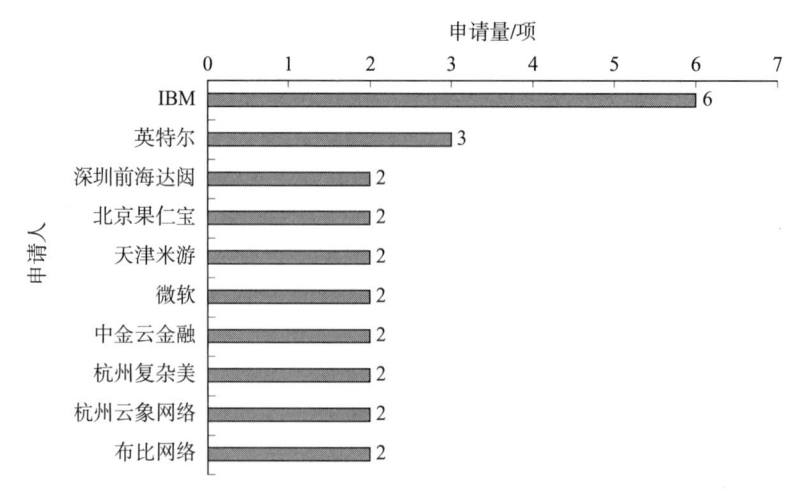

图 3-3-6 共识层全球主要申请人排名

注：图中数据截至2016年12月31日。

表3-3-1示出了共识层共识算法全球主要申请人专利布局分布，从中可以看出涉及共识算法的专利申请相对较少，比较分散，并未形成有效的专利壁垒。全球科技巨头IBM公司在共识层的工作量证明、混合证明方向进行了布局，其有5项专利申请涉及共识算法，虽然申请量不大，但是国内申请人并不能因此放松警惕。跨国集团IBM公司在全球具有众多合作伙伴，其开发的基于区块链技术的应用程序已经应用在很多行业，比如大数据、供应链、贸易融资、保险等等，随着国外专利申请的公开，可以预测，人们将看到IBM在共识层更为全面的布局。

表3-3-1 共识层共识算法全球主要申请人专利布局分布 单位：项

申请人	拜占庭容错	工作量证明	购买证明	混合证明	权益证明	瑞波共识	授权权益证明
IBM	—	4	—	1	—	—	—
英特尔	—	2	—	—	1	—	—
深圳前海达闼	—	1	—	1	—	—	—
北京果仁宝	—	—	—	—	—	—	2
天津米游	—	—	—	—	2	—	—

3.3.2 共识层关键技术分析

本节关注的共识层技术的要点是在去中心化的异步系统中，对几乎相同时间内产生的事物进行前后排序并在全网内达成对此排序的共识。

目前，共识机制的各种共识算法以及共识流程的预处理方法都有研发主体进行研究，区块链共识层主要申请地专利布局如图3-3-7所示，全球主要申请地区块链共识层共识算法的专利布局分布如图3-3-8所示。

从图3-3-7和图3-3-8可以看出，中国在共识层的各个分支上都有研究，布局全面。在共识算法上，中国申请人重点布局了拜占庭容错、工作量证明、权益证明，这也符合上述3个分支目前的发展趋势和在市场应用的广度。在研究各类算法以期达成共识的同时，中国更为注重优化共识流程，将共识流程的预处理作为提高共识效率的又一研发方向进行了布局。美国在工作量证明上布局突出，这是因为美国是最早流行比特币的国家。美国在其他分支上也做了相应的布局，但根据检索结果来看，美国在其他分支上的布局的强度落后于中国，欧洲、日本、韩国也仅在工作量证明等分支做了少量布局。中国申请人应在继续加强布局的同时，时刻关注国外动向，提早计划应对措施。

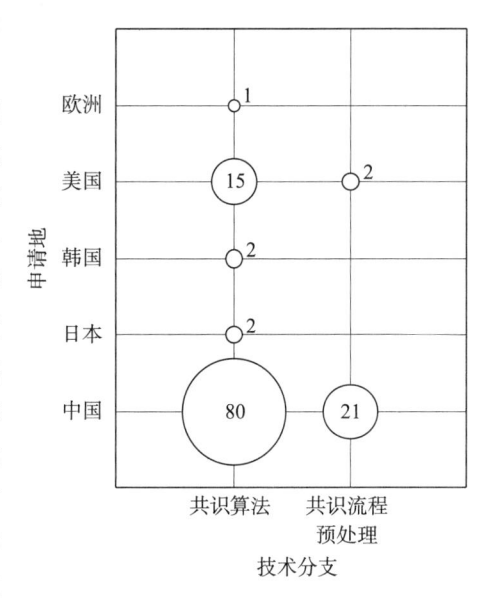

图3-3-7 共识层全球主要申请地专利布局分布

注：圈中数字表示申请量，单位为项。

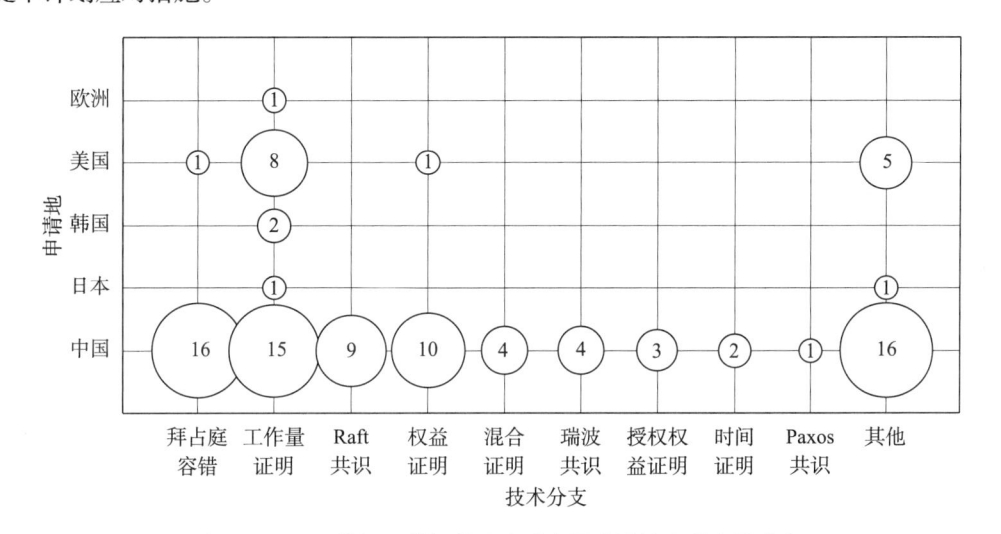

图3-3-8 共识层共识算法全球主要申请地专利布局分布

注：圈中数字表示申请量，单位为项。

3.3.2.1 共识算法

考虑专利内容在共识层技术中的代表性和改进方向，笔者筛选了共识算法重要专利列表（见表3-3-1），供国内申请人在共识层专利布局上参考。通过梳理各个共识算法的重要专利可以获得共识算法的总体技术发展路线图，图3-3-9示出了共识层各共识算法的技术发展路线图，下面将结合图3-3-9就各共识算法的发展逐一进行介绍。

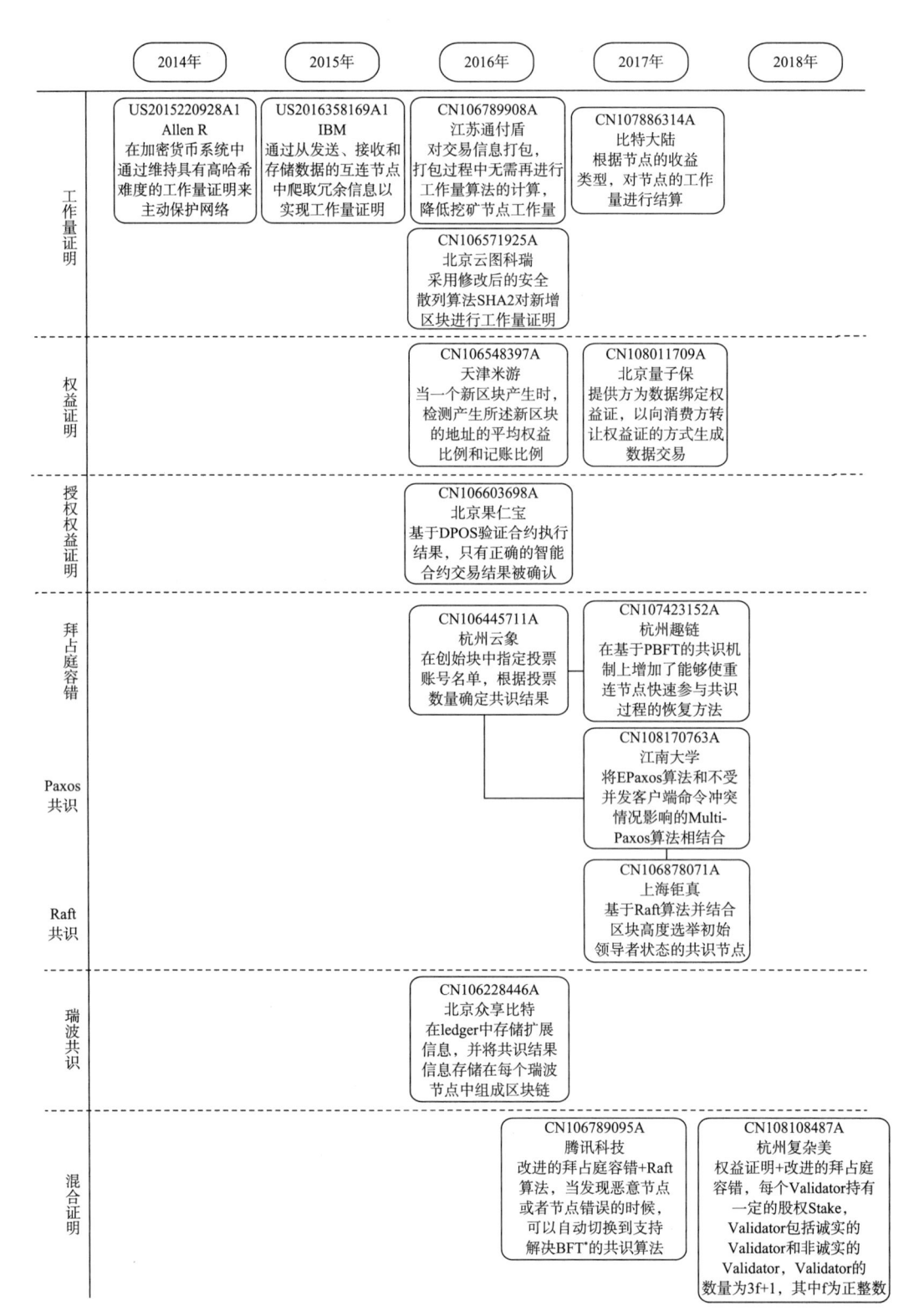

分类	2014年	2015年	2016年	2017年	2018年
工作量证明	US2015220928A1 Allen R 在加密货币系统中通过维持具有高哈希难度的工作量证明来主动保护网络	US2016358169A1 IBM 通过从发送、接收和存储数据的互连节点中爬取冗余信息以实现工作量证明	CN106789908A 江苏通付盾 对交易信息打包，打包过程中无需再进行工作量算法的计算，降低挖矿节点工作量; CN106571925A 北京云图科瑞 采用修改后的安全散列算法SHA2对新增区块进行工作量证明	CN107886314A 比特大陆 根据节点的收益类型，对节点的工作量进行结算	
权益证明			CN106548397A 天津米游 当一个新区块产生时，检测产生所述新区块的地址的平均权益比例和记账比例	CN108011709A 北京量子保 提供方为数据绑定权益证，以向消费方转让权益证的方式生成数据交易	
授权权益证明			CN106603698A 北京果仁宝 基于DPOS验证合约执行结果，只有正确的智能合约交易结果被确认		
拜占庭容错			CN106445711A 杭州云象 在创始块中指定投票账号名单，根据投票数量确定共识结果	CN107423152A 杭州趣链 在基于PBFT的共识机制上增加了能够使重连节点快速参与共识过程的恢复方法	
Paxos共识				CN108170763A 江南大学 将EPaxos算法和不受并发客户端命令冲突情况影响的Multi-Paxos算法相结合	
Raft共识				CN106878071A 上海钜真 基于Raft算法并结合区块高度选举初始领导者状态的共识节点	
瑞波共识			CN106228446A 北京众享比特 在ledger中存储扩展信息，并将共识结果信息存储在每个瑞波节点中组成区块链		
混合证明			CN106789095A 腾讯科技 改进的拜占庭容错+Raft算法，当发现恶意节点或者节点错误的时候，可以自动切换到支持解决BFT*的共识算法		CN108108487A 杭州复杂美 权益证明+改进的拜占庭容错，每个Validator持有一定的股权Stake，Validator包括诚实的Validator和非诚实的Validator，Validator的数量为3f+1，其中f为正整数

图3-3-9 共识层各共识算法的技术发展路线图

*BFT即拜占庭容错（Byzantine Fault Tolerance）的英文缩写。

(1)工作量证明(Proof of Work,PoW)

工作量证明机制即对于工作量的证明,是生成要加入到区块链中的一笔新的交易信息(即新区块)时必须满足的要求。在基于工作量证明共识机制构建的区块链网络中,节点通过计算随机哈希散列的数值解争夺记账权,求得正确的数值解以生成区块的能力是节点算力的具体表现。工作量证明机制具有完全去中心化的优点,在以工作量证明机制为共识的区块链中,节点可以自由进出。大家所熟知的比特币网络就应用工作量证明机制来生产新的货币。比特币网络中任何一个节点如果想生成一个新的区块并写入区块链,就必须解出比特币网络出的 PoW 问题。一个符合要求的 Block 哈希(区块链散列值)由 N 个前导零构成,零的个数取决于网络的难度值。要得到合理的 Block 哈希需要经过大量尝试计算,计算时间取决于机器的哈希运算速度。当某个节点提供出一个合理的 Block 哈希值,说明该节点确实经过了大量的尝试计算。当然,这并不能得出计算次数的绝对值,因为寻找合理的哈希是一个概率事件。当节点拥有占全网 n% 的算力时,该节点即有 n/100 的概率找到 Block 哈希。

PoW 看似很神秘,其实在社会中的应用非常广泛。例如,不用检查四、六级证书,只要一个人能流利地说外语,那么他一定在此外语技能上投入了足够的工作量,而且这个工作量与技能的熟练程度是呈正相关的。当然,文凭一般也被认为是有说服力的,比如驾照可以证明你学完了所有学时并通过了四个科目的考试,达到了开车上路的水平。

从图 3-3-9 可以看出,工作量证明是最早开始应用的共识算法,目前的研究已经比较深入。

2014 年申请的美国专利 US2015220928A1 在加密货币系统中将所有分布式分类账的安全性、完整性和平衡性由一群相互不信任的节点来(称为矿工)确保,它们通过维持具有高哈希率难度的工作证明来主动保护网络。后来,开始有人探索如何在加密货币系统中实现与工作量证明相关的信息的获取。公开号为 US2016358169A1 的专利申请通过从发送、接收和存储数据的互连节点中爬取信息的计算机化密码方法实现工作量证明,具体地,互连节点存在至少一个子集节点,子集节点存储系统节点上的相应数据子集,并且在子集的每个节点处可爬取数据子集中的数据。

从各专利申请的具体内容来看,工作量证明的关键在于获取每一个节点的数据并完成通过工作量证明算法的验算,将交易记录独立打包进新区块。挖矿节点独立完成工作量证明算法的验算会消耗大量计算机资源,使得挖矿节点所承担的验证工作量非常大,严重增加了挖矿节点的负担,而且挖矿节点和完整节点独立地对新区块进行校验的过程也较为复杂。江苏通付盾提交了 2 件关于工作量证明的专利申请来降低挖矿节点的工作量。2016 年提交的专利申请 CN106789908A 公开了一种降低挖矿节点工作量的方案,挖矿节点依据预设区块格式对各自的交易池中的交易信息进行打包,在得到多个区块后,对多个区块的整体内容或部分内容进行签名处理,得到签名消息,其中签名消息包括第一哈希值和签名信息,第一哈希值为区块的整体内容或部分内容的哈希值,并将多个区块和多个签名消息广播至区块链网络,完整节点和挖矿节点对监听到的多个区块的整体内容或部分内容分别进行哈希处理，得到多个第二哈希值，再将多个第二哈希值与多个第一哈希值进行比较，得到与每个第二哈希值相对应的签名信息，再对多个签名信息进行数值化处理，得到签名信息对应的数值，依据预设选择机制从多个数值中选择一个数值，将该数值对应的签名信息对应的区块组装至区块链，在打包过程中无须再进行工作量算法的计算，降低了挖矿节点的工作量，减轻了挖矿节点的负担，根据重新建立的区块共识，同时也降低了完整节点和挖矿节点将区块组装至区块链时进行校验的工作量，此外，还节省了区块被组装至区块链的时间，更重要的是，无须改变区块链网络的整体架构。2017年提交的专利申请CN107886314A中从节点的收益上进行改进，根据矿机节点的收益类型，对矿机节点的工作量进行结算，得到第一虚拟货币，并基于用户设置的结算币种，与交易机构进行交易，将第一虚拟货币转换为币种与结算币种一致的第二虚拟货币，将第二虚拟货币转入用户的账号，使得矿池系统可以借助与交易机构之间的交易实现采用不同币种进行结算，无须管理多种类型的虚拟货币，减小了矿池系统的结算工作量，降低了研发成本，节省了大量人力物力。

从检索到的结果来看，尽管各申请人均在努力减小PoW的工作量，但是仍然不可否认，挖矿造成了巨大的资源浪费（为了争夺记账权限而不停地轮询计算，这一行为耗电量巨大），而且达成共识的周期过长，导致每秒仅仅只能做几笔交易（比特币每秒只能做7笔交易），不适合商业应用。因此研发主体开始尝试研究新的共识方式来解决这些问题，于是权益证明诞生了。

（2）权益证明（Proof of Stake，PoS）

权益证明机制是一种SHA256的替代方法，其解决了工作量计算浪费的问题，不要求证明者完成一定数量的计算工作，而是要求证明者对某些数量的加密货币展示所有权。

PoS类似于财产储存在银行，这种模式会根据持有数字货币的量和时间来分配相应的利息。点点币（Peercoin）是首先采用权益证明的货币，其在SHA256的哈希运算的难度方面引入了币龄的概念，使得难度与交易输入的币龄成反比。在点点币中，币龄被定义为币的数量与币所拥有的天数的乘积，这使得币龄能够反映交易时刻用户所拥有的货币数量。实际上，点点币的权益证明机制结合了随机化与币龄的概念，未使用至少30天的币可以参与竞争下一区块，越久和越大的币集越有更大的可能去签名下一区块。

简单地说，PoS就是把PoW由算力决定记账权的模式变成由持有币数（以及持有的时间）来决定记账权。在PoW中，是按照算力占有总算力的百分比，从而决定获得本次记账权的概率。在PoS中，持有币数占系统总币数的百分比（包括占有币数所持有的时间）决定着获得本次记账权的概率。

这就导致了拥有数字货币多的的人（节点）获得记账权的机率更大，容易产生垄断，产生算力攻击，这会使得PoS共识成为少数富有者的游戏规则，从而失去公正性。专利CN106548397A公开了基于权益证明的区块链共识机制，具体来说是当一个新区块产生时，检测产生新区块的地址的平均权益比例和记账比例，如果记账比例高于平均权益比例，则新区块被认为无效。采用上述方法解决了权益证明共识机制中存在的算力攻击问题，自动调整记账冗余度，提高了出块的均匀性。CN108011709A使参与数据交易的数据提供方和数据消费方共同构建一个区块链，数据提供方为其拥有的数据分别绑定一张或多张权益证并以向数据消费方转让权益证的方式生成数据交易，该交易在该联盟区块链中广播并验证合法性后再记入指定区块，权益证的持有者凭借该证获取相应的数据。上述基于区块链的数据交易方法实现了交易去中心化和去中介信任化，交易透明且是由集体来维护。因而，该方法避免了 PoS 会加大整个系统中的贫富差距（持有更多币的人更容易挖到新币，即持有股份更多的人会获得更多的分红），从而导致系统内贫富差距拉大的弊端。

PoS 机制虽然考虑到了 PoW 的不足，但依据权益结余来选择，会导致首富账户的权力更大，甚至有可能支配记账权。授权权益证明机制（Delegated Proof of Stake，DPoS）的出现正是基于解决 PoW 机制和 PoS 机制的这类不足。

（3）授权权益证明（Delegated Proof of Stake，DPoS）

DPoS 是一种新的保障区块链网络安全的算法，它在尝试解决比特币采用 PoW 以及 PoS 所产生的问题的同时，还能通过实施去中心化的民主方式，用以抵消中心化所带来的负面效应。在系统中，每个币就等于一张选票，持有币的人可以根据自己持有币的数量来投出自己的若干张选票给自己信任的受托人。这些受托人可以是对系统有贡献的人，也可以是投票者所信赖的人，并且受托人并不一定需要拥有最多的系统资源。投票可以在任意时间进行，而系统会选出获得投票数量最多的 101 人（也可以是其他数量）作为系统受托人，他们的工作是签署（生产）区块，且在每个区块被签署之前，必须先验证前一个区块已经被受信任节点所签署。

这种共识机制模仿了公司的董事会制度，或者是议会制度，能够让数字货币持有者将维护系统记账和安全的工作交给有能力有时间的人来专职从事。由于受托人进行记账也能够获得新币的奖励，所以他们会努力拉票并且维护好与投票者的关系及试图通过参与系统的发展，从而吸引更多人给他投票。

这解决了 PoW 中的一个主要问题，即在比特币的 PoW 系统中，持有比特币的人对于系统没有发言权，他们没有记账决定权，也不能左右系统的发展，因为系统发言权主要掌握在矿工和开发者手中。而如果矿工或者开发者做出了对比特币持有者不利的决定，比特币持有者除了自己离开系统之外，没有任何其他的主动选项。而在 DPoS 中，持有者对于记账者拥有足够的选举权，任何试图对系统不利或者作恶的人都随时可能被投票者从受托人的位置直接拉下。可见，DPoS 共识算法在 PoW 和 PoS 的基础上发展而来，本身就具备较为明确的目的，改进空间不大。结合图 3-3-5 可知针对 DPoS 共识算法的专利申请数量并不多。专利 CN106603698A 提供了一种基于 DPoS 的区块链共识方法和节点，其中，该方法包括：交易节点生成包含执行智能合约的交易请求并将交易请求广播到区块链网络中；记账节点接收到交易请求后，根据交易请求执行智能合约，将产生的合约执行结果和交易请求存储在新生成的区块中，并将区块广播到区块链网络中；代理节点接收到区块后，根据交易请求执行智能合约，并验证合约执行结果。该发明提供的技术方案不需要普通节点验证合约执行结果，能够有效提高整个网络的计算能力。这种基于 DPoS 的区块链共识方法和节点，交易节点将生成的包含执行智能合约的交易请求广播到区块链网络中后,记账节点根据接收到的交易请求执行智能合约,将产生的合约执行结果和交易请求存储在新生成的区块中并将区块广播到区块链网络中,然后由代理节点根据接收到的交易请求执行智能合约,验证合约执行结果,就可以使得正确的智能合约交易结果能被承认,错误的结果被丢弃。该方法不需要普通节点验证合约执行结果,从而有效地提高了整个网络的计算能力。

授权权益证明机制可以大大缩小参与验证和记账的节点的数量,从而达到秒级的共识验证。然而,该共识机制仍然不能解决区块链在商业中的应用问题,因为该共识机制无法摆脱对于代币的依赖,而在很多商业应用中并不需要代币的存在。

(4) 拜占庭容错（BFT, Byzantine）

拜占庭容错（Byzantine Fault Tolerance, BFT）是一类分布式计算领域的容错技术,它不依赖于代币工作,其拜占庭假设是对现实世界的模型化,即假设由于硬件错误、网络拥塞或中断以及遭到恶意攻击等原因,计算机和网络可能出现不可预料的行为。拜占庭容错技术被设计用来处理这些异常行为,并满足所要解决的问题的规范要求,进而达成共识。可见,区块链网络的共识和拜占庭容错技术的实现是相似的,参与节点共识记账的每一个记账节点相当于一个拜占庭节点,节点之间进行消息传递,发生故障的节点被称为拜占庭节点,而正常的节点即为非拜占庭节点。

原始的拜占庭容错系统由于需要展示其理论上的可行性而缺乏实用性。另外,其还需要额外的时钟同步机制支持,算法的复杂度也是随节点增加而指数级增加。各申请人致力于降低算法复杂度。中国专利 CN106445711A 公开了一种应用于区块链的拜占庭容错共识方法,初始将一定数量的权益账号和共识账号分配给分布式系统中的节点；各共识节点使用共识账号登录后参与每一区块加入区块链的共识过程,共识节点即为分布式系统中拥有共识账号的节点；对于当前区块加入区块链的共识过程,首先从共识节点中选举出一节点作为提名节点,由提名节点从交易池中选取若干条交易记录封装至当前区块中,进而发起关于当前区块加入区块链的提议并向其他共识节点广播的同时对该提议进行投票,该提议中包含当前区块以及提名节点收到的关于前一区块加入区块链的所有最终轮投票结果的信息；其他共识节点收到提议后,对该提议及其发起者的真实性、可靠性及合法性进行验证,验证通过后对该提议进行投票,验证不通过则忽视该提议；在一定时间 T 内,若超过一定比例 η_1 的共识节点投票通过关于当前区块加入区块链的提议,则各共识节点对当前区块进行提交使其加入本地区块链末尾,并开始关于下一区块加入区块链的共识过程；在一定时间 T 内,若超过一定比例 η_2 但未超过一定比例 η_1 的共识节点投票通过关于当前区块加入区块链的提议,则进入下一轮重新选举提名节点,由提名节点向其他共识节点广播其收到的关于上一轮的所有投票结果的信息,进而使各共识节点对提议重新进行投票,其中 η_1 和 η_2 均为实数且 $0 < \eta_2 < \eta_1 < 1$；在一定时间 T 内,未超过一定比例 η_2 的共识节点投票通过关于当前区块加入区块链的提议,则该提议作废且进入下一轮重新选举提名节点,由提名节点从交易池中重新选取若干条交易记录封装至当前区块中,进而发起关于当前区块加入区块链的新提议并向其他共识节点广播,该新提议中包含当前区块以及提名节点收到的关于前一区块

加入区块链的所有最终轮投票结果的信息，进而使各共识节点对新提议进行投票。基于上述方案，只有授权节点才参与共识过程，避免了大计算量。

为了进一步降低计算复杂度，提高共识效率，实用拜占庭容错系统（Practical Byzantine Fault Tolerance，PBFT）应运而生。PBFT 降低了拜占庭容错的运行复杂度，从指数级别降低到多项式级别（Polynomial），使拜占庭协议在分布式系统中的应用成为可能。与 PoW 和 PoS 广泛用于公有链不同，PBFT 主要用在联盟链中，最具代表性的超级账本（Hyperledger）使用的就是 PBFT。拜占庭容错机制的主要目的是解决如何在有错误节点的网络中使所有正确节点对某个输入值达成一致。PBFT 以计算为基础，没有代币奖励，由链上所有人参与投票，少于 $(N-1)/3$ 个节点反对时就获得公示信息的权利。在实现 PBFT 共识过程中，如果一个节点宕机重连，那么其共识模块的内部变量与系统当前值不一致，导致当前节点无法参与共识。传统的 PBFT 共识算法的解决方案是采用 checkpoint 机制和 ViewChange 机制，然而这些方案都需要有一段时间的延迟，并且，在这段等待的时间内，系统的健壮性降低，不稳定的可能性增大。专利申请 CN107423152A 在基于 PBFT 的共识机制上增加了能够使重连节点快速参与共识过程的恢复方法，包括如下步骤：①宕机后重连节点广播初始恢复消息，获取其他节点检查点信息和区块高度；②重连节点收到其他节点回复信息并对发送方的检查点和区块高度信息进行计数；③找到目标节点并获取其检查点信息、区块高度和区块哈希；④重连节点进行状态转移，恢复至目标节点的检查点高度；⑤重连节点向目标节点索取 PQC 的消息；⑥重连节点收到目标节点返回的 PQC 信息，进行正常的共识处理；重复执行步骤⑤到步骤⑥，直至重连节点区块高度恢复至正常节点高度。该专利提出的恢复机制极大地增强了共识模块的可用性，加快了宕机重连节点或新节点参与共识的速度，并且恢复机制还能自动检测节点并自主更新。

（5）Paxos 共识和 Raft 共识

在很多分布式系统的实用场景下，并不需要解决完全的拜占庭问题。在假设不需要考虑拜占庭故障，而只是处理一般的死机故障的情况下，采用 Paxos 等协议会更加高效。但由于 Paxos 非常复杂，比较难以理解，因此后来出现了各种不同的实现和变种。专利 CN108170763A 公开了一种低延迟的分布式计算共识算法，主要解决在并发客户端之间的命令冲突率增大时，系统响应延迟增加的问题。该算法将 EPaxos 算法和不受并发客户端命令冲突情况影响的 Multi-Paxos 算法相结合，根据算法运行过程中的客户端负载情况、并发客户端命令冲突情况以及网络实时情况，每隔一段时间进行 EPaxos 算法和 Multi-Paxos 算法系统平均延迟的计算，根据计算结果，智能地转换到系统平均延迟较小的算法模式。该发明算法具有更好的适应能力、更优的延迟性能、更高的综合效率，在并发客户端之间的命令冲突率较大的情况下，较 EPaxos 算法能获得更低的系统响应延迟；在客户端负载不均衡时，比 Multi-Paxos 算法更能适应多样的客户端环境。

Raft 是由 Stanford 提出的一种更易理解的一致性算法，意在取代 Paxos 算法。专利 CN106878071A 提出了基于 Raft 算法的区块链共识机制，包括以下步骤：①将区块链的共识节点信息存储于区块链上并将共识节点的初始状态置为跟随者；②基于 Raft 算法并结合区块高度选举初始领导者状态的共识节点,领导者状态的共识节点用于记录交易事件并生成新区块;③领导者状态的共识节点任期结束时,将重新选举领导者状态的共识节点。由于领导者状态的共识节点的选举过程中参考其所同步的区块高度,可提高共识效率,缩短交易确认时间,任期结束后重新选举新的共识节点,提高系统容错性,并且,领导者状态的共识节点选举的唯一性,使得每个区块都有最终一致性,不会出现区块链分叉情况,同时,通过智能合约对共识节点的管理机制,能实现共识节点动态加入和退出。依据上述实施例的区块链共识机制,通过同步机制实现更新后的共识节点信息的同步,区块链数据的不可篡改性保证了共识节点信息的安全可靠。

(6) 瑞波 (Ripple) 共识

Ripple 是一种基于互联网的开源支付协议,可以实现去中心化的货币兑换、支付与清算功能。在 Ripple 的网络中,交易由客户端(应用)发起,经过追踪节点(tracking node)或验证节点(validating node)把交易广播到整个网络中。追踪节点的主要功能是分发交易信息以及响应客户端的账本请求。验证节点除包含追踪节点的所有功能外,还能够通过共识协议,在账本中增加新的账本实例数据。

比特币的一笔交易平均需要 10 分钟,同时,比特币还需要进行挖矿记账,作为奖励,系统会回报以比特币,这一过程非常耗费时间和电力。瑞波(Ripple)币的出现解决了比特币的上述两点问题。Ripple 网络的一个主要特点是去中心化,其核心机制与比特币类似,但相较于比特币,Ripple 网络具有支持多种货币、自动进行汇率换算、交易确认过程耗时短、无须下载区块链、无须挖矿、总量不能增加只能递减等特点。然而,对于 Ripple 网络,仍存在无法满足分布式存储扩展信息(例如交易凭证及相关关键信息)的需求的缺陷,另外还无法对新加入的节点共享之前所发生交易的交易凭证及相关关键信息。CN106228446A 提供一种基于私有区块链的资产交易平台系统及方法,系统包括由若干瑞波节点和一个网关组成的私有网络。瑞波节点用于交易,定时产生分布式账本(ledger)并发送至其他瑞波节点中,对接收的各 ledger 中的交易信息进行投票,将满足预设投票条件的 ledger 打包为共识结果信息(LCL),向其他瑞波节点发送 LCL,接收 LCL 后停止投票并存储 LCL。其中,ledger 用于存储定时期间当前节点交易的交易信息和扩展信息,扩展信息包括交易凭证及相关信息。存储 LCL 包括将 LCL 连接前一 LCL,各 LCL 依次连接组成区块链。网关用于监控交易并提供资产兑换通道。该发明通过在 ledger 中存储扩展信息并将 LCL 存储在每个瑞波节点中组成区块链,实现了分布式的快速存储交易凭证和相关关键信息。

(7) 混合证明

共识机制在区块链中扮演着核心的地位,决定了谁有记账的权利以及记账权利的选择过程和理由,根据图 3-3-4 可以看出各申请人也将各类共识算法作为技术研究的重点。前面介绍的常见的共识机制包括 PoW、PoS、DPoS、拜占庭容错等,根据适用场景的不同,也分别呈现出不同的优势和劣势。

共识机制的研发方向从单一向混合方式演变。腾讯科技在 2017 年提出了共识模式自适应的方式(CN106789095A),分布式网络的节点共识算法在网络环境良好的时候自动采用共识效率高、可以检测到异常节点（如拜占庭问题的节点）的第一类共识算法，当发现恶意节点或者节点错误的时候，可以自动切换到支持解决拜占庭容错的第二类共识算法。第一类共识算法，如 Paxos 算法和 Raft 算法，能够实现较高的共识效率并且能够检测到节点故障或者拜占庭问题（一方向另一方发送消息，另一方没有收到或者收到了错误的信息的情况），但是无法解决拜占庭问题的共识模式；第二类共识算法是用于解决拜占庭问题的共识模式，该类算法包括拜占庭容错算法、实用拜占庭容错算法、递归容错算法 – 拜占庭容错（Byzantine Fault Tolerance Recursive Algorithm for Fault Tolerance，BFT – Raft）等。杭州复杂美在 2018 年提出了 CN108108487A，其在使用 POS 共识方法的区块链中引入保证金机制，用户只有在缴纳保证金后才能成为 Validator 进行投票，一旦某个 Validator 有不诚实的投票，系统将罚没该 Validator 的保证金甚至取消其 Validator 的资格。引入保证金机制后，Validator 作恶的成本高于不作恶的成本，解决了"nothing at stake"（无利害关系）的问题，同时保证了系统的高效率。区块链系统生成区块后，在下一轮共识时会随机选择 N 个 Validator 对上一个区块的合法性进行投票，如果 Validator 有不同的意见，则继续投票，直至可以判定出上一个区块的合法性。Validator 是对区块进行投票的节点，每个 Validator 持有一定的股权（Stake），Validator 包括诚实的 Validator 和非诚实的 Validator，Validator 的数量为 $3f+1$，其中 f 为正整数，则非诚实的 Validator 的数量不大于 f；Validator Set 是所有参与投票的 Validator 的集合，每轮共识前需要确定 Validator Set；每轮共识时，从 Validator Set 中随机选取一个 Validator 生成区块，被选择的 Validator 即是 Vg，Vg 还用于打包交易、生成 Merkle 树、广播 Merkle 根及交易哈希的列表；基金账户用于存放 Validator 被罚没的保证金和成功生成区块获得的部分收益；抵押账户用于冻结 Validator 缴纳的保证金。Validator 需要缴纳一定数量的保证金才能参与投票，只有区块链系统才能使用抵押账户进行支付，如此结合了 PoS 的 PBFT 的优势，既能够保证区块链拥有较高的效率，也能保证节点不容易作恶，且每个区块都是合法的。

由检索结果分析来看，各单一共识机制都各自有其缺陷，例如 PoS 依赖代币且安全性脆弱，PoW 非终局且能耗较高。为提升效率，需在安全性、可靠性、开放性等方面进行取舍。区块链正呈现出根据场景切换共识机制的趋势，并且将从单一的共识机制向多类混合的共识机制演进，运行过程中支持共识机制动态可配置或系统根据当前需要自动选择相符的共识机制。

（8）其他共识算法

除了上述介绍的常见几类共识算法，根据商业应用场景的具体需要，各申请人也提出了一些其他的共识方法。

英特尔在 2015 年提出了一种基于时间的共识方法（US2016379212A1），其在分布式系统中接收多个等待证书，每个等待证书与分布式分类帐系统的经验证的事务块相关联，并基于此生成本地平均值，定时器生成逻辑基于本地平均值生成与分布式分类帐系统的第一事务块相关联的等待证明的等待时间，定时器逻辑识别等待期何时到期，证书生成逻辑响应于等待期的到期生成第一个事务块的等待证书，该等待证书用于验证第一个事务块，依次顺序验证多个事务块，来达成共识，这种方式通过提供在可信执行环境内执行的等待时间证明，确保了基于等待时间的领导者选举过程的安全性和随机性，避免了执行复杂的算法，同时保持交易验证的完整性。

2017 年，布比网络针对跨链交易的场景提出了一种共识方法（CN107909369A）。跨链交易是多个平行链之间的交易，多个平行链分别与互联链连接。根据预设参数在多个平行链中随机确定需验证的平行链；对确定的平行链所发起的跨链交易进行确认并广播到互联链进行共识验证。由此，上述发明不仅可以大幅度减少作弊风险，提高跨链交易的安全性，而且还可以大幅度减少计算量，提高跨链交易的处理速度，也可以支持区块链节点动态加入和退出互联链。

同年，武汉凤链基于价值量建立共识（CN107424066A），其从高价值的节点中随机选出一些节点作为记账节点，然后记账节点将交易信息打包，共识后产生区块。记账节点是区块链节点，用于从客户端接收用户请求，在区块链中对用户请求对应的结果达成共识，以产生新的区块，同时每个记账节点还被用于独立选择新的记账节点，并在区块链中对选择的记账节点达成一致。该方案能够解决现有共识机制中存在的能耗高、易产生中心化且阻碍货币流通的问题。表 3-3-2 示出了共识算法重要专利列表。

表 3-3-2 共识算法重要专利列表

技术分支	申请年份	公开号	申请人	技术手段
工作量证明	2014	US2016078219A1	微软	使用基于密码的工作量证明进行身份验证
		US2015220928A1	ALLEN R	在加密货币系统中通过维持具有高哈希难度的工作量证明来主动保护网络
	2015	US2016358169A1	IBM	通过从发送，接收和存储数据的互连节点中爬取冗余信息以实现工作量证明
	2016	CN106789908A	江苏通付盾	对交易信息打包，打包过程中无需再进行工作量算法的计算，降低挖矿节点工作量
		CN106571925A	北京云图科瑞	采用修改后的安全散列算法 SHA-2 对新增区块进行工作量证明
	2017	CN107528854A	江苏通付盾	通过工作量证明操作控制连接数量
		CN107886314A	比特大陆	根据节点的收益类型，对节点的工作量进行结算
		CN107579814A	比特大陆	通过改变交易哈希的组成降低工作量证明的计算量
		CN106548397A	天津米游	当一个新区块产生时，检测产生所述新区块的地址的平均权益比例和记账比例

续表

技术分支	申请年份	公开号	申请人	技术手段
权益证明	2016	CN108011709A	北京量子保	提供方为数据绑定权益证，以向消费方转让权益证的方式生成数据交易
	2017	CN107566124A	深圳市易成自动驾驶技术有限公司	基于抽签机制的共识建立
		CN107395403A	北京区块链云	由联盟链成员通过投票做二次共识，保障来自公共环境的共识结果的正确性
		CN106603698A	北京果仁宝	基于DPOS验证合约执行结果，只有正确的智能合约交易结果被确认
授权权益证明	2016	CN106445711A	杭州云象	通过共识节点的投票数量确定共识结果
拜占庭容错	2016	US2018101560A1	IBM	通过与区块链相关联的多个验证器节点的投票来达成共识
		CN107579848A	上海保险	基于拜占庭容错共识机制动态更改共识节点
	2017	CN107391320A	阿里巴巴	通过监测视图切换实现共识
		CN107368507A	阿里巴巴	对共识过程中的异常服务器执行接替
		CN107423152A	杭州趣链	在基于PBFT的共识机制上增加了能够使重连节点快速参与共识过程的恢复方法
		CN108170763A	江南大学	将EPaxos算法和不受并发客户端命令冲突情况影响的Multi-Paxos算法相结合
Paxos共识	2017	CN106878071A	上海钜真	基于Raft算法并结合区块高度选举初始领导者状态的共识节点
Raft共识	2017	CN107481145A	北京知金链	基于多维随机数共同推举记账者
		CN108182636A	杨显波	将节点处理交易视为贡献并作为权益的增益
	2018	CN106228446A	北京众享比特	在ledger中存储扩展信息，并将共识结果信息存储在每个瑞波节点中组成区块链
瑞波共识	2016	CN106060036A	布比网络	通过验证节点投票并选举领导者，实现去中心化共识

续表

技术分支	申请年份	公开号	申请人	技术手段
混合证明	2016	CN106789095A	腾讯科技	改进的拜占庭容错+Raft算法，当发现恶意节点或者节点错误的时候，可以自动切换到支持解决BFT的共识算法
	2017	CN108108487A	杭州复杂美	权益证明+改进的拜占庭容错，每个Validator持有一定的股权Stake，Validator包括诚实的Validator和非诚实的Validator，Validator的数量为3f+1，其中f为正整数
	2018	US2016379212A1	英特尔	等待证书与分布式分类帐系统的事务块相关联，用于验证事务块
其他	2015	US2017323392A1	Kasper Lance, Rajkumar Vikram	在多个对等体之间的共享分类账上达成共识
	2016	US2017344435A1	万事达卡	使用布隆过滤器恢复丢失或额外数据
	2017	CN107909369A	布比网络	基于随机确定平行链，实现跨链交易的共识验证
		CN107341660A	唐盛北京物联技术有限公司	结合区块链数据结构和点对点网络通信的特点，实现区块链底层共识
		CN107424066A	武汉凤链	基于价值量建立共识机制
		CN107220130A	北京众享比特	采用多节点验证待共识信息，实现去中心化系统信息共识
		CN107623686A	中国科学院	随机选择验证用节点，对构建区块的区块构建节点达成共识
		CN107360206A	阿里巴巴	将共识算法设计为独立的共识单元，对无序要求的业务请求进行共识处理
		CN108133420A	杭州复杂美	包括Validator、Validator Set、Vg、基金账户和抵押账户的区块链委托共识

3.3.2.2 共识流程预处理

除了通过改进和适用不同的共识算法来提升共识效率之外，针对不同应用场景将待共识的节点进行共识流程上的预处理是共识层的另一研发方向，阿里巴巴在此方向上布局较多。

2017年3月，阿里巴巴提出了2件中国专利申请CN107196900A和CN107395659A。CN107196900A中提出一种共识校验的方法，该方法中第一区块链节点在接收到客户端发送的业务请求后，可对该业务请求进行第一安全性验证，并在确定该业务请求通过第一安全性验证后，将该业务请求存储在自身中，而后，第一区块链节点可对自身存储的至少一个业务请求进行预处理，得到预处理块，并将该预处理块进行存储，第一区块链节点在进行共识校验的过程中，可直接从存储的各预处理块中捞取预处理块，并将该预处理块广播给共识网络中的其他区块链节点进行共识校验，继而极大地简化了共识校验阶段的过程，缩短了共识校验阶段的耗时，从而提高了区块链业务的共识校验效率。CN107395659A中公开了一种业务受理及共识的方法，该方法中第一区块链节点中包含有多个服务器，第一区块链节点可通过包含的多个服务器接收从客户端发送的业务请求并存储，以及通过多个服务器中的一个或多个服务器从该第一区块链节点包含的业务存储器中捞取至少一个业务请求，得到预处理块，并将预处理块通过该服务器发送至共识网络的各第二区块链节点中，以通过各第二区块链节点对该预处理块进行业务共识。由于在第一区块链节点包含的多个服务器中，只要有一个服务器可用即能保证该第一区块链节点可用，这便提高了第一区块链节点在共识网络中的效率和稳定性。

2017年5月，又提出了CN107402824A，在确定获取到的预处理块通过共识后，可启动对下一次待共识的预处理块进行共识，以通过并行的方式对已通过共识的预处理块中包含的业务数据进行数据处理。区块链节点在确定获取到的预处理块通过共识后，采用并行处理方式，启动对下一次待共识的预处理块进行共识，且对已通过共识的预处理块中包含的业务数据进行处理。换句话说，区块链节点实现业务数据在业务共识阶段以及业务提交阶段的并行处理，既能够对一部分业务数据执行业务提交阶段的数据处理，同时又可执行另一部分业务数据的业务共识阶段的共识处理，从而提升系统的业务数据处理效率。

2017年7月，提出了一种区块链共识网络中处理共识请求的方法CN107528882A，其确定待处理请求集合，待处理请求集合中包含待处理的共识请求；确定已处于共识阶段的子集合的数量，子集合由从待处理请求集合中获取到的待处理的共识请求构成；当已处于共识阶段的子集合的数量小于共识网络的预设并发数时，向共识网络发起对新的子集合的共识提议，使得新的子集合进入共识阶段进行共识请求的处理；其中，预设并发数为共识网络中允许同时处于共识阶段的子集合的数量上限。可见，一方面，从待处理请求集合中获取一批待处理的共识请求构成子集合，并以子集合为单位，发起对这一批请求的共识提议，有利于提高对共识请求的处理效率；另一方面，在共识网络中设定预设并发数，允许多个子集合处于共识阶段进行共识请求的处理，使得共识网络可以并行处理多条待处理的共识请求，从而有利于提高对共识请求的处理效率，提升了共识网络的处理性能。

从上述4件专利的分析结果来看，阿里巴巴在共识流程预处理的研发上占据了先机且成果丰厚，在共识流程的业务请求、业务提交、业务校验阶段均进行了布局。

在共识流程的策略抉择方面，上海策链信息科技有限公司提出了CN107341402A，基于区块链的去中心化系统，去中心化系统中的目标程序被收录至区块链的分布式数据库，目标程序的执行流程由预设用户群组中的各用户共同决策；收集预设用户群组中的各用户基于持有的私钥分别提交的决策结果；基于收集到的决策结果以及预设决策策略确定目标程序是否决策通过；如果目标程序决策通过，向区块链发布目标程序的执行结果。这种方式通过预设决策结果来提高共识成功率，同时，还提升了去中心化系统中的目标程序的执行稳定性。

考虑专利内容在共识层技术中的代表性和改进方向，笔者筛选了共识流程预处理重要专利列表（参见表3-3-3），供国内申请人在共识层专利布局上参考。

表3-3-3 共识流程预处理重要专利列表

技术分支	申请年份	公开号	申请人	技术手段
共识流程预处理	2016	US2018123882A1	IBM	基于度量与预定义规则，实现动态的共识过程
	2017	CN107507006A	杭州秘猿	节点交易时对比分叉后重新共识以解决许可链分叉问题
		CN107196900A	阿里巴巴	通过存储预处理块简化共识校验阶段
		CN107528882A	阿里巴巴	通过预设共识请求的并发数提高处理效率
		CN107688945A	杭州秘猿	基于延迟状态共识的高效许可链
		CN107807984A	上海分布信息科技有限公司	通过对区块链节点进行分区和分类，限制参与共识过程的节点范围
		CN107360248A	众安信息技术	在选择节点之间建立局部共识实例
		CN108009917A	中国银联	通过用户自定义背书策略提高交易效率
		CN107450979A	阿里巴巴	依据受理时间选择待共识的业务数据，保证等待共识时间相对均衡
		CN107451175A	阿里巴巴	采用统一的转换方式保证不同的区块链节点准确还原原始数据
		CN107276765A	中国联通	区块链节点根据创始节点发送的新共识更新本地原有共识，提高共识调整的灵活性
		CN107395659A	阿里巴巴	区块链节点包含多个服务器以保证可用性
		CN107330786A	杭州云象	利用网络节点位置生成权重，提高交易通信实时性

3.4 合约层专利技术分析

合约层主要包括脚本代码和执行脚本语言的虚拟机。以太坊中可以运行图灵完备的脚本代码，因此可以通过编写复杂的智能合约实现去中心化应用。合约层是区块链实现去中心化应用的必要条件，其中智能合约是一种编码，在合约中有着可以自动运行的业务逻辑，并依靠以太坊虚拟机进行执行。

智能合约的代码是基于堆栈的字节码低级语言所写的，因此代码是由一些字节组成，每一种字节代表着不同的操作。通常来讲，代码的执行过程是无限循环的，程序每执行一次，计数器就会增加 1，直到代码执行完成或是执行过程中发生错误，遇到中断指令。代码的执行操作中分为三种存储数据空间：①堆栈：先进先出的数据结构；②内存：一个无限的字节数组；③合约的长期存储：存放了键值对，不同于堆栈和内存，合约内容可以长期保存以太坊虚拟机是执行交易代码的引擎，这也是以太坊与其他区块链最大的不同之处。它不是沙盒而是完全独立的，这也意味着代码在以太坊智能合约虚拟机中运行的时候不需要网络、文件系统，甚至与其他进程独立。

涉及区块链合约层的专利申请有 214 项，本节将对这 214 项专利申请进行分析。

3.4.1 全球专利态势

3.4.1.1 申请趋势

区块链合约层技术专利申请出现于 2015 年。虽然早在 2015 年开始就有专利申请，但是当年申请量却非常少，只有 6 项专利申请。2016～2017 年申请量有明显的增长，申请量已突破百项。与数据层相比，合约层技术发展相对滞后一年，申请量也没有数据层的多。从合约层 2015～2017 年的申请量增长趋势来看，合约层仍然有着强劲的增长动力。随着智能合约等新的合约层技术的不断出现和发展，越来越多的合约层技术专利申请将被提出。图 3-4-1 示出了合约层全球专利历年申请趋势。

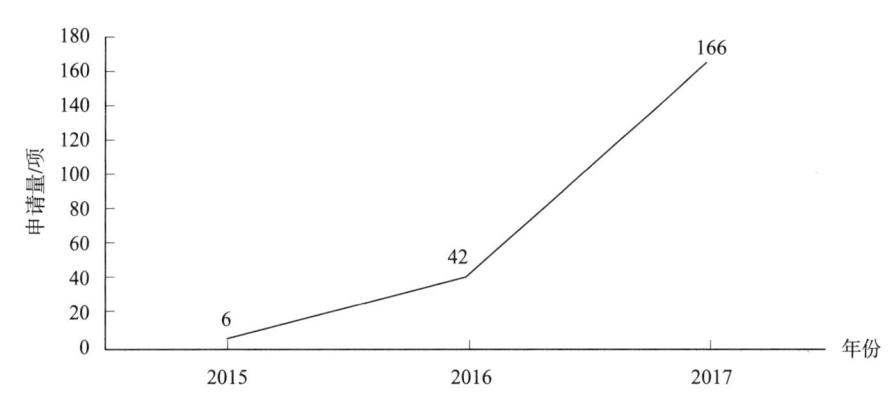

图 3-4-1 合约层全球专利历年申请趋势

3.4.1.2 技术来源地

表3-4-1示出了合约层技术全球专利申请的技术来源与分布情况,从中可以看出中国是最大的技术来源地,同时也是最大的目标市场;其次是美国,美国是全球第二大技术来源地和第二大目标市场。虽然中国是全球最大的技术来源地,但是从表3-4-1中可以看出,中国申请的目标地是中国,也就是说所有的国内申请人仅向中国国家知识产权局申请相关的专利,而在美国、欧洲等其他国家或地区均没有专利布局。从申请的数量上看,中国遥遥领先,但是从全球布局的角度上讲,国内申请人仍然有很多工作要做,需要重视合约层技术的全球专利布局,不仅要靠专利保护好国内市场,更要走出去借助专利布局海外市场。

表3-4-1 合约层全球专利申请技术来源与分布 单位:项

目标地＼来源地	美国	欧洲	其他	中国
中国	—	—	—	29
美国	13	—	—	—
世界知识产权组织	1	3	1	—

美国作为互联网强国,以14项专利申请位居技术来源地第二名的位置。和中国类似,美国的申请人也是以本国作为主要的专利布局市场,只有1项向世界知识产权组织提交了PCT申请,没有向中国、欧洲等国家或地区布局专利。

合约层技术领域的PCT申请相对较少,共有来自美国、欧洲等国家或地区的申请人向世界知识产权组织提交了5项PCT申请,其中欧洲贡献了3项,是PCT国际申请中最大的技术来源地。

3.4.1.3 技术构成

合约层中智能合约是主要的技术分支,图3-4-2示出了合约层专利申请的技术构成,从中可以看出,智能合约占据了94%的份额;而脚本代码仅占据了6%的份额。由此可见,智能合约是目前该领域大多数申请人的关注重点。

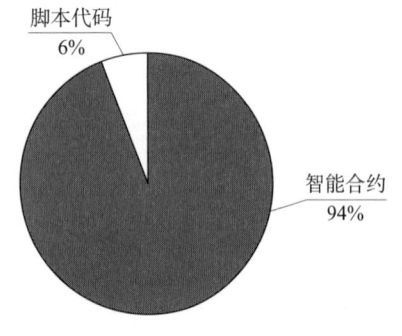

图3-4-2 合约层全球专利申请技术构成

3.4.1.4 主要申请人

合约层共有40项专利申请,分布在33位申请人手中,合约层的专利申请分布非常分散。拥有2项以上专利申请的申请人有IBM、北京果仁宝和北京航空航天大学,其余申请人均只有一件专利申请,并没有某个申请人占据绝对的优势地位,每一位申请人都有机会在合约层领域有所作为。图3-4-3示出了合约层全球专利申请人的申请量情况，从中可以看出，在合约层领域，各申请人的申请量普遍偏少，排名第一的 IBM 只有 5 项专利申请。

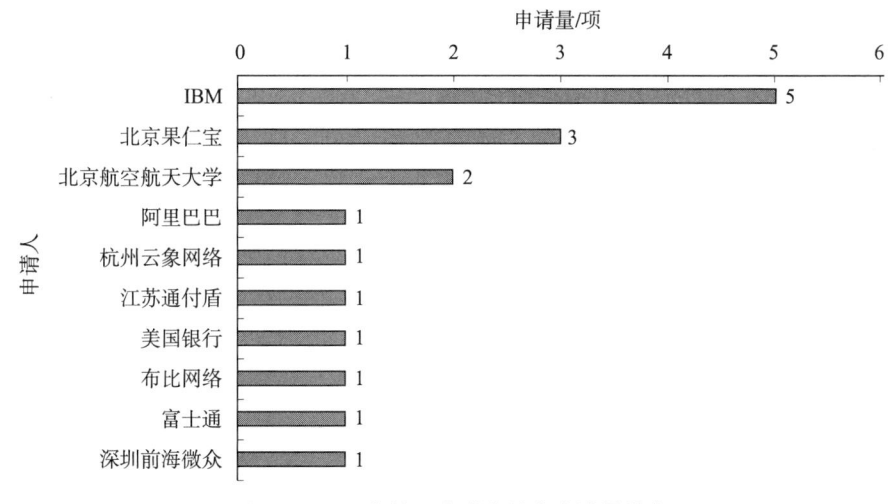

图 3-4-3 合约层全球申请人申请量排名

注：图中数据截至 2016 年 12 月 31 日。

3.4.2 中国专利态势

3.4.2.1 申请趋势

合约层中国专利申请始于 2015 年，图 3-4-4 示出了合约层技术领域中国专利申请的历年申请量情况，申请人在中国的申请有明显的涨幅，自 2015 年的 2 件逐渐增长到 2016 年的 28 件，到 2017 年已突破百件达到 143 件。

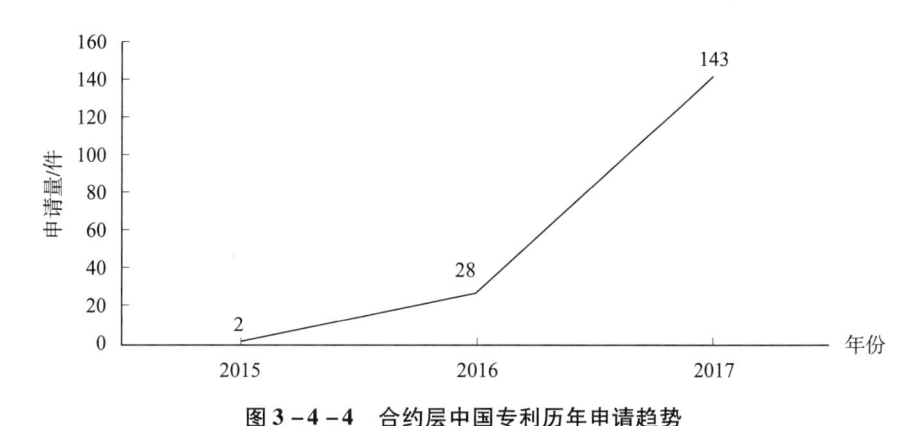

图 3-4-4 合约层中国专利历年申请趋势

3.4.2.2 技术构成

合约层中国专利申请始于 2015 年，图 3-4-5 示出了合约层技术的中国专利申请的技术构成，其中内环为国内申请人的技术构成，外环为国外申请人的技术构成。从中可以看出，国内申请和国外来华申请均是以智能合约作为合约层专利申请的主要领域，智能合约领域的专利申请分别占据了合约层专利申请97%（国内申请人）和82%国外申请人的份额；相比于国外申请人，国内申请人更加重视智能合约相关专利的申请，在脚本代码的布局上略显不足，只有3%的份额，而国外申请人在脚本代码上则有18%的份额。

3.4.2.3 主要申请人

与合约层全球专利申请人申请量排名类似，合约层的中国专利申请共有176件，分布在92位申请人手中，合约层的专利申请分布非常分散，对于国内创新主体而言，目前属于可以进入该领域的黄金时期，仍大有可为。图3-4-6示出了合约层主要中国专利申请人的在合约层领域申请量排名情况，各申请人的申请量普遍偏少，排名第一的杭州趣链和深圳市轱辘车联分别只有8件专利申请。

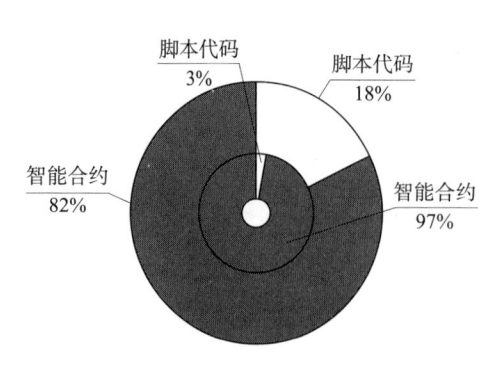

图 3-4-5 合约层技术中国专利申请的技术构成

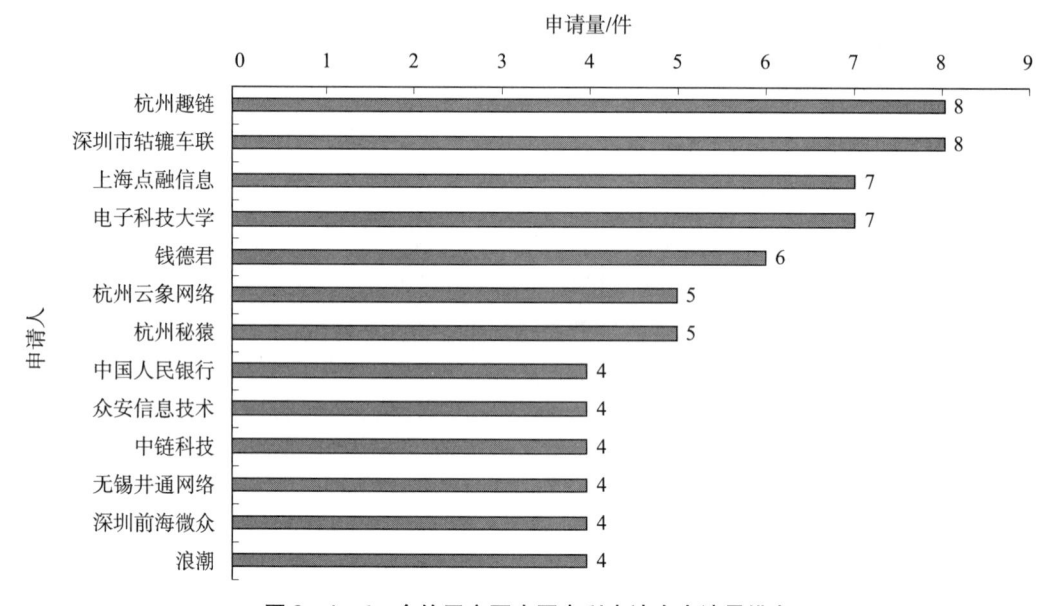

图 3-4-6 合约层主要中国专利申请人申请量排名

3.4.3 关键技术——智能合约

1994年，密码学家尼克·萨博（Nick Szabo）在论文《智能合约》(*Smart Contracts*)中首次提出了"智能合约"这一技术术语。所谓智能合约，是一套以数字形式定义的承诺（promises），包括合约参与方可以在上面执行这些承诺的协议。在物理上，智能合约的载体是计算机可识别并运行的计算机代码。一个智能合约是一个计算化交易协议，用来执行合约条款。智能合约设计的最初目的是满足一般的合同条件（如支付条款，扣押令，私密性，甚至是执法），最大限度减少恶意和意外的状况，最大限度减少使用信任式中间媒介。

随着智能合约越来越多的使用，其流程和代码也变得越来越复杂。人们发现，就像现实世界的合同一样，如果没有认真审核的话，在智能合约的部署、测试、执行调用和升级的过程中难以避免人工失误的产生。因此，本节重点研究区块链的智能合约，针对涉及智能合约的部署、测试、执行调用和升级过程的专利申请进行深入分析，得到智能合约的技术发展路线，如图 3-4-7 所示。

3.4.3.1 部署

部署阶段主要涉及智能合约的构建和生成，申请 US2015379510A1 通过开发使用智能合约来配置和管理 P2P 网络中分发数据的变化以便用于数据供应链。申请 CN107784474A 将合约用计算机语言形式化描述，然后在容器上依赖于已设定好的条件自动执行，无须面对面签订合约，在远距离签订时得到了充分的保障，并且通过设置合约履行监督，可以实时监控合约履行的状态，在发生履行情况不正常时及时进行约束，使合约能正常履行，保证合约的束缚性和执行力度。

申请 CN107783758A 不仅解决了智能合约建模的设计问题，还提供了一种对智能合约系统模型的验证和一致性测试，并通过研究智能合约代码的自动生成，使得智能合约的表达与执行具有保障和一致性，信赖度更高。申请 WO2017021155A1 基于消费规则以及每一种资源的特定配置和消耗程度来控制消费者可交易价值的支出。申请 CN106651303A 提供了一种基于模板的智能合约处理方法和系统，从而可以使得支持普通互联网的应用快速支持区块链的特性并能够在不同的区块链平台快速发布和管理。

申请 CN106681739A 公开了一种智能合约的自动化生成方法，该申请使用智能合约自动化生成系统生成合约时，选择需要的智能合约模板以及属性和方法就可以自动化生成合约。申请 CN206639260A 公开的技术方案可以对不同的区块链基础技术平台进行统一访问，可以对不同的区块链基础技术平台进行控制和管理，定义标准的数据访问和查询接口，实现可以更换前端的区块链基础技术平台。

申请 CN107342858A 公开了一种基于可信环境的智能合约保护方法和系统，解决了现有智能合约系统中存在的容易出现智能合约信息泄露而导致无法保护智能合约版权，致使智能合约使用者权益受损的技术问题，以及容易出现数据泄露而导致数据被窃取的技术问题。

申请 CN107516184A 公开了一种基于区块链智能合约实现电子合同多方会签的方法，通过在所有的区块链节点上执行智能合约程序，在智能合约里实现电子合同会签和存储电子合同，这样能有效解决现有电子合同签署技术在会签合同时易被篡改和安全性较差的问题，也能确保不但是最终的电子合同无法被篡改，而且每次签约合同的记录和时间也无法被篡改。申请 CN107844710A 公开的合约生成系统能够根据需求生成个性化合约，其呈现的图形化模块满足了大多数不懂程序撰写的人希望自行撰写满足自己需求的合约的要求，且该合约生成系统操作简单方便、形成的合约安全性高。

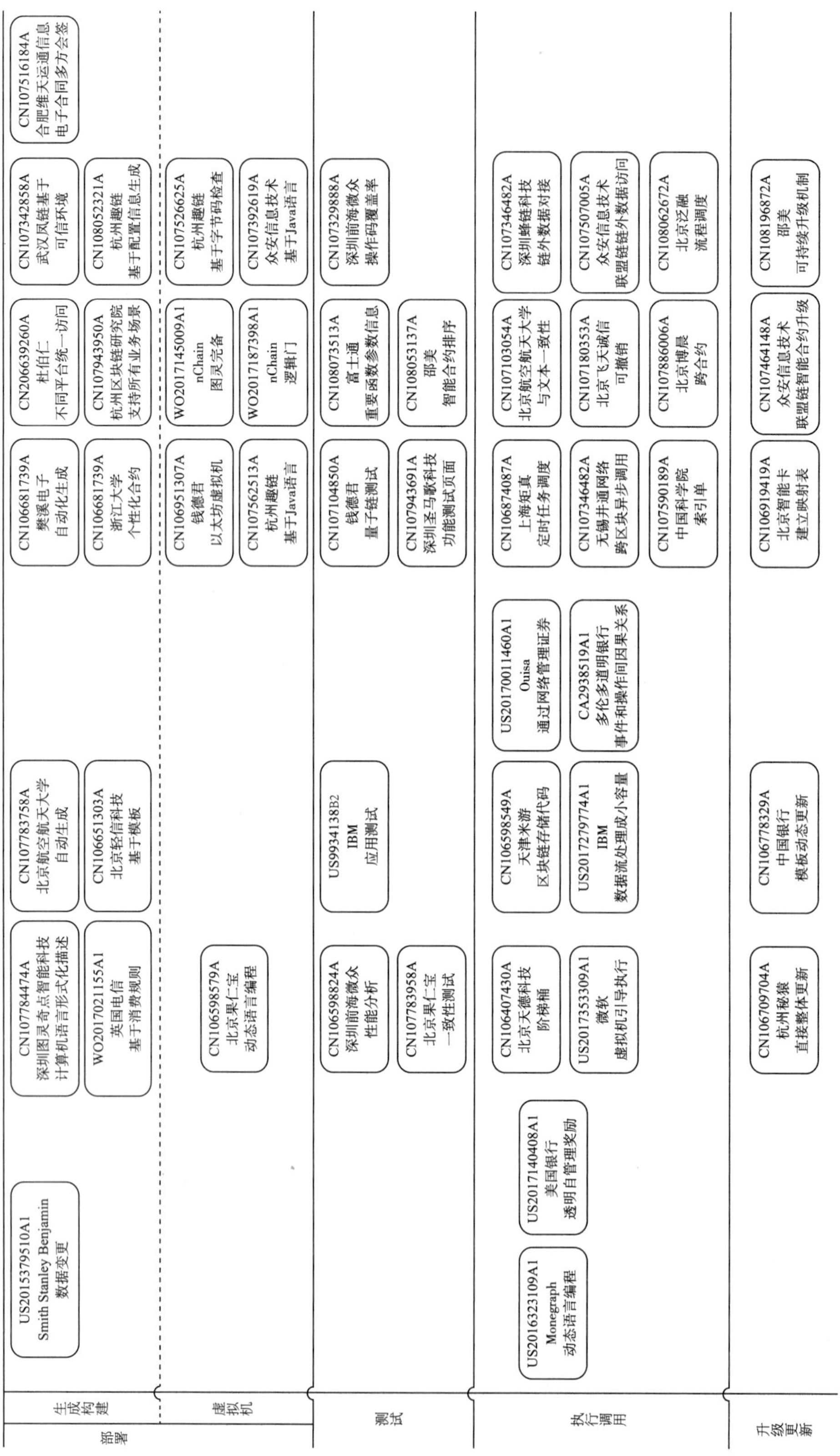

图 3-4-7 合约层的技术发展路线

申请 CN107943950A 生成了一种通用的数据智能合约，实现了用同一份合约代码支持所有的业务场景，降低了开发难度与成本。申请 CN108052321A 公开了一种基于配置信息自动生成区块链智能合约的方法，该方法极大地提高了智能合约的开发效率，其基于区块链的结构化数据持久化应用规范，该规范使得项目的设计更简单，更易于维护和拓展，大大减少了开发者的工作量。

除了上面提到的智能合约的构建和生成方法，还可以通过虚拟机进行部署智能合约。比如：申请 CN106951307A 公开的智能合约虚拟机为以太坊虚拟机（EVM），它可以在以太坊上写出更强大的程序，负责以太坊区块链中智能合约的执行，并且得益于以太坊的网络的合约执行环境，以太坊中的合约的编写和执行也因此变得非常简单。申请 WO2017145009A1 公开了计算资源和区块链的组合，提供了一个（至少部分）图灵完备的解决方案。

申请 CN107526625A 的基于字节码检查的 Java 智能合约安全检测方法允许用户根据自身需求自定义安全检测规则，提高了智能合约安全检测功能的可用性和完备性，同时该申请从编译智能合约后的字节码中获取类的信息，包括类的接口、父类、成员变量、成员方法等信息，避免了直接读取智能合约源代码文件可能存在的由于字节码注入等方法导致代码与字节码不一致的问题。申请 CN107562513A 公开了一种基于 Java 的智能合约管理方法，从智能合约的部署、调用、升级、冻结、解冻等方面的管理来实现整个智能合约生命周期的管理。由于本产品是基于 Java 语言开发的，因此用户可以将其部署到任意区块链平台中进行合约生命周期的管理，提升了区块链平台的可扩展性。

申请 WO2017187398A1 创建区块链事务以实现逻辑门的功能，可用于各种各样的应用，如控制系统和单元的实现。申请 CN107392619A 可以基于 Java 语言开发智能合约，同时具有确定性计算、有限计算的特点，不需要额外开发编译器、解释器，基本保留了 Java 语言的所有功能，易于接入使用，适合推广。

除了虚拟机部署智能合约外，还可以通过动态语言进行编程生成智能合约。申请 CN106598579A 公开了一种在区块链上集成动态类型编程语言的方法，该方法包括：调用字节码，字节码由智能合约编译，智能合约和字节码唯一对应，智能合约由动态类型编程语言编写，通过字节码解释器解析字节码得到智能合约，同时定义智能合约的变量类型；执行定义变量类型后的智能合约，通过在区块链上使用动态类型的编程语言的智能合约，从而提高了区块链上智能合约的可扩展性。

3.4.3.2 测试

生成智能合约后，在执行或者调用智能合约之前首先应该对其进行测试，下面对涉及智能合约测试的专利申请进行介绍：

申请 CN106598824A 提出了区块链的性能分析方法及装置。测试程序客户端先向区块链网络发起测试请求，在检测到所述区块链网络响应所述测试请求时，确定所述测试请求对应的性能指标并对所述性能指标的测试过程进行统计分析，最终根据统计分析的结果分析所述区块链的性能。该申请通过深入区块链网络底层进行多项性能指标的分析，提高了区块链网络性能分析的准确性和全面性。

申请 US9934138B2 公开的区块链测试配置可以为测试应用程序提供简单且安全的基础架构。其向节点网络发送请求以测试与应用相关联的一个或多个测试包，基于测试包的测试来接收结果并将结果记录在区块链中。申请 CN107783758A 公开的智能合约的开发涉及合约描述、合约验证、合约实现和合约测试等多个环节。该申请不仅解决了智能合约建模的设计问题，还提供了一种对智能合约系统模型的验证和一致性测试，并通过研究智能合约代码的自动生成，使得智能合约的表达与执行具有保障和一致性，信赖度更高。

申请 CN107104850A 公开了一种量子链测试方法。量子链平台在被部署前必须经过严格的测试，测试方法包括软件的功能测试、网络 P2P 测试、攻击性测试、可靠性测试等，测试方法覆盖完全。使用量子链系统时需要考虑各个方面，并且在测试网络发布更新，发布之前进行代码的审查，通过测试有效地保证系统的安全性、可用性。

申请 CN108073513A 公开的用于对基于区块链的智能合约进行测试的装置和方法能够获得智能合约中的重要函数的信息以及大量的层级信息和参数值，从而能够使得对智能合约的测试更有效。

申请 CN107329888A 公开了一种智能合约操作码覆盖率计算方法和系统，旨在解决现有智能合约覆盖率计算方法计算精度差和操作烦琐的技术问题。该申请简化了智能合约覆盖率计算流程，在计算智能合约覆盖率过程中，计算精度可以精确到操作码级别，提高了智能合约覆盖率计算方法的计算精度。

申请 CN107943691A 公开了一种自动产生智能合约的功能测试页面的方法及装置，通过将智能合约的测试参数生成功能测试页面，功能测试页面上获取用户输入的对智能合约的参数进行测试，输出测试结果。该申请可以对智能合约自动生成功能测试页面，在功能测试页面上显示测试参数，方便用户对智能合约进行测试，提高了以太坊上的智能合约的测试效率。

申请 CN108053137A 公开了一种能够客观评价智能合约质量并且避免排序结果被操纵的区块链智能合约排序方法。该区块链智能合约排序方法采用预设的具有天然抗攻击性的排名算法，借助投票的逻辑，类似于协同过滤，让更多数人信赖的智能合约具有更高的排名，比单独统计调用次数和交易总金额更为合理，因此排序结果也更为可信。

3.4.3.3 执行调用

在对智能合约进行测试合格之后就可以执行或调用智能合约，下面的专利申请对智能合约的执行调用进行了研究。

申请 US2016323109A1 公开了在地址节点之间执行多个数字货币转移以将数字内容项的权利集合注册到区块链，并且在地址节点之间执行数字货币转移交易以将权利集合注册到区块链。申请 US2017140408A1 公开了通过接收与智能合约相关联的事务记录，实现了使用智能合约区块链分布式网络的透明自管理奖励程序。

申请 CN106407430A 通过在单独存储状态的区块链上使用"阶段桶"的办法来保证执行智能合约的各节点状态的一致，区块链系统对于支持复杂智能合约执行的能力提高，同时，多个独立节点同时执行合约时的数据一致性、结果统一性、数据的完整性以及数据的隔离性得以保证，数据同步不会相互干扰。

申请 CN106598549A 的基于区块链的智能合约系统及实现方法将智能合约代码存储到区块链上，所以比较安全，且防篡改。该申请的基于区块链的智能合约系统及实现方法可以运行庞大复杂的智能合约，所以使得约定更智能，大大减少了执行成本。

申请 US2017011460A1 公开了利用分布式区块链分类账进行安全交易的证券交易系统，使得用户能够访问在其上管理分布式区块链分类账的计算节点的对等网络。通过网络提供的证券可以直接存储在区块链账本上。可以利用智能合约在用户之间转移证券并验证所有交易符合适用的监管规则和其他限制。

申请 US2017353309A1 公开了用于将与区块链关联的智能合约的行为委托给不属于区块链的代码的专利，系统由智能合约的虚拟机引导执行。

申请 US2017279774A1 提供了将软件模块推送或上传到主机设备以允许将高容量原始数据流直接处理成低容量数据流的能力主机设备。

申请 CA2938519A1 包括反映事件触发的触发事件数据和事件触发器，并将事件信息与触发事件数据进行比较，其中事件触发器识别涉及产品的可能事件与关于产品的操作之间的因果关系。

申请 CN106874087A 公开了一种区块链智能合约定时任务调度方法，能对定时任务进行添加、删除、提取、执行等任务处理。定时任务具有执行状态，在每次定时任务完成后，针对不同类型的定时任务更新定时任务的状态，使得能够通过定时任务的状态确定定时任务是否处理过。

申请 CN107103054A 提高了智能合约的执行效率，智能合约作为区块链的链上代码，执行的安全性进一步提高并且智能合约代码与文本的一致性问题得以解决。

申请 CN107346482A 中区块链与链外数据对接、验证、共识的方法及装置具有以下优点：无需依赖于第三方的数据，以一种去中心化的、自洽的方式对接、验证、共识的链外数据。

申请 CN107346482A 公开了一种跨区块异步调用合约系统，该系统的区块共识不依赖于合约执行结果，可提高合约执行的并发量以及区块能支持的合约数量，提高系统容错能力。

申请 CN107180353A 公开了一种可撤销智能合约交易的实现方法及装置，其实现原理为一旦交易被撤销就视其为无效交易，不会被公布到区块链上，提高了交易的安全性和有效性。

申请 CN107507005A 公开了一种基于联盟链的链外数据访问方法，该方法能在联盟链上以统一标准方式实现智能合约对多种链外数据源的访问，同时保证访问的安全性。

申请 CN107590189A 接收用户输入的智能合约执行请求，该执行请求中包括搜索关键词，获取预先为智能合约中关联商户建立的树形索引，在树形索引的倒排表中生成与搜索关键词对应的表单，检测生成的表单是否为空，当生成的表单非空时，遍历树形索引的所有路径，在遍历访问到的节点中搜索覆盖搜索关键词的商户，将搜索到的覆盖搜索关键词的商户加入到合约执行商户列表中，对合约执行商户列表中的商户执行与搜索关键词关联的智能合约，从而在提高智能合约执行效率的同时，保证了执行智能合约的有效性和安全性。

申请CN107886006A公开了一种数据操作方法、装置及电子设备。当接收到合约引擎发送的共享数据操作请求时，获取共享数据操作请求携带的公钥和共享数据标识，基于共享数据标识，在合约数据中确定共享数据，并当检测到公钥具备的对共享数据的操作权限时，执行操作权限对应的数据操作。由于将合约数据划分为共享数据和私有数据，因此其他智能合约可以通过公钥对共享数据进行相应的操作，无需请求授予数据操作权限，更便于跨合约对数据进行处理，简化了业务处理过程。

申请CN108062672A公开了一种基于区块链智能合约的流程调度方法，解决了由于大批量并行账本信息导致的智能合约调度线性扩展问题以及其所导致的系统复杂性增加、耦合度高、系统扩展性差和难以维护的问题。

申请CN108200028A公开的区块链智能合约端通过客户端获取服务器的响应数据，保证区块链智能合约端写入区块链中每个区块的数据都是可信的一致性数据。客户端向服务器发送的第二请求数据以及客户端从服务器接收的响应数据都是加密的，使客户端与服务器之间传输的数据不会外泄或者被篡改，保证传输数据的安全。

3.4.3.4　升级更新

由于智能合约的编写需要很高的技能，发布一个有业务规则漏洞或者不公平的智能合约会给交易参与方带来巨大的损失。因此，需要对智能合约进行更新或升级。下面的专利申请对智能合约的更新升级进行了研究。

申请CN106709704A打破了智能合约地址、代码、存储单元三者不可变更的结构，并对存储单元按照属性名称进行索引和序列化，使合约代码能够直接整体更新，同时可以复用之前的合约地址和合约存储单元。申请CN106778329A为了解决现有技术中区块链技术的智能合约模板变更成本巨大的问题，提供了一种区块链智能合约模板动态更新方法、装置及系统，可以以很小的代价来安全地更新区块链中节点的智能合约模板。通过将现有区块链中的节点划分为特权节点和记账节点，实现了在区块链中安全地动态更新智能合约模板的目的，使得整个区块链变得更加灵活，适应于复杂多变的业务需求。

申请CN106919419A公开了区块链上的智能合约程序的更新方法及装置，通过在智能合约中建立各个功能智能合约程序的地址与标识主智能合约程序的各种功能的功能标识的映射表，在发现智能合约缺陷或其他需要修改更新智能合约情况下，根据功能设置请求对各个功能智能合约程序的地址与标识主智能合约程序的各种功能的功能标识的映射表中的映射关系进行修改，从而实现针对代码漏洞、业务升级等情境下的主智能合约程序能够实现的功能进行修改及更新。

申请CN107464148A公开了一种基于联盟链的智能合约升级方法，基于该方法可以在保证兼容性的前提下实现智能合约的低成本升级。

申请CN108196872A公开了一种区块链系统中智能合约的升级方法，通过设计一套可持续升级的机制,在解决智能合约可升级问题的同时,确保智能合约的安全性。

为了进一步提升智能合约的应用价值,申请人还对智能合约的其他方面进行了研究,表3-4-2示出了智能合约重要专利列表。

表3-4-2 智能合约重要专利

技术分支		申请年份	专利公开号	申请人	技术手段
部署	生成构建	2015	US2015379510A1	Smith Stanley Benjamin	数据变更
		2016	WO2017021155A1	英国电信	基于消费规则
			CN107784474A	深圳图灵奇点智能科技	计算机语言形式化描述
			CN107783758A	北京航空航天大学	自动生成
			CN106651303A	北京轻信科技	基于模板
			CN106681739A	樊溪电子	自动化生成
			CN206639260A	杜伯仁	不同平台统一访问
		2017	CN107342858A	武汉凤链	基于可信环境
			CN107516184A	合肥维天运通信息	电子合同多方会签
			CN106681739A	浙江大学	个性化合约
			CN107943950A	杭州区块链研究院	支持所有业务场景
			CN108052321A	杭州趣链	基于配置信息生成
	虚拟机	2016	CN106598579A	北京果仁宝	动态语言编程
			WO2017145009A1	nChain	图灵完备
			CN106951307A	钱德君	以太坊虚拟机
		2017	WO2017187398A1	nChain	逻辑门
			CN107526625A	杭州趣链	基于字节码检查
			CN107562513A	杭州趣链	基于Java语言
			CN107392619A	众安信息技术	基于Java语言
测试		2016	CN107783758A	北京果仁宝	一致性测试
			US9934138B2	IBM	应用测试
			CN106598824A	深圳前海微众	性能分析
		2017	CN107104850A	钱德君	量子链测试
			CN108073513A	富士通	重要函数参数信息
			CN107329888A	深圳前海微众	操作码覆盖率
			CN107943691A	深圳圣马歌科技	功能测试页面
			CN108053137A	邵美	智能合约排序

续表

技术分支	申请年份	专利公开号	申请人	技术手段
执行调用	2015	US2017140408A1	美国银行	透明自管理奖励
		US2016323109A1	Monegraph	动态语言编程
	2016	US2017279774A1	IBM	数据流处理成小容量
		US2017011460A1	Ouisa	通过网络管理证券
		CN106407430A	北京天德科技	阶梯桶
		US2017353309A1	微软	虚拟机引导执行
		CA2938519A1	多伦多道明银行	事件和操作间因果关系
		CN106598549A	天津米游	区块链存储代码
	2017	CN106874087A	上海钜真	定时任务调度
		CN107103054A	北京航空航天大学	与文本一致性
		CN107346482A	深圳蜂链科技	链外数据对接
		CN107346482A	无锡井通网络	跨区块异步调用
		CN107180353A	北京飞天诚信	可撤销
		CN107507005A	众安信息技术	联盟链链外数据访问
		CN107590189A	中国科学院	索引单
		CN107886006A	北京博晨	跨合约
		CN108062672A	北京泛融	流程调度
升级更新	2016	CN106709704A	杭州秘猿	直接整体更新
		CN106778329A	中国银行	模板动态更新
	2017	CN106919419A	北京智能卡	建立映射表
		CN107464148A	众安信息技术	联盟链智能合约升级
		CN108196872A	邵美	可持续升级机制
其他	2016	US2018097779A1	日本电气	识别轻客户机的事务和地址
		US2017353309A1	微软	信息验证
	2017	WO2017187395A1	nChain	控制智能合约性能
		US2018181309A1	富士通	基于容器的虚拟化
	2018	US2018197172A1	Firstblood Technologies	使用数字分类账的分散式竞争仲裁

3.5 本章小结

本章对区块链支撑技术中专利申请量比较集中的数据层、共识层和合约层的专利布局情况进行了分析,得出了如下结论。

(1) 数据层是区块链支撑技术中专利申请量最大的技术分支,中国是全球最大的技术来源地和市场。

涉及数据层的专利申请有 1058 项,最早于 2014 年开始申请,申请量于 2016～2017 年快速增长。技术角度而言,数据层是区块链最底层的技术,中国是数据层全球最大的技术来源地和目标市场,表明国内申请主体关注底层技术的研究。统计分析发现数据层的关键技术有区块数据技术、加解密技术和数据管理技术。

提高数据查询效率和查询准确性是区块数据中的主要问题。在提高数据查询效率方面,国内外申请人提出多种解决方案,2015 年最先出现的解决方案是结构化存储,2016 年国内外申请人均提出采用数据索引和分片存储方案,分片技术是将区块链分片,所对应的区块数据存储量会相应降低,这是区块链技术提高查询效率的未来发展趋势。提高数据查询准确性是区块数据中又一亟待解决的问题,在这一问题上,国内外申请人主要提出两种解决思路,一种是保证查询过程中数据的准确性,这种方法可以通过设置不同的安全等级、访问权限、可信节点等方式实现;另一种是保证区块链上存储数据的正确性。区块链上的数据一经上链不可修改,区块链可编辑技术是解决这一问题的未来发展趋势。在区块数据技术领域,各国申请人还处于研究探索阶段,未形成专利布局垄断的局面,中国申请人可以加大区块数据研究投入,抓紧完善专利布局。

提高安全性,加强隐私保护和监管是数据层加解密中的主要问题。最早的涉及提高安全性的专利申请出现在 2011 年,但是直到 2014 年,专利申请量才逐渐增多。同时,区块链完全公开透明,这样对现实生活影响非常大,限制了区块链的应用,因此申请人于 2014 年还有实现用户隐私保护的专利申请被提出。由于区块链去中心化和匿名性的特点,有可能对现有金融体系造成冲击,对政府的监管提出了严峻的考验。专利申请人也通过一些技术手段来实现监管,涉及监管的专利申请出现于 2014 年。综合来看,涉及数据层加解密技术的专利申请数量并不多,未形成专利壁垒,同时,加解密保护的策略也有一定的局限,一方面很难向非技术人员证明加密的安全性,另一方面加密算法的安全级别随着技术的进步将逐步降低。量子计算机概念的出现也使得人们开始研究在量子计算机下依然安全的密码学方案,这也是区块链加解密技术的未来的重要研究方向。

区块链中各节点对区块进行存储及同步是实现数据管理的关键技术,也是保证各节点之间数据一致性的核心所在。在解决降低节点存储压力的问题上,国内外申请人均已有相关布局,各申请人提出了多种解决方案。2015 年日本电气最早提出了区块链中的交易信息分布式存储,随后,中美申请人针对相似手段也进行了专利布局。此外,从 2016 年开始,各国申请人还提出了通过减少同步量、数据降维、数据分块等多种方式来降低节点存储压力的专利申请,为该问题开辟了新的解决思路。在提升同步效率方面,国外申请人主要采用的技术手段为全量同步以及仅同步变化的数据的变量同步。而国内申请人除了在这两方面进行专利布局之外,依然积极探索新的解决方案,如借助外部或中间数据库实现同步和通过临时通道等,这也展现了国内申请人在区块链行业积极探索的精神。

(2) 共识层专利申请以国内申请为主,区块链应用领域多样性促进共识层技术快速发展,由单一共识向混合共识演进是共识层技术的发展趋势。

随着区块链技术优势的显现,区块链技术应用前景不断拓宽,应用领域的百花齐放,促进共识层技术迅猛发展。2015 年以前,区块链技术主要应用在数字货币领域,涉及区块链共识层技术的专利申请量较少,处于萌芽期,在 2015 年以后,全球专利申请量急剧增加,尤其在 2017 年专利申请量达到了 79 项。产业化应用使区块链"链圈"迅速发展,传统的适应于数字货币的共识算法难以满足不同应用场景的具体要求,进而促进了共识层的专利申请量的增加。尽管数字货币最先起源于国外,但是共识机制并不是一成不变的,得益于区块链"链圈"在中国的迅猛发展,腾讯科技、阿里巴巴等公司都相继开发了各自的区块链底层平台。为了支撑底层平台的上层应用,新的共识算法的研发是国内申请人的一个重要发力点,因此,在全球专利申请量中,中国的专利申请量占比相当高。

共识层专利技术的申请人分散,阿里巴巴以 14 项排名第一,申请量突出,比排名第二位的 IBM 的申请量的 2 倍还要多,其余申请人的申请量差距不大,均在 3~5 项之间,这说明国内外聚焦区块链共识层技术的单位在该领域技术研发实力较为平均,尚在起步阶段,且均希望在共识层取得技术突破,形成了各种共识算法百家争鸣的现状。为了改善中国在共识层技术中多而分散的现状,应当集中国内研发力量,整合研发单位,提高研发团队的规模和能力。

各单一共识机制有各自的缺陷,例如工作量证明会造成资源浪费以及达成共识的周期过长;权益证明依据权益结余来选择,会导致首富账户的权力更大,有可能支配记账权;拜占庭容错算法的复杂度高,且复杂度随节点增加而指数级增加等。为提升效率,需在安全性、可靠性、开放性等方面进行取舍。从单一向混合转变,运行过程中支持共识机制动态可配置,或系统根据当前需要自动选择相符的共识机制,是未来的发展趋势。

(3) 随着智能合约应用场景的不断扩展,合约层受到各研发主体的广泛关注,申请量增长迅速。其专利申请人分布较为分散,没有某个申请人占据绝对优势地位。

涉及合约层的专利申请有 221 项,最早的专利申请出现于 2015 年,稍晚于数据层和共识层专利申请的出现,在 2016 年专利申请量迅速增多。究其原因,是因为智能合约应用场景的迅速扩展,导致智能合约的支撑技术广泛受到关注,并从技术上保证智能合约的正常运行。随着智能合约应用场景进一步扩展,预计涉及智能合约的专利申请会越来越多。

合约层各申请人的申请量普遍偏少，排名第一的杭州趣链和深圳市轱辘车联只有 8 件专利申请。合约层的中国专利申请共有 176 件，分布在 92 位申请人手中，每一位申请人都有机会在合约层有所作为。

合约层技术包括脚本代码和智能合约技术，其中智能合约占据了合约层专利申请的绝大多数，智能合约的安全性是一个亟待解决的技术问题，专利申请中主要从智能合约的部署、测试、执行调用和升级更新四个方面来解决上述问题。

第4章 重点技术应用专利分析

与很多传统技术不同的是，区块链技术与其应用几乎是相伴而生的。从申请趋势来看，区块链技术应用的专利申请量近几年呈爆发式增长。业内已形成的共识是区块链技术具体包括金融货币、数据权属、价值交换、共享数据以及存在性证明五个方面的应用，其中区块链应用率先在金融货币领域落地，然后逐渐向社会征信、医疗、教育、文化娱乐等多领域渗透。本章分析已有区块链重点技术应用的全球和中国专利态势，主要技术应用分支涉及的重要专利和技术发展路线，最后还对涉及技术应用类专利申请的可专利性进行分析。

4.1 重点技术应用专利态势分析

4.1.1 全球专利申请态势

本节以全球区块链技术应用的1812项专利申请为样本，分析区块链技术应用专利的具体应用场景和各个应用场景的发展趋势、国内外主要申请人的情况以及其专利申请的主要来源地。

4.1.1.1 申请趋势

对获得的全球专利申请的申请量和申请时间做统计分析，得出区块链技术应用全球专利申请量的年度分布图，如图4-1-1所示，区块链技术应用专利的发展可以分为两个阶段，2011~2013年为萌芽期，2014年至今为发展期。2011~2013年专利申请量分别为2项、1项和9项，2011年的2项申请公开号为US2013166455A1和US2013065669A1，分别涉及比特币支付和游戏系统中的比特币交易，上述两项专利申请的技术应用领域都为金融货币，不难看出区块链最早的应用场景为金融货币。2012年1项申请的公开号为US2013041773A1，领域依旧涉及金融货币，具体为拍卖中的电子货币交易。2013年共有9项专利申请，其中涉及金融货币2项、数据权属6项、共享数据1项。上述数据表明，应用领域从金融货币向共享数据和数据权属拓展，这反映出随着对区块链技术的深入研究，创新主体意识到区块链本身的技术优势，开始了对区块链技术在不同应用场景的布局。2014~2017年的发展期中，2014年为具有重要意义的一年，在这一年区块链应用专利实现了5个应用领域全覆盖，出现关于存在性证明和价值交换的专利，区块链技术应用产业初步形成。2015年的申请量首次突破百项，从2014年的47项增长至154项，增长2倍多。2016年开始，区块链技术应用专利开始迅猛增长，创新主体类型增加，美国银行、万事达、中国人民银行等老牌银行业、金融业主体专利申请势头依然高涨，Coinbase、nChain、深圳前海达闼、Coinplug 等新兴区块链主体申请人开始有大量专利申请，各大金融机构、科技企业以及资本市场开始意识到区块链技术在各个应用领域的重要性，除了在金融领域之外，也开始在公证、证据保全、版权保护、互联网资源管理、数字身份、物联网等多个其他领域进行专利布局。

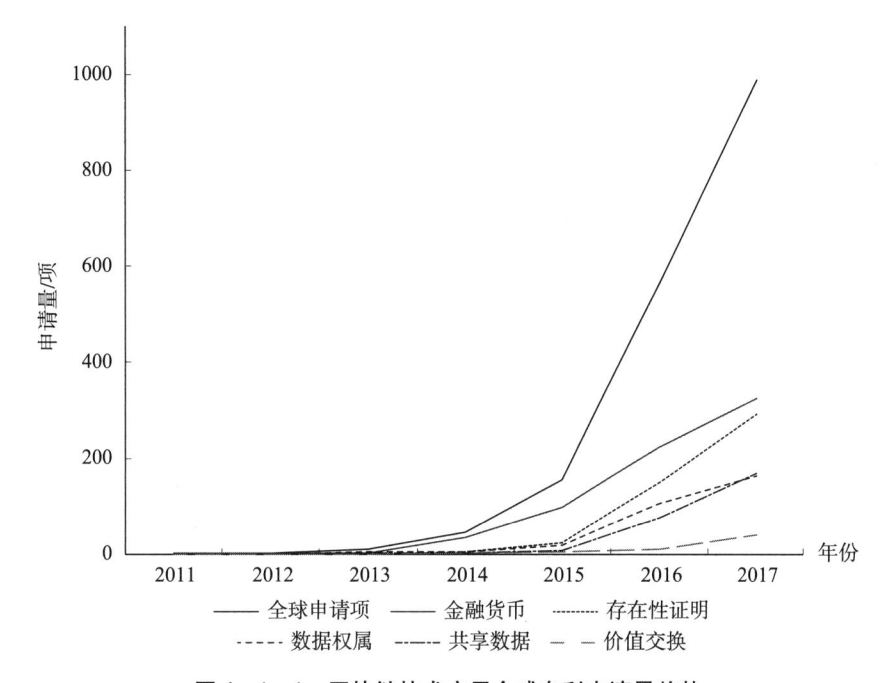

图 4-1-1　区块链技术应用全球专利申请量趋势

具体从五大应用领域来看，金融货币最早出现，逐年申请量远高于其他领域的申请量，说明其一直是各大研发主体研究的重点和热点领域，这主要是由于区块链技术脱胎于比特币系统，使其有机会为金融行业改善结算延迟以及提高交易系统的安全性。从金融数据拓展到其他方面的数据，数据权属和共享数据是第二阶段发展起来的应用领域，这主要由金融货币领域的发展衍生而来，事实上，区块链技术关心的不仅是数据的安全，而且包括数据控制的权限（参见第 3.2 节数据层专利技术分析）的共享和分配，包括对数据的修改和增加的权利，因而带来了数据权属和共享方面的应用。区块链本身具有分布式、不可篡改、可追溯等特性，随着区块链技术在金融和数据中的广泛应用，全球申请人开始把目光投向实体经济，在商品溯源、医疗、版权保护、市场交易、社交娱乐等实体经济的改造中已经开始了广泛的探索，尤其在溯源、公证、证据保全等存在性证明领域的发展更为迅速，从 2014 年开始出现相关专利，便在专利申请量上赶超数据权属、共享数据、价值交换。随着区块链技术的发展成熟，其应用场景将得到进一步的推广，预计区块链技术应用专利申请将会继续保持强劲增长趋势。

4.1.1.2　技术来源地

区块链技术应用中国专利申请量远超其他国家和地区，随后分别是美国、韩国等。

其中，中国以369项申请占据了全球申请量的46%，成为全球最大的技术来源地。虽然国内在区块链应用技术上的起步较晚，但后续随着国内申请人对区块链技术应用前景的看好，相关研发力量的投入，导致中国申请量爆发式增长，一跃成为全球申请量第一的国家。美国作为全球第二大技术来源地，同时也是最早开始区块链技术应用专利申请的国家，拥有多达295项相关专利申请，且申请人包括IBM、美国银行等国际型大公司和金融机构，研发能力强，拥有大批重要专利。由于中国、美国拥有众多互联网公司和金融机构，为区块链技术应用提供了良好的环境，可以预期在未来，中美两国在区块链技术应用上的专利申请将会继续增长。图4-1-2示出了区块链技术应用全球专利申请技术来源地分布。

4.1.1.3 技术应用构成

区块链技术最早的应用场景是金融交易，包括数字货币的支付和流通，随后将数字货币与智能合约结合，对金融领域更广泛的场景和流程进行优化，使所有的金融交易都可以被改造成在区块链上使用，包括股票、私募股权、众筹、债券、对冲基金和期货、期权等金融衍生品。随后是超越货币和金融范围的泛行业去中心化应用，例如在医疗、政府、科学、文化、教育和艺术等领域的应用。随着区块链技术的继续发展，其应用场景还在不断扩展。通过统计分析区块链技术目前的应用场景，可以把区块链技术应用总结归纳为：金融货币、数据权属、价值交换、共享数据以及存在性证明五个大的应用场景。

如图4-1-3所示，区块链技术应用专利申请主要包括金融货币、存在性证明、数据权属、共享数据以及价值交换五个方面，分别占据38%、27%、17%、14%、4%的份额，其中可以看出，金融货币是全球区块链技术应用中申请量最大的应用场景，这与区块链最早的应用场景为数字货币有着密切的关系，除此之外，由于区块链技术不仅可以解决金融领域中的信任问题，其可靠性、实时性、容错性、不易出错性、追溯性等还可以重构金融业务秩序，因此，金融领域的应用成为区块链技术应用专利布局最早最大的应用场景。除了金融货币应用场景之外，其余的存在性证明、数据权属、共享数据与价值交换也占据了一定比例的份额，这表明，区块链技术应用的场景正在不断扩大，而不再仅仅局限于单一的金融货币应用场景。

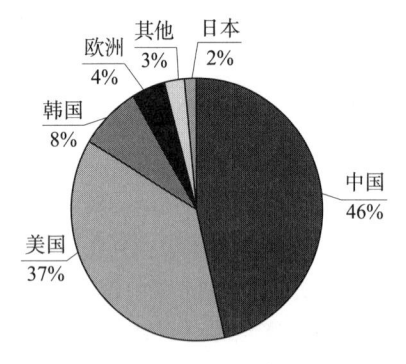

图4-1-2 区块链技术应用全球专利申请技术来源地分布

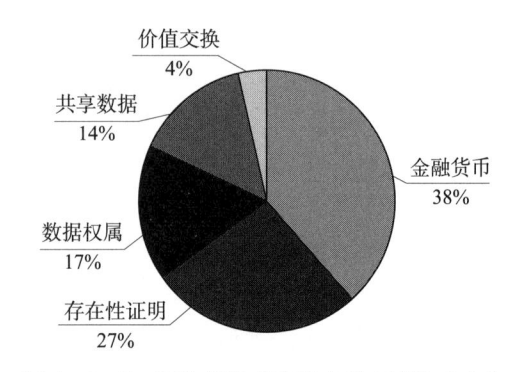

图4-1-3 区块链技术应用全球专利构成分布

金融货币应用分支主要涉及数字货币支付、交易清算、资产管理、区块链钱包等细分领域,其中交易清算是金融货币中较为常见的应用场景,由于利用区块链技术交易能够跨过中介直接发起,可以简化结算和清算环节,实现实时结算和登记,大大提高交易清算的效率,区块链应用在该领域的专利申请备受各大电商和金融机构的青睐。共享数据应用分支可以细化为互联网、物联网、供应链、物流等。近年来,随着网上购物、生鲜派送的不断发展,对货物的来源、贮存、保鲜等环节的要求不断提高,而基于区块链的供应链、物流产业可以避免中心化的商家随意篡改货物信息,货物的生产、运输等环节一一上链,使货物的安全和质量得到保障。存在性证明应用场景主要涉及防伪、溯源、追踪、公证、医疗、健康、版权保护等领域。数据权属应用场景主要涉及数字身份、互联网资源管理、通讯工具、平台构建等,价值交换应用场景主要涉及市场服务、数据信息交易、社交影音、内容变现等。

综上,金融货币、存在性证明、共享数据是目前区块链技术应用最广泛、相关专利申请布局占比较大的三个应用分支,因此在后续第 4.2~4.4 节将对上述三个分支进行详细分析。

4.1.1.4 主要申请人

对全球区块链技术应用相关专利的重要申请人进行统计分析,图 4-1-4 为该技术领域国内外前十位申请人申请量的排名情况。从图中可以看出,Coinplug 以 48 项专利申请位于全球首位。在全球申请量前十的申请人中,主要涉及的为金融机构(例如中国人民银行、美国银行、万事达卡)以及互联网、物联网等领域的高科技企业。美国申请人与中国申请人占据多个名额,由此可见,申请量前十的申请人主要分布在美国、中国,与图 4-1-2 中区块链技术应用专利的主要技术来源地保持一致。各企业专利申请量的排名在一定程度上反映了企业技术创新能力和对该技术的

申请人	申请量/项
Coinplug	48
万事达卡	32
美国银行	29
IBM	29
布比网络	20
中国人民银行	17
江苏通付盾	17
杭州云象网络	16
英特尔	10
The Toronto-Dominion Bank	10

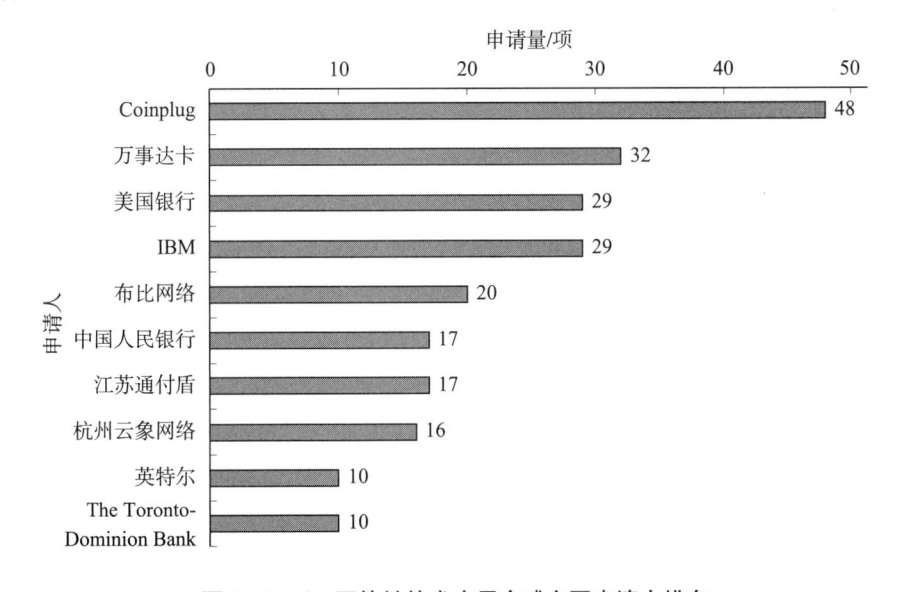

图 4-1-4 区块链技术应用全球主要申请人排名

注:图中数据截至 2016 年 12 月 31 日。

重视程度。结合全球专利申请人排名，课题组得出这样的结论，即国内创新主体对于区块链的关注程度和研发热情较高，反映出国内创新主体对区块链产业的市场和前景抱有充足的信心。

针对全球申请量前五的重要申请人在区块链技术应用上的分布进行数据统计分析，得到图4-1-5。从图中可以看出，全球申请量最大的申请人 Coinplug 的区块链技术应用的专利主要分布于存在性证明分支，在数据权属以及金融货币上也有一定数量的专利布局，其除了与韩国各大银行合作外，还提供身份认证、供应链金融等服务；万事达卡区块链技术应用的专利主要分布在金融货币分支，在其他四个应用分支上几乎为零，这与其本身为金融机构有着密切关系。由此可见，申请量前两位的申请人都根据自身的业务有针对性地进行了专利布局。与之相比，美国银行、IBM、布比网络则相对较为全面地在区块链技术应用的各个方面都有专利布局。

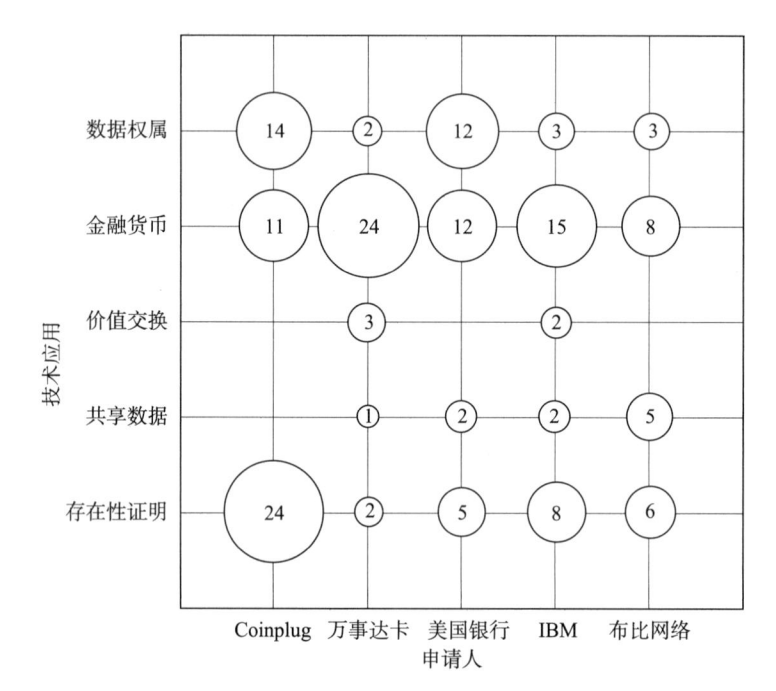

图4-1-5 区块链技术应用全球主要申请人专利布局分布

注：圈中数字表示申请量，单位为项。

4.1.2 中国专利申请态势

4.1.2.1 申请趋势

对中国的区块链技术应用专利申请的申请量和申请时间做统计分析，得出区块链应用技术中国专利申请量的年度分布图（图4-1-6）。为了进一步分析对比中国专利与全球专利在申请量趋势上的相互关系，图4-1-6示出了全球/中国各年度的专利申请量以及各年度中国专利申请占全球专利申请的比例。

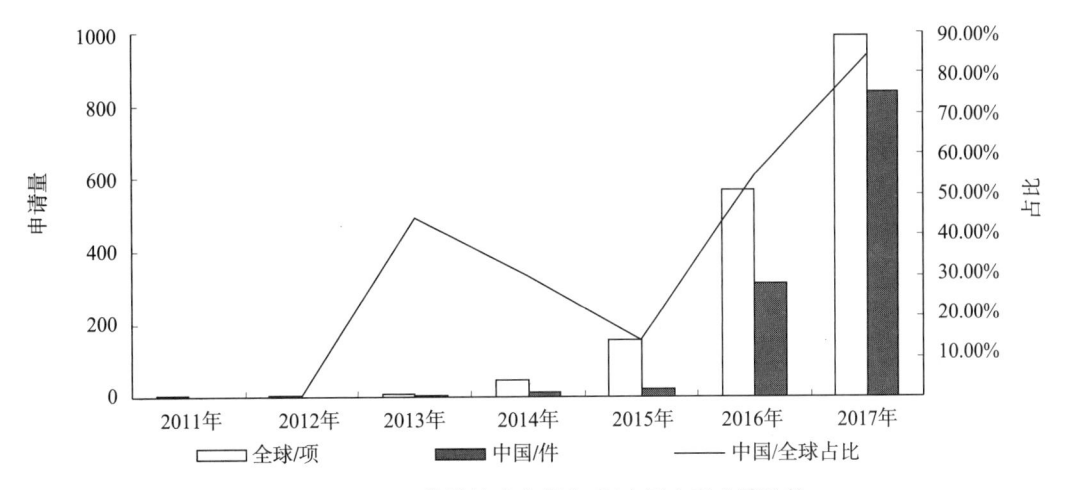

图 4-1-6 区块链技术应用全球/中国专利申请趋势

从图 4-1-6 中可以看出，区块链技术应用在中国的发展趋势。审视全球区块链技术的发展，可以发现早期的专利申请都是国外申请，中国在区块链技术应用上的相关布局起步较晚，相关专利在 2013 年开始申请，较全球布局晚两年。2013~2015 年是区块链技术应用发展的起步阶段，申请量较少，但随着国内对区块链技术的深入研究，从 2016 年开始，有关区块链技术应用的专利申请量陡增，中国专利申请在全球专利申请的占比也在逐渐增加，充分说明国内各大金融机构和科技企业开始重视区块链技术在各个领域的应用并开始在相关领域的专利布局。区块链有望推动中国经济体系实现技术变革、组织变革和效率变革，为构建现代化经济体系做出重要贡献。

4.1.2.2 技术应用构成

国内区块链技术应用的专利申请也主要包括金融货币、存在性证明、数据权属、共享数据以及价值交换五类应用场景。通过对国内专利申请进行数据统计分析，得出上述五类区块链技术应用场景的数量占比图，如图 4-1-7 所示，金融货币、存在性证明、数据权属、共享数据以及价值交换分别占据 35%、29%、16%、17%、3% 的份额。五类应用专利的占比与全球专利申请的状况大致相同，但相较于全球专利申请，国内申请中金融货币与存在性证明两个应用场景的占比较为接近，其原因在于国内对物品防伪、监管公益、公证、版权保护等方面的迫切需求，导致国内申请了大量将区块链应用于存在性证明场景的专利。存在性证明、数据权属、共享数据与价值交换也占据了一定比例的份额，这表明国内区块链技术应用的场景与全球发展保持一致，正在不断扩大应用场景。

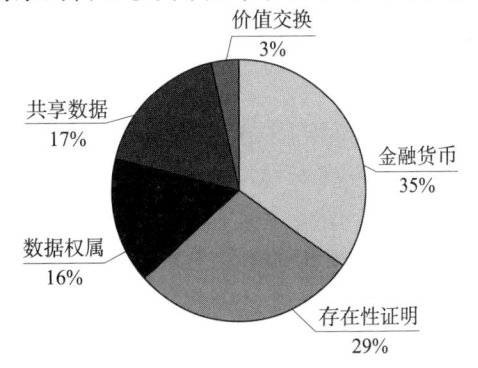

4.1.2.3 主要申请人

对国内区块链技术应用相关专利的重要

图 4-1-7 区块链技术应用中国专利构成分布

申请人进行统计分析，图4-1-8为该技术领域国内前15位重要申请人申请量的排名情况。从图中可以看出，中国人民银行以50件专利申请位于首位，第2~15位分别是：电子科技大学、杭州云象网络、布比网络、中链科技、阿里巴巴、深圳市轱辘车联、上海唯链、江苏通付盾、杭州复杂美、中国联通、中国科学院、腾讯科技、北京云知科技、迅鳐成都科技。其中，杭州云象网络、布比网络、中链科技、上海唯链、北京云知科技、迅鳐成都科技均为近年来成立的主营区块链相关技术的公司。可见，区块链技术及其应用拉动了一批初创公司的建立。

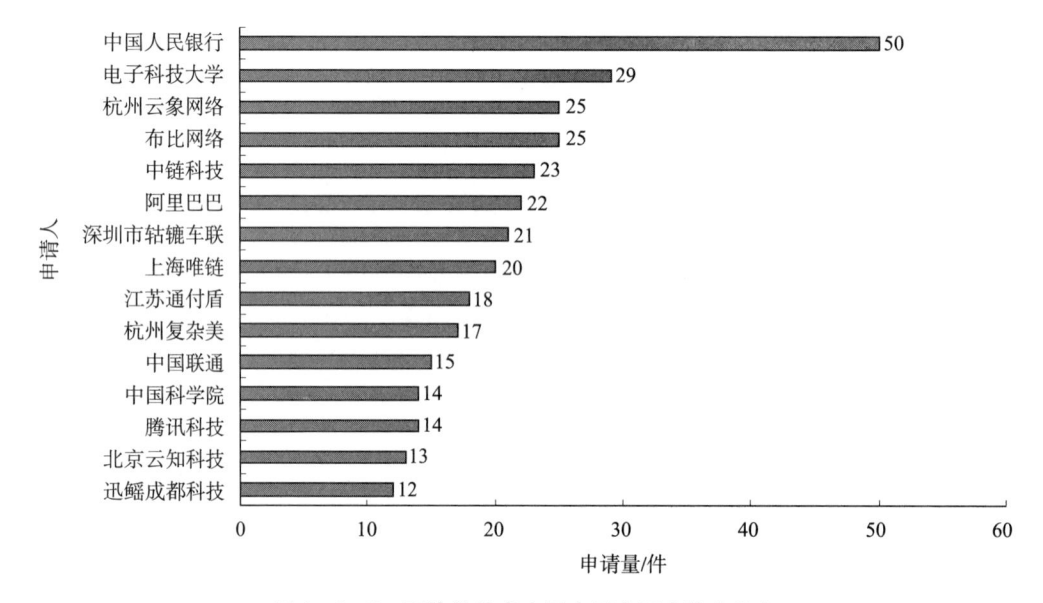

申请人	申请量/件
中国人民银行	50
电子科技大学	29
杭州云象网络	25
布比网络	25
中链科技	23
阿里巴巴	22
深圳市轱辘车联	21
上海唯链	20
江苏通付盾	18
杭州复杂美	17
中国联通	15
中国科学院	14
腾讯科技	14
北京云知科技	13
迅鳐成都科技	12

图4-1-8 区块链技术应用中国主要申请人排名

在国内申请量前15的申请人中，由于区块链技术应用最早最广泛的领域为金融货币，所以中国人民银行的申请量较其他国内申请人有较大优势，但除中国人民银行、电子科技大学、中国科学院外，其余国内申请人都为高科技企业。其中，杭州云象网络、布比网络、中链科技、上海唯链、北京云知科技、迅鳐成都科技均是专注于区块链产业的科技公司，国内大量专注于区块链产业的科技公司的涌现充分说明国内对区块链技术应用较为重视并集中了大批区块链技术的研究力量，这为中国今后在全球区块链技术应用领域占有一席之地打下了良好的基础。

4.2 金融货币技术应用专利分析

目前，中国区块链技术持续创新，区块链产业初步形成，开始在供应链金融、征信、产品溯源、版权交易、数字身份、电子证据等领域快速应用。区块链技术具备分布式、防篡改、高透明和可追溯的特性，非常符合整个金融系统的业务需求，因此目前已在支付清算、信贷融资、金融交易、证券、保险、租赁等细分领域落地应用。

利用区块链技术，结合物联网和工业互联网技术应用并基于新型供应链金融模式的推动，大量交易信息已经开始由线下转向链上，企业的管理系统和机器设备的联网率开始提升，数字资产成为企业资产的重要组成部分，实体产业的商业模式也将实现前所未有的深度变革。区块链技术在金融领域可以涉及多个方面，对提高金融交易的可信度、安全度以及提升数字货币支付领域的可靠性、稳定性都有积极的促进作用。因而，越来越多的企业与科研机构开始着手在金融货币技术领域布局相关区块链专利，创造出更多样化的金融、科技产品，以推动这一领域的快速发展。

基于此，本节重点分析金融货币技术应用方面的专利申请，选取了区块链技术在金融货币方面的8个应用，深入分析各个国家或地区在此方面的专利申请、布局趋势。

4.2.1 全球专利态势

本节以696项金融货币全球专利申请为样本，分析了区块链在金融货币技术应用领域的国内外申请现状和趋势，挖掘了本领域主要的申请国家或地区，探求各国对区块链金融领域的研究状况及相关进展。

4.2.1.1 申请态势

对获得的全球专利申请的申请量和申请时间做统计分析，得出金融货币技术应用全球专利申请量的年度分布图，如图4-2-1所示，区块链金融货币技术应用领域的全球申请量趋势反映出了各国家或地区对这一领域的技术应用创新、发展的趋势。

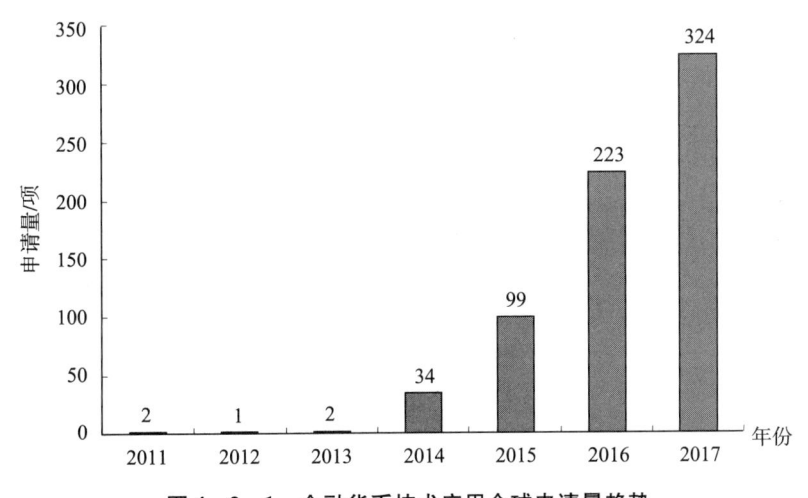

图4-2-1 金融货币技术应用全球申请量趋势

从图4-2-1可以看出，2014年以前专利申请量较少，处于起步阶段，大部分专利申请在2014年之后，2014年区块链金融货币技术应用领域的相关专利申请已经达到了34项，并且在2015年达到了99项，此后呈逐年递增的趋势，直到2017年该领域的专利申请已经突破了300项，达到了324项。从这些数据可以看出，各国家和地区对于区块链在金融货币技术领域的应用一直有较大的热情，特别是在近年，随着信息技术的高速发展，金融业等其他行业与区块链、互联网、大数据、云计算领域的交叉融合、共同发展已成为现代信息技术和金融领域发展的趋势。

从图 4-2-2 可以看出，2014~2017 年，在金融货币技术应用领域中，交易和清算、资产管理和数字货币支付等方面的发展较为迅猛，在 2017 年交易清算这一应用分支的申请量达到了 163 项，同年，资产管理、数字货币支付两个分支的申请量也分别达到了 78 项与 46 项。从近年的发展趋势来看，数字货币支付、交易和清算是区块链金融货币应用最早、最传统的领域，资产管理、区块链钱包等将是接下来金融科技创新的核心方向。

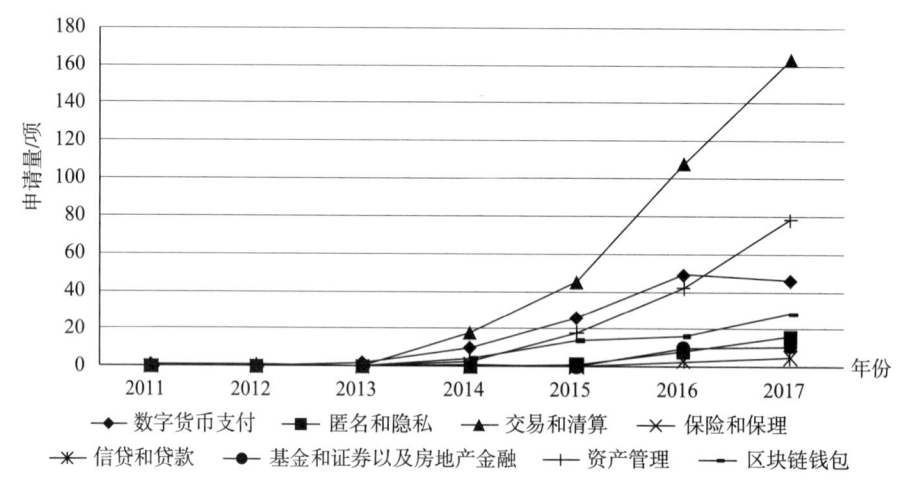

图 4-2-2 金融货币技术应用各分支全球申请量趋势

4.2.1.2 应用构成

金融货币技术应用主要集中在支付清算、数字货币支付、资产管理、信贷融资、金融交易、证券、保险、信贷贷款等细分领域。如图 4-2-3 所示，其中涉及交易和清算的专利申请量占到了 47%，涉及数字货币支付、资产管理的专利申请占比分别为 19% 和 17%。可见，在金融货币领域，区块链技术主要应用于交易和清算、数字货币支付以及资产管理。

区块链技术伴随比特币应用而生，比特币也成为区块链技术最早、最典型、最成熟的应用。在比特币交易过程中，节点获得 6 个（系统规定约定为 6 个）确认后，交易被不可逆转地确认。为了鼓励各节点参与交易的验证和区块的包装，系统对于首先完成验证及区块包装的节点给予一定数量比特币的奖励，这样的机制可以确保交易的有效性，使得交易清算的过程更加透明并更可溯源，因此，对于交易和清算这一应用分支的

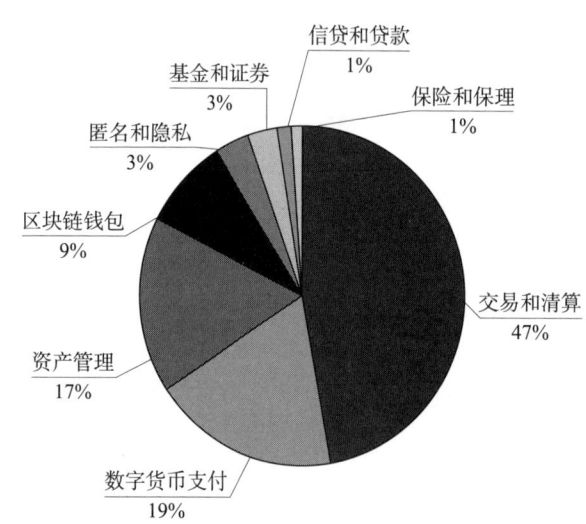

图 4-2-3 金融货币全球专利技术应用构成

研究各方都投入了较大的关注，各方也更加注重对此应用分支的专利布局与保护，该应用分支的申请量因而也占到了金融货币技术应用的将近半数。2011 年出现了关于比特币支付的专利申请，美国专利 US2013166455A1 公开了在交易中采用公钥和私钥对比特币进行加密，成为了区块链金融货币应用的开端。

另外，在资产管理与数字货币支付几个金融领域的应用分支，国内外申请人也给予了较多的投入。国内方面，中国人民银行印发了《中国金融业信息技术"十三五"发展规划》，明确提出积极推进区块链、人工智能等新技术应用研究并组织进行国家数字货币试点，政策的扶植促进了该应用分支领域的发展，从一定程度上使得该分支的申请量占比较大。国外方面，已经有专门的比特币第三方支付公司，类似国内的支付宝，可以提供 API 接口服务。

在区块链钱包、匿名和隐私、基金和证券、信贷等其他领域，专利申请的数量占比相对较小，均不超过 10%，这也与区块链技术在金融货币技术应用领域的发展趋势相吻合。虽然这几个分支占比相对较小，但是每一种技术从引入到成熟都存在相应的过程。国内外的金融、科技行业对此领域的应用仍在积极尝试，例如在美国，网络个人借贷的潜在市场规模高达 3.2 兆美元，庞大的市场也为区块链应用于此领域的发展提供了良好的机遇。

4.2.1.3 技术来源地

金融货币技术应用的专利申请有 44% 来源于中国，其次有 42% 来源于美国，中美两国仍占据着该领域申请量前两位的位置。由于中国区块链相关的申请主体不断扩大，企业各界更加认识到知识产权在技术创新中起到的重要作用，因而在中国，区块链金融货币技术应用领域的专利申请量日益增多。韩国、欧洲以及日本等国家或地区也分别递交了一定数量的申请，区块链技术依然是各国群体智慧、互联网思维的技术体现。图 4-2-4 给出了区块链金融货币技术应用领域申请的主要来源地占比。

全球主要申请地区块链金融货币应用专利布局如图 4-2-5（见文前彩色插图第 4 页）所示。

从图 4-2-5 可以看出，中国和美国布局均较为全面，中美两国的重点布局对象均是交易和清算、数字货币支付、资产管理以及区块链钱包，上述应用也是区块链技术最早的应用领域，这些领域的具体应用

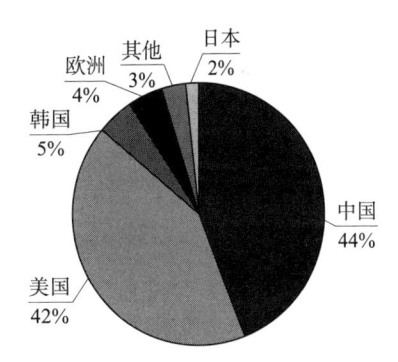

图 4-2-4 金融货币技术应用全球专利申请技术来源地

将在本节中根据图 4-2-11 进行说明。除上述 4 种应用场景外，中国也较为关注匿名和隐私、基金和证券、保险和保理、信贷和贷款，这是因为中国近年来社会经济水平不断提升，市民更加关注自身经济情况的保密以及家庭财务相关的投资。2014 年 7 月，美国纽约州公布了监管比特币和其他数字货币的提案，提案提出要在纽约州开展试验活动，从事数字货币的买卖、存储或者兑换的公司必须要申请许可证。2016 年 2 月时任中国人民银行行长周小川指出"数字货币必须由央行发行，区块链是可选的技术"。

可见，中美两国就区块链在金融领域的研究和应用已提供政策支持，与两国在专利布局上的大量申请和布局相符。美国在其他分支上也做了相应的布局，但布局的强度落后于中国，这一现象很可能是由于国外申请的公开时间较晚，所以中国申请人不能放松警惕，应尽早完善布局。由图4-2-4可以看出，韩国和欧洲在金融货币应用领域的申请量仅次于中美，分列第三、四位。韩国对于区块链行业的态度比较积极，尤其体现在金融方面。2016年9月，韩国首个区块链联盟诞生，该联盟由韩国金融投资协会领导，众多金融机构和金融技术公司参与。韩国央行公布的《2017支付报告》也宣布了其"无现金社会"的试点计划，其已开始探索区块链和加密货币的潜在应用，与韩国在数字货币支付、交易和清算、区块链钱包、资产管理、基金和证券领域的专利布局相吻合。在欧洲地区，英国政府2016年1月19日发布了一份关于区块链技术的重要报告《分布式账本技术：超越区块链》，其中提到英联邦正在探索类似于区块链技术的分布式账本技术在传统金融行业的潜力，从检索结果来看，英国在数字货币支付、交易和清算、资产管理方面已经取得了一些研究成果。

4.2.1.4 主要申请人

区块链金融货币技术应用领域的全球主要申请人如图4-2-6所示。万事达以24项专利申请排名第一，中国人民银行以16项专利申请稳居第二。2016年1月20日中国人民银行宣布争取早日发行数字货币，央行表示：数字货币体系的建立十分必要，未来，数字货币将在长时间内与现金并行、逐步替代；作为法定货币的数字货币必将由央行发行，并通过技术、法律等手段保障其安全性；区块链技术是一项可选的技术，央行已部署重要力量探讨其应用。目前，央行数字货币尚处于构想与研发阶段，暂无推行时间表。然而，数字货币具有成本低和流通安全性高的显著优点，从专利申请数量可以看出，央行将合理应用创新技术，解决这一领域相关问题。

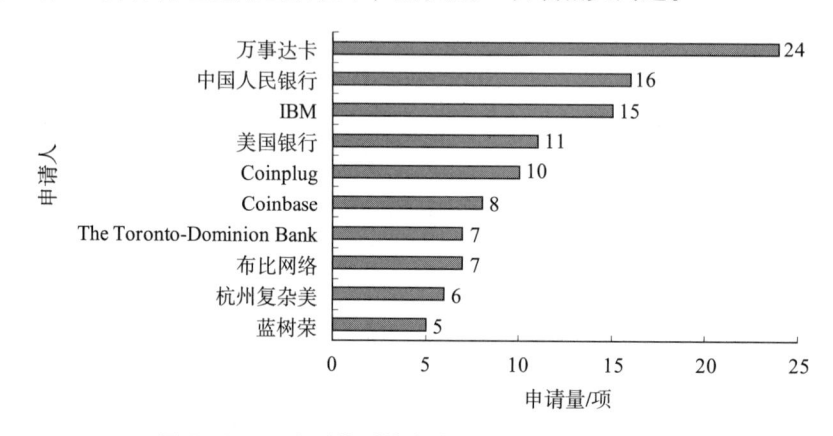

图4-2-6 金融货币技术应用全球主要申请人排名

从图4-2-6中还可以看出，排名在前十位的申请人中有4位来自中国，可见，中国政府、企业各界对区块链在金融货币技术应用领域投入了较大的关注，值得注意的是一些新兴的互联网金融科技企业，它们发展也极为迅速，比如布比网络。布比网络是一家技术及行业解决方案提供商，主打产品为布比区块链金融服务平台，截至2018

年 2 月底该平台已有上线机构 17 家,正在进行技术对接的机构超过 20 家。布比网络在专利申请方面有一定投入,在金融货币技术应用领域共有 9 项专利申请。此外,随着国际各大领先金融机构组建了 R3 CEV 和 Hyperledger 这样的区块链技术应用联盟,国外申请人对金融货币技术应用领域的专利申请也有一定的数量,万事达卡、IBM 在近年分别递交了 25 项与 15 项关于金融货币的申请,国际金融机构、互联网技术公司对区块链在金融货币领域的技术应用也积极布局。

4.2.2 中国专利态势

从全球申请量来看,中国在区块链金融货币技术应用领域的专利申请量增长迅速,从图 4-2-7 可以看出,2016 年起,中国应用于该领域的专利申请数量呈爆发式增长,区块链金融货币技术应用专利申请数量已超过 100 件,到 2017 年中国的申请量已达 260 件,这与中国的相关政府部门、企业和研究机构等不断加大对区块链技术的关注和投入力度密切相关。

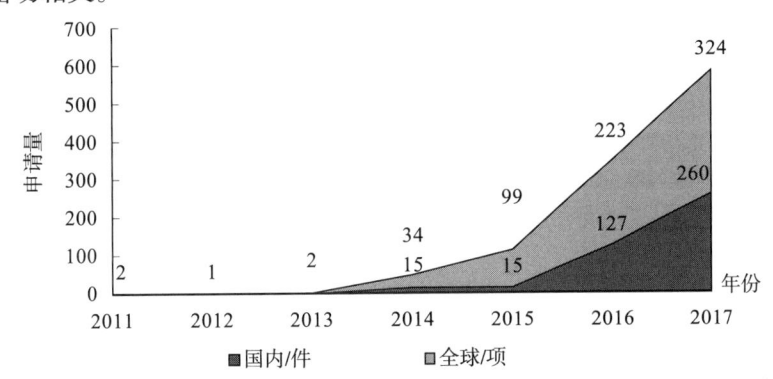

图 4-2-7 金融货币技术应用全球/中国申请量随年份变化趋势

4.2.2.1 申请趋势

中国在区块链金融货币技术应用领域的研究起步稍晚。如图 4-2-8 所示,2013 年开始有专利申请,但是中国在此领域的申请量近年来迅速提升,从 2014~2015 年每年不超过 20 件的申请量跨越到 2016 年的 127 件,在 2017 年则达到了 260 件,全球申请量占比已超过 50%,可见国内各界对于这一领域的发展投入了广泛的关注,也说明金融货币是区块链最具发展前景的应用领域之一。

4.2.2.2 应用构成

中国在区块链金融货币技术应用领域专利申请的构成基本与世界范围相同。由图 4-2-9 可以看出,交易和清算占比全部申请的 47%,匿名和隐私方面的专利申请占比为 5%,对比图 4-2-3 可以看到其高于全球范围内的占比(全球范围内为 3%),这可能与国内近年来个人注册信息、隐私信息频繁被曝出泄露有关。由于在信用信息数据泄漏层面,区块链使用独特的加密技术(参见第 3.2.4 节关键技术—加解密技术),帮助用户确立自身隐私资料的保密,杜绝用户基本信息的外流。也可以看出,国内申请人更多期望区块链技术可以应用于保障金融交易的安全性,努力拓展新的领域方面的应用。

图 4-2-8 金融货币技术应用中国申请量趋势

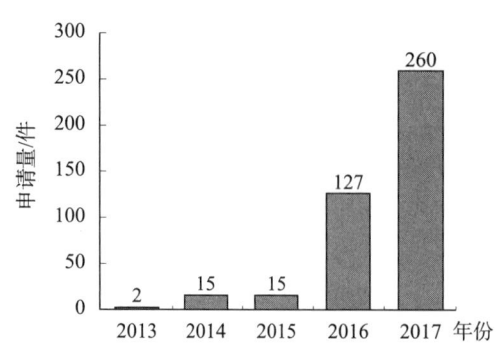

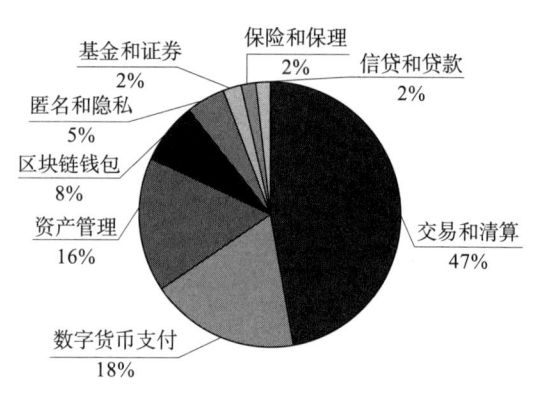

图 4-2-9 金融货币中国专利技术应用构成

4.2.2.3 主要申请人

国内专利申请人对区块链在金融货币技术应用领域的技术创新很关注。从图4-2-10可以看出，国内方面，区块链金融货币技术应用领域的主要申请人主要集中在中国人民银行以及各互联网金融科技公司。

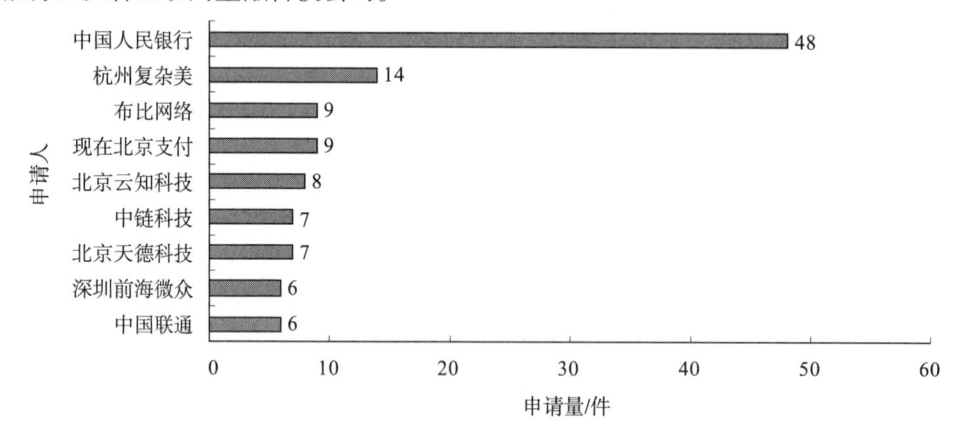

图 4-2-10 金融货币技术应用中国主要申请人排名

国内专利申请人对区块链在金融货币技术应用领域的技术创新仍非常关注。R3 CEV 是目前世界上知名度最高的区块链联盟之一，联盟成员由超过 40 家全球顶级金融机构组成，而随着 2016 年中国平安加入 R3 联盟，中国机构在该联盟中不再缺席，这同时也拉动了国内企业、机构对区块链金融行业的参与度，国内很多创新企业都制定了区块链发展白皮书，越来越多的企业递交了相关专利申请，研究、开发形成具有自主知识产权的创新技术。比如，杭州复杂美提出一种跨链数字债权交易的方法（CN107424073A），解决了票据作假、一票多卖等债权问题，提高了债权流转的高效性和安全性；现在北京支付公司针对线上电商类服务平台和线下支付服务商涉嫌二清的问题给出了一种解决方案（CN107358417A），先知系统监听到区块链上的交易请求之后，将交易请求发送到商业银行、银联或者三方公司的交易系统，最后进行清算，如此经过商业银行、银联或者三方公司的交易系统的备案，能够实现精准、及时和更多维度的监管。

4.2.3 金融货币技术应用专利分析

区块链技术公开和不可篡改的属性为去中心化的信任机制提供了可能,各类数字货币和金融资产均可以被整合进区块链账本中,成为链上的数字资产,在区块链上进行存储、转移、交易,使其在金融领域的应用前景广阔。

根据专利内容的应用场景特点和代表性,结合专利内容可行性,笔者筛选了金融货币技术应用的重要专利,而通过梳理金融货币技术应用的重要专利可以获得金融货币应用的发展路线图,下面将结合图4-2-11以及表4-2-1~表4-2-8就各金融货币应用的发展逐一进行介绍。

表4-2-1 数字货币支付重要专利列表

应用分支	申请年份	公开号	申请人	应用场景
数字货币支付	2011	US2013166455A1	Feigelson Douglas	比特币支付
	2013	US2015039470A1	Richard R. Crites	P2P网络数字货币支付
	2014	US2015302400A1	Ebay	基于信誉的加密数字货币支付
		CN105787724A	北京花果信息技术有限公司	比特币支付
	2015	US2017161729A1	Leadot Innovation	货币兑换
		CN105141613A	浪潮	数字资源支付
		EP3091492A1	万事达卡	电子货币直接转账
		WO2017006136A1	巴克莱银行公开有限公司	创建数字货币
	2016	US2017132630A1	美国银行	基于用户-别名映射的货币支付
		CN107230067A	中国人民银行	现金兑换数字货币
		US2018053161A1	IBM	跟踪货币支付
		CN108090752A	深圳银链	数字货币充值
	2017	CN107392604A	中国人民银行	数字货币兑换存款
		US2018108010A1	沃尔玛百货有限公司	商品购买和快递支付
		CN108090761A	杭州云象网络	代币支付
		US2018174122A1	沃尔玛百货有限公司	货币支付

表4-2-2 交易、清算重要专利列表

应用分支	申请年份	公开号	申请人	应用场景
交易和清算	2011	US201365669A1	IGT	游戏系统中比特币交易
	2012	US201341773A1	Randall Frank Muse	拍卖中的电子货币交易
	2013	WO201524129A1	Trent Lorne Mcconaghy丨Mcconaghy Maria	交易和确认艺术品所有权
	2014	US2015363777A1	美国银行	交易中可疑用户告警
		US2015262168A1	Coinbase	即时汇兑比特币交易
		US2015363783A1	美国银行	数字货币交易中风险检测
		WO2015144971A1	诺基亚	交易中的设备授权验证
	2015	US2015262140A1	Coinbase	比特币交易奖励内容创建者
		US2016342978A1	万事达卡	比特币交易根据授权确定修改交易消息
		US2017124647A1	芝加哥商业交易所	数字货币期货交易

续表

应用分支	申请年份	公开号	申请人	应用场景
交易和清算	2015	CN105488675A	布比网络	使用多条副链交易
		20170132625A1	万事达卡	货币交易
		US2017178127A1	IBM	多租户交易数据库代理
		US2017148016A1	万事达卡	存储交易金额、货币代码和发票标识符的数据元素来确认电子交易
		US2017132625A1	万事达卡	分布式数据库交易记账
	2016	CN107240010A	中国人民银行	数字货币兑换
		US2017323294A1	万事达卡	即时交易保障
		US2017357966A1	万事达卡	缩短交易对账时间
		US2018131706A1	IBM	交易删除
		CN106797389A	深圳前海达闼	物品分链交易
		CN106934623A	中国银联	交易账户完整性检查
		CN106339939A	南京喜玛拉云	安全硬件的不可篡改分布式账单
		CN106097030A	北京太一云	交易记录
		KR101694455B1	Coinplug	交换或汇出基于区块链的虚拟货币
		CN106504091A	上海亿账通	货币交易
		CN105761146A	杭州复杂美	交易撮合
		JP2017204070A	NTT	数字货币交易
		CN106506146A	北京瑞卓喜投	交易信息校验
		CN106452727A	中国银联	比特币交易
		JP6224283B1	三井住友银行	智能合约构建托管结算
	2017	CN107369084A	中国人民银行	银行间数字货币的结算
		CN107369083A	中国人民银行	银行间数字货币的结算
		CN107358417A	现在北京支付	交易监管
		CN107424073A	杭州复杂美	跨链数字债权交易
		US2018101844A1	Coinplug	电子代金券交易
		US2018082294A1	万事达卡	交易修改
		CN108171489A	深圳前海微众	提高数据对账清算安全性
		CN107248076A	北京天德科技	跨链交易
		CN108022090A	深圳前海微众	清算结算
		CN107358424A	中国人民银行	数字货币交易
		CN107392603A	中国人民银行	数字货币交易
		CN107392751A	中国人民银行	结算清算
		US2017366357A1	Bank New York Mellon	交易记账
		WO2017178956A1	nChain	数字货币交易

第4章 重点技术应用专利分析

类别	2011年	2012年	2013年	2014年	2015年	2016年	2017年
数字货币支付	US2013166455A1 Feigelson Douglas 比特币支付		US2015039470A1 Richard R. Crites P2P网络数字货币支付	US2015302400A1 Ebay Inc. 基于信信的加密数字货币支付	EP3091492A1 万事达卡电子货币直接转账; US2017161729A1 Leadot Innovation 货币兑换	CN107230067A 中国人民银行 现金兑换数字货币; CN108090752A 深圳云象数字货币充值	CN107392604A 中国人民银行 数字货币兑换存款; CN108090761A 杭州云象网络 代币网络支付
交易和清算		US2013041773A1 Randall Frank Muse 拍卖中的电子货币交易	US2013065669A1 IGT 游戏系统中比特币交易	WO2015024129A1 Trent Lorne Mcconaghy; Mcconaghy Marie 交易艺术品所有权; US2015262168A1 Coinbase 即时汇兑比特币交易; US2015363783A1 美国银行 交易中风险检测	US2015262140A1 Coinbase 比特币交易奖励内容创建者; US2016342978A1 万事达卡 比特币交易根据授权确定修改交易消息; US20171124647A1 芝加哥商业交易所 数字货币期货交易; CN105488675A 布比网络 使用多条副链交易	US2018131706A1 IBM 交易删除; CN106934623A 中国银行 交易账户完整性检查; CN106797389A 前海达闼 缩短交易对账时间; US2017357966A1 万事达卡 缩短交易对账时间	JP6224283B1 三井住友银行 智能合约托管结算; CN107369084A 中国人民银行 银行间数字货币结算; CN107358417A 现在北京支付 交易监管
资产管理			CN107491964A 湖南搜云网络 数字资产兑换	US2017206523A1 Cable Television Laboratories 捕获数字资产加密后存储	US2017316391A1 Digital Asset Holdings 数字资产建模; CN106655474A 布比网络 通过高速通道进行资产转移; KR101784197B1 Elmin Ventures 基于区块链资产捐赠	CN106780032A 杭州云象网络 多链场景下的区块链间资产转移; WO2017195164A1 nChain 使用区块链验证数字资产的所有权; CN108171609A 中链科技 不同类型数字资产互通互用; US2018108089A1 IBM 在区块链上实现数字资产登记和跟踪	US2017246693A1 The Toronto-Dominion Bank 跟踪数字资产转移; US2017243214A1 美国银行 分布式网络跟踪资源转移; CN106130728A 北京太一云 基于区块链的数字资产登记; CN107611079A 北京云知科技 资产共享; US2018101844A1 Coinplug 电子代金券交易; CN108171489A 深圳前海微众 数据对账清算安全性; US2018096163A1 亚马逊 基于区块链的资产跟踪

图 4-2-11 金融货币技术专利应用发展路线

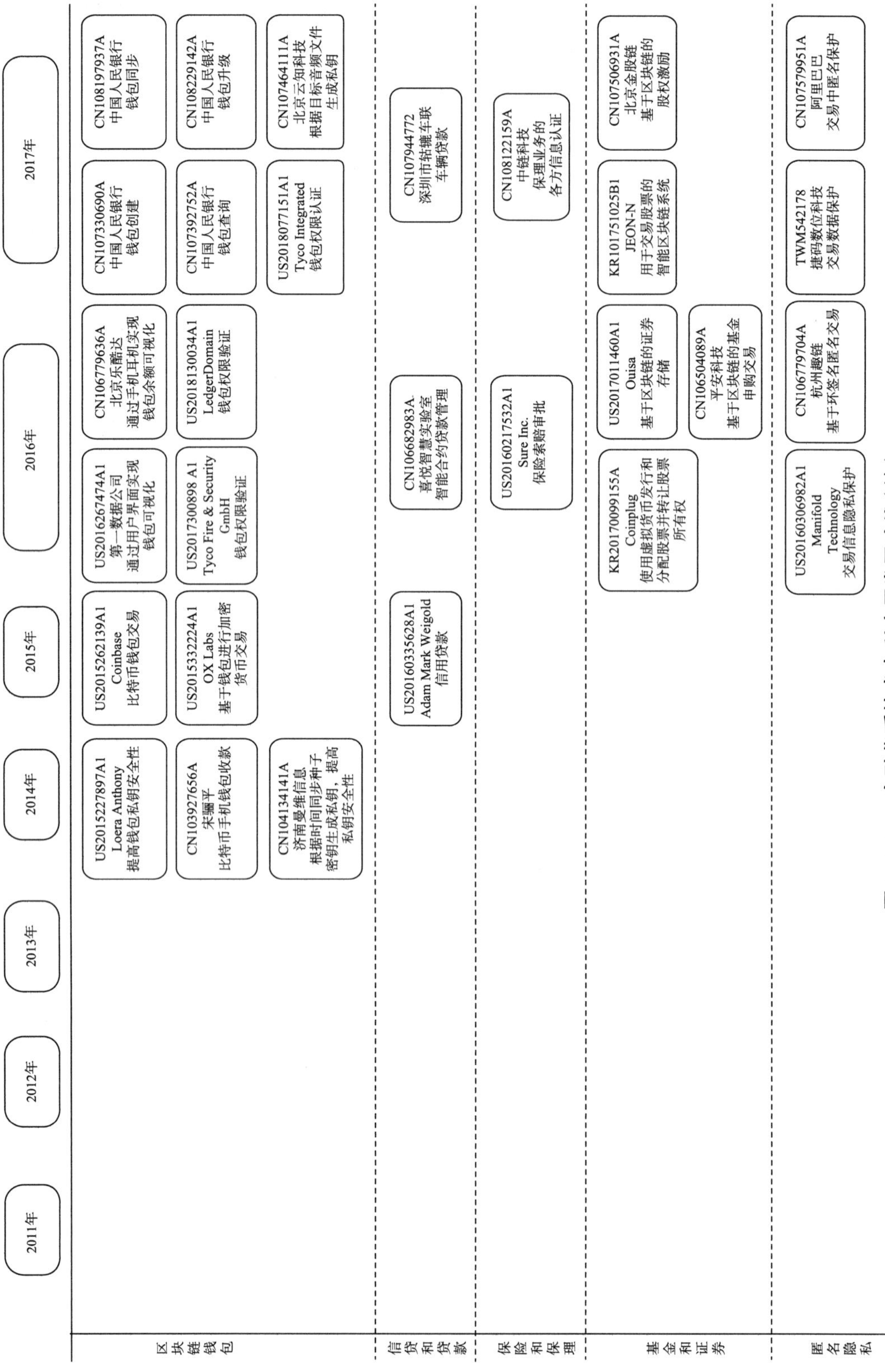

分类	2011年	2012年	2013年	2014年	2015年	2016年	2017年
区块链钱包				US20152227897A1 Loera Anthony 提高钱包私钥安全性	US20152226139A1 Coinbase 比特币钱包交易	US20162627474A1 第一数据公司 通过用户界面实现钱包可视化	CN107330690A 中国人民银行 钱包创建
				CN103927656A 宋曙平 比特币手机钱包收款	US20153322224A1 OX Labs 基于钱包进行加密货币交易	CN106779636A 北京乐酷达 通过手机耳机实现钱包余额可视化	CN108197937A 中国人民银行 钱包同步
				CN104134141A 济南晏维信息 根据时间同步种子密钥生成私钥，提高私钥安全性		US2017300898A1 Tyco Fire & Security GmbH 钱包权限验证	CN107392752A 中国人民银行 钱包查询
						US20181300034A1 LedgerDomain 钱包权限验证	CN108229142A 中国人民银行 钱包升级
							US20180077151A1 Tyco Integrated 钱包权限认证
							CN107464111A 北京云知声科技 根据目标音频文件生成私钥
信贷和贷款					US20160335628A1 Adam Mark Weigold 信用贷款	CN106682983A 喜悦智慧实验室 智能合约贷款管理	CN107944772 深圳市轮速车联 车辆贷款
保险和保理						US20160217532A1 Sure Inc. 保险索赔审批	CN108122159A 中链科技 保理业务的各方信息认证
基金和证券						KR20170099155A Coimplug 使用虚拟货币发行和分配股票并转让股票所有权	KR101751025B1 JEON-N 用于交易股票的智能区块链系统
						US20171011460A1 Ouisa 基于区块链的证券存储	CN107506931A 北京金股链 基于区块链的股权激励
						CN106504089A 平安科技 基于区块链的基金申购交易	
匿名和隐私						US20160306982A1 Manifold Technology 交易信息隐私保护	CN106779704A 杭州趣链 基于环签名匿名交易
							TWM542178 捷映数位科技 交易数据保护
							CN107579951A 阿里巴巴 交易中匿名保护

图 4-2-11 金融货币技术专利应用发展路线（续）

表 4-2-3 资产管理重要专利列表

应用分支	申请年份	公开号	申请人	应用场景
资产管理	2013	CN107491964A	湖南搜云网络	资产兑换
	2014	US2017206523A1	Cable Television Laboratories	数字资产安全设备，加密后存储
	2015	CN106559474A	布比网络	建立高速资产数据处理通道进行资产转移
		US2017316391A1	Digital Asset Holdings	数字资产建模
		US2017046664A1	The Toronto Dominion Bank	资产追踪
		KR101784197B1	Elmin Ventures	基于区块链的数字虚拟货币进行资产捐赠
	2016	CN106780032A	杭州云象网络	多链场景下的区块链链间资产转移
		WO2015024129A1	Trent Lorne Mcconaghy; Mcconaghy Marie	转让艺术品所有权的方法
		CN108171609A	中链科技	不同类型的数字资产可以在联盟区块链内兑换后互通互用
		CN107133866A	杭州复杂美	区块链信贷撮合系统
		WO2017195164A1	nChain	使用区块链验证数字资产的所有权
		US2018108089A1	IBM	在区块链上实现资产登记和跟踪
	2017	CN106130728A	北京太一云	有形资产无形化，基于区块链的数字资产登记方法
		US2017046693A1	The Toronto Dominion Bank	资产转移-跟踪转移
		CN107133866A	杭州复杂美	采用区块链的信贷撮合系统
		US2016342976A1	万事达卡	区块链实现交易和资金转移
		US2017243214A1	美国银行	使用区块链分布式网络来跟踪过程数据网络中资源转移的系统
		US2018096163A1	亚马逊	资产跟踪
		CN107610279A	北京云知科技	资产共享

表 4-2-4 区块链钱包专利统计   单位：项

应用场景	申请量	中国	国外
钱包管理	22	17	5
钱包安全	9	6	3
钱包交易	8	3	5
其他	5	5	0

表4-2-5 区块链钱包重要专利列表

应用分支	申请年份	公开号	申请人	应用场景
区块链钱包	2014	CN103927656A	宋骊平	比特币手机钱包收款
		CN104134141A	济南曼维信息	根据时间同步种子密钥生成私钥
		US2015227897A1	Loera Anthony	保护私钥安全
	2015	US2015262139A1	Coinbase	比特币钱包交易
		US2015332224A1	OX Labs	具有权限的应用根据所引用的货币量转移相对应的加密货币量
		CN104811310A	赵宇翔;唐彦波;陈湘如	钱包可视化
	2016	US2016267474A1	第一数据公司	通过用户界面实现钱包可视化
		US2017300898A1	Richard Campero	钱包权限验证
		CN106779636A	北京乐酷达	基于手机耳机接口实现余额可视化
		US2018130034A1	LedgerDomain	钱包权限验证
	2017	CN107464111A	北京云知科技	保护私钥安全
		CN107330690A	中国人民银行	钱包创建
		CN108229938A	中国人民银行	钱包创建
		CN107392752A	中国人民银行	钱包查询
		CN107392753A	中国人民银行	钱包注销
		US2018077151A1	Tyco Integrated	钱包权限验证
		CN108229142A	中国人民银行	钱包升级
		CN108197937A	中国人民银行	钱包同步

表4-2-6 信贷和贷款重要专利列表

应用分支	申请年份	公开号	申请人	应用场景
信贷和贷款	2015	US2016335628A1	Adam Mark Weigold	信用贷款
	2016	US2016371771A1	BitPagos Inc.	贷款处理系统
		US2018089644A1	IBM	信用贷款
		CN106682983A	喜悦智慧实验室	基于智能合约的贷款管理
	2017	CN107679981A	阳光保险	放贷
		CN107944772A	深圳市轱辘车联	车辆贷款

表4-2-7 保险和保理重要专利列表

应用分支	申请年份	公开号	申请人	应用场景
保险和保理	2016	US2016217532A1	Sure Inc.	保险索赔审批
		CN106204287A	上海仲托网络科技有限公司	保险合约
	2017	TW554608B	国泰人寿保险股份有限公司	保险理赔
		CN108122159A	中链科技	保理业务的各方信息认证

表4-2-8 基金和证券重要专利列表

应用分支	申请年份	公开号	申请人	应用场景
基金证券	2016	KR101780634B1	Coinplug	使用虚拟货币发行和分配股票并转让股票所有权
		KR20170099154A	Coinplug	记录股票所有权的转移,验证登记的股票代码文件
		US2017011460A1	Ouisa	通过网络提供的证券可以直接存储在区块链分类账
		JP6283719B1	瑞穗银行有限公司;富士通	提供托管支持系统和托管支持方法,以支持非居民进行证券交易中的托管业务
		CN106504089A	平安科技	基于区块链的基金申购
		CN106530088A	杜伯仁	基于区块链安全节点对证券产品进行交易
	2017	KR101751025B1	JEON-N	用于交易股票的智能区块链系统
		CN107480988A	贵州眯果创意科技有限公司	以区块链来实现股票交易的监管系统
		CN107506931A	北京金股链	股权激励

4.2.3.1 数字货币支付

数字货币支付是金融货币最早的应用分支。目前,对于数字货币并没有统一的定义,由各国政府发行的法定数字货币非常少,包括比特币、莱特币、狗狗币等这些数字货币也都是非法定发行的,但是这些数字货币都有共同的特征:数字货币是一种价值的数字表现形式，在一些情况下可替代货币。

现在，国内、国际的商业贸易的支付需要借助银行清算体系，而这个过程非常复杂，需要经过开户行、对手行、清算组织等多个组织及较为繁冗的处理过程，在此过程中每一个机构不仅要有自己的账务系统，而且彼此之间需要建立代理关系，每笔交易需要在本银行记录与交易对手进行对账和清算等，导致整个过程花费时间较长，使用成本较高。区块链去中心化、支付公开透明和不可篡改，无需第三方参与即可实现价值转移，提高了支付的透明度和支付效率，借助区块链技术降低金融机构间的对账成本及争议解决的成本，提高支付业务的处理速度及效率，在支付形式上，主要是数字货币直接支付，通过基于区块链技术的数字货币与链上数字资产对接，可实现点对点的实时支付和交易。

比特币是目前区块链技术在数字货币领域最广泛、最成功的运用。从图4-2-11可以看出，比特币支付也是最早开始应用的数字货币支付。2011年的美国专利申请US2013166455A1公开了在交易中采用公钥和私钥对比特币进行加密，物理设备之间可以通过比特币进行交易支付。随着货币支付的发展，支付并不局限于比特币支付，出现了其他数字货币支付。2013年的美国专利申请US2015039470A1公开了利用P2P网络将购物列表发布在网络节点上，用户将想要购买的物品存储在节点上，向节点发送购物请求，利用数字货币完成支付。2015年专利申请EP3091492A1和2017年中国专利申请CN108090761A也提出了以数字货币进行支付的方案。2016年中国专利申请CN108090752A提出了利用数字货币进行充值的方案。分布式网络中不存在任何第三方的监管，这会导致数字货币的转移风险增大，当出现货币转移争议时无法撤回转账。针对该问题有了数字货币支付的新方案，2014年的美国专利申请US2015302400A1公开了提供量化的收款人的信誉，将收款人的信誉通过工作量证明后放到区块链节点中，在进行交易前付款人可以对收款人的信誉进行检索，当确定收款人信誉无问题后完成数字货币的支付，降低了数字货币支付的风险。

数字货币支付应用于货币兑换方面，2015年美国的专利US2017161729A1公开了用户可以将需要兑换的第一种数字货币在销售节点上兑换成第二种货币。2016年中国专利申请CN107230067A公开了将现金兑换成数字货币存储在数字货币芯片卡中。此外还可以使用数字货币直接兑换存款，2017年中国的专利申请CN107392604A公开了用户发送数字货币兑换请求，账户行应用系统完成数字签名的验证，数字货币系统将相应的数字货币转移到发钞行数字货币系统，数字货币签名验证成功后返回成功消息，账户行系统增加用户银行账户的余额。

数字货币可以降低管理成本，提高流通效率，缓解假币问题。数字货币是以电子数据的形态表现出来，没有实物形态，其交易流转是在网络系统中进行，不会产生印刷、发行、更换、销毁等费用。数字货币方便快捷，在任何时间都可以完成支付，符合全球政治经济一体化理念，因此，数字货币是金融领域未来发展的趋势之一。

4.2.3.2 交易和清算

区块链技术伴随比特币应运而生，在前面介绍的数字货币支付中可以看到用比特币支付成为区块链技术最早、最典型的应用。在数字货币具备了支付能力后，在传统货币中呈现的交易、转账、清算等功能在数字货币中也逐渐成熟起来。

（1）最早出现的交易主要针对比特币

2011年美国IGT公司提交了关于游戏系统中比特币交易的申请（US2013065669A1），该游戏系统可以使玩家能够在一个或多个主要或基本游戏的一个或多个游戏中下注一定量的比特币，如果玩家在玩游戏时投注一定数量的比特币，则游戏系统可以确定并显示游戏玩法的结果，然后，游戏系统可以确定是否有任何奖励可以与确定的结果相关联，如果具有与结果相关联的奖励，则游戏系统可以向玩家提供相应数量的比特币作为奖励。2012年美国申请人Randall Frank Muse提出了（US2013041773A1）在拍卖中应用比特币进行买入/卖出交易。2013年美国申请人Trent Lorne Mcconaghy和Mcconaghy Maria提出（WO2015024129A1）使用比特币系统交易艺术品所有权。

（2）在2013年以前，交易中主要还是基于比特币的流通手段职能来开展，2014年以后，出现了基于货币的汇兑、期货、结算、清算等方面的应用

2014年美国公司Coinbase提出了关于比特币即时汇兑的交易方法（US2015262168A1），由主计算机系统从商家计算机系统接收货币金额请求；主计算机系统确定第一汇率，其中第一汇率波动，第一汇率在第一时刻确定；主机计算机系统使用第一时刻的第一汇率将货币金额转换为比特币金额；主计算机系统接收来自客户计算机系统的发送指令，其中发送指令是在第一时刻之后的第二时刻，第二时刻的汇率是第二时刻的汇率，这与第一时刻的第一次汇率不同；通过主计算机系统接收客户的比特币金额，其中支付给商家的货币的数量基于即时汇率，这种方式下完成了比特币与传统现金货币的转换，这大概也是Coinbase公司在2015年能够成功创建美国第一家持有正规牌照的比特币交易所的原因之一。2015年芝加哥商业交易所提出了一种基于虚拟货币的期货合约系统（US2017124647A1），可以监督买方和卖方之间的虚拟货币的实际交付。

由图4-2-7可知，2016~2017年是金融货币应用专利申请的爆发期，尤其是中国申请人，在这两年申请量达到了387件。为了实现数字货币与实物货币的流通兼容以及数字货币与实物货币之间的兑换，2016年中国人民银行提出CN107240010A，通过商业银行数字货币系统接收兑换请求方的兑换金额信息、银行账户信息、数字货币芯片卡信息，根据兑换金额信息在银行账户中扣除与兑换金额相等的金额，再根据兑换金额信息确定参与兑换的数字货币以及根据数字货币及数字货币芯片卡信息生成兑换请求信息，然后将兑换请求信息发送给中央银行数字货币系统，中央银行数字货币系统根据兑换请求信息执行预设项目的操作再将操作成功的指示返给商业银行数字货币系统，商业银行数字货币系统收到操作成功的指示后，将数字货币写入兑换请求方的数字货币芯片卡中，这样通过向数字货币芯片卡转入数字货币，实现银行账户将实物货币兑换成数字货币，同时保证了交易过程中交易环境安全性。

进入2017年，各国银行开始关注同业之间的结算。日本三井住友银行提出了基于智能合约的托管结算方法（JP6224283B1），通过使用不同虚拟货币形式的智能合约来

构建和执行托管结算中的一系列处理，去除了人为因素，依照合约设定执行，从而确保具有安全性和可靠性的交易。银行间现有的结算体系缺乏点对点直接结算通路，尤其是在跨境结算环境下，资金划拨路径较长，时效性难以保障，成本高。2017年，中国人民银行提出了CN107369084A，将银行间传统结算方式与数字货币的结算方式进行融合，首先发起银行系统将数字货币付款给接收银行的报文发送给数字货币系统，数字货币系统根据支付报文执行预设项目的操作并将操作成功的结果返回给发起银行系统和清算银行系统，以及将清算报文发送给清算银行系统，清算银行系统在接收到操作成功的结果后，根据接收到的清算报文，在清算报文中的接收银行在该清算银行的同业账户存款余额中增加与接收到的数字货币金额相等的额度以及将表征清算成功的结果发送给接收银行系统和数字货币系统，数字货币系统将接收到的表征清算成功的结果返回给发起银行系统，这种方式提高了银行间结算选择的灵活性。深圳前海微众提出了一种数据清算方法（CN108171489A），由各个机构在其维护的分布式区块链数据库中提取预设时间范围内的数据，通过各个机构对提取的数据进行汇总，以得到区块链上的分布式流水账本并将分布式流水账本与本机构的本地数据中心进行对账，在检查到账本一致时，发送通知信息至清算机构，以供清算机构执行从发行机构的备付金账户到收单机构指定的结算账户的数据清算操作，该方案中通过区块链实现数据清算，各个机构之间无需专线就可以相互通信，降低了成本，并且通过分布式区块链数据库中的交易数据和机构本地的数据中心进行对账，提高了数据对账清算的安全性。

（3）从上述介绍结合图4-2-11可以看出，以2011年为开端，针对比特币以及其他数字货币的金融应用的申请一直在进行，从2014年开始，申请人除了继续关注基于数字货币的交易本身的实现外，已经不满足于基本的实现目的，开始诉求更快、更安全等性能上的提升，比如研究如何提升比特币交易中的安全性、如何优化交易流程等

美国银行在2014年公开了针对加密货币交易中的风险检测（US2015363783A1），从客户处接收加密货币交易的请求，检索与加密货币交易相关的区块信息，使用处理器确定与加密货币交易相关联的加密货币的数量并且基于区块信息和加密货币的量，使用处理器计算用于执行加密货币交易的风险分数，通过上述方案，能够规避风险分数高的交易的发生。2015年Coinbase在交易比特币的系统中设置了奖励内容创建者的机制（US2015262140A1），使得交易得到促进，流程更加完善。

万事达卡在2015年提出US2016342978A1，在比特币交易中，根据授权确定修改交易信息。具体来说，存储账户简档，每个简档包括账户标识、法定金额和区块链金额，再接收交易消息，交易消息基于交易消息标准被格式化，包括账户标识符、网络标识符和交易金额，接着识别包含特定账户标识符的特定账户配置文件，根据交易金额、法定金额和区块链金额确定交易授权，根据授权确定修改交易消息，通过上述方式确保快速处理交易修改。

布比网络在2015年公开了使用多条副链交易的方式（CN105488675A），在区块链的分布式共享总账架构下，生成一条或多条交易副链，并根据交易副链的区块信息构

造系统唯一的交易主链，副链和主链分别进行各自的区块链验证和交易验证，若交易验证在交易副链和交易主链上均验证通过，则证明交易真实存在，如此，对关键功能的更新可在交易副链上进行，这样既可以提升更新速度，又可以规避交易主链被破坏的风险。

延续2014~2015年的发展趋势，美国申请人在2016年以后更为关注交易性能的提升。万事达卡在2016年提交了2件涉及提高交易速度的申请，第一件申请（US2017323294A1）利用分布式账本存储账户简档，每个账户简档包括账号和余额，通过支付网络从收单金融机构接收交易消息，该消息包括特定账号、交易金额和支付保证数据，从特定账户简档中的账户余额中扣除交易金额，生成支付保证记录，即时完成交易，提升交易实时性；第二件申请（US2017357966A1）涉及交易对账的提速，传统上，当消费者与网络商家进行交易时，与消费者相关联的金融机构将交易金额支付给与商家相关联的收单金融机构，金融机构实体每天处理的交易有数百万甚至数十亿笔，在网络可用处理带宽和计算能力的限制下，金融机构通常会根据支付交易逐步将借记和贷记计入其他机构，再汇总进行单一货币转移，即一次性汇总所有交易，在某些情况下，结算的这段时间可能是几天、几周甚至更长，该申请提出将交易消息中捕获的数据提交给区块链，存储账户简档，每个账户简档包括与交易账户相关的数据，包括主账号和法定货币余额，接收包括特定主账号、法定交易金额和商家标识符的交易消息，调整特定账户资料中的法定货币余额，该账户资料包括法定交易金额的特定主账号、法定交易金额和商家标识符相关联的令牌标识符的数据消息，并且将所生成的数据消息电子地址发送到作为区块链网络中的节点操作的计算设备，利用区块链的记账提升对账效率。

中国申请人同样针对交易性能的提升展开布局。2016年深圳前海达闼针对现有技术中区块链网络所有的交易数据信息（交易记录、货币信息等）都存储在唯一的区块链中导致安全性低的问题，提出CN106797389A，将预设物品的交易请求发送给预设物品交易所涉及的区块链中的授权节点，分别接收各个授权节点根据接收到的交易请求获取的交易验证信息，根据所述交易验证信息，获取验证结果，验证结果用于供各个授权节点对预设物品的交易进行确认或取消，通过不同的物品对应不同的区块链，降低单条区块链的长度，降低每个节点的数据量，提高单类物品的汇总和统计效率，提高并发性，缩短交易对账时间。中国银行提出了基于以太坊区块链技术的账户完整性检查方法（CN106934623A），针对以太坊区块链技术在私钥存储方面存在的漏洞，能够先于交易来进行账户完整性检查，可以有效避免交易成功而数字货币无法流转的情况发生，同时避免异常情况给金融机构和用户带来的交易不便。

此外，IBM认为区块链可能存储了不应该记录的交易，比如涉及不适当的内容或恶意用户提交的不需要的主题的交易，因此提出了US2018131706A1，通过识别区块链交易，处理区块链交易的内容以识别禁止的内容，并基于区块链交易的内容确定是否批准区块链交易，以此来达到过滤和删除区块交易的目的，实现交易内容记录的清晰、合法。

进入2017年，业界意识到区块链在金融货币应用中的监管已成为了行业发展的掣肘，中国申请人现在北京支付公司针对线上电商类服务平台和线下支付服务商涉嫌二清的问题给出了一种解决方案（CN107358417A），先知系统监听到区块链上的交易请求之后，将交易请求发送到商业银行、银联或者三方公司的交易系统，交易系统对交易请求进行处理之后，将交易结果返回给先知系统，先知系统将交易结果回写到区块链的交易返回节点上，区块链节点接收到交易结果之后，将交易结果广播到所有节点并成块，交易结果被记录到区块链上之后，交易请求系统获得交易结果通知，并对交易结果进行处理，最后进行清算，如此经过商业银行、银联或者三方公司的交易系统的备案，能够实现精准、及时和更多维度的监管。由于很多专利申请还未公开，可以预计在未来会有更多关于监管和其他提升交易性能的发明出现。

当然，在提升交易性能的同时，申请人还在不断拓展交易业务领域。杭州复杂美提出一种跨链数字债权交易的方法（CN107424073A），以区块链跨链技术为技术支撑，约定债务人和债权人在许可链上，新债权人在另一条许可链上，继而可以通过区块链跨链技术进行数字债权交易，解决了票据作假、一票多卖等债权问题，提高了债权流转的高效性和安全性。Coinplug 提出基于公共区块链数据库发行电子代金券（US2018101844A1）。

（4）从交易清算应用领域的整体发展来看，数字货币从比特币交易向其他多种数字货币交易发展，逐渐延伸至传统货币的兑换。在实现了基本交易、清算场景后，申请人更为关注交易速度和安全性的提升，同时也发展出了关于期货、债权等的各种各样的交易类型。得益于区块链本身分布式账本的属性，使其在交易对账、清算中具有先天优势，相信未来会出现更多的交易场景应用，并且随着交易速度、安全性的稳步提升，区块链技术很可能广泛应用于银行业中。

4.2.3.3 资产管理

资产管理主要涉及资产登记、资产转让、资产所有权证明等方面，其中资产不仅限于数字资产，也包含实体资产，更多的是资产货币化。而区块链可追溯的特点可以让资产管理有据可依、有章可循，因此基于区块链的资产管理也成为了国内外研究的重点。

通过对技术方案涉及资产管理的专利申请进行统计，笔者根据应用场景、具体实施的技术方案以及实现的效果角度考虑筛选出19项专利申请，如涉及资产兑换的中国专利申请 CN107491964A、CN108171609A，根据用户标识码及所述数字资产标识码，从数字资产的应用平台进行兑换；涉及资产登记的美国专利申请 US2017206523A1、US2017316391A1 和中国专利申请 CN106130728A，通过将有形资产无形化，实现基于区块链的数字资产登记方法；涉及资产转让的美国专利申请 US2017243214A1、US2017046693A，使用区块链分布式网络来跟踪过程数据网络中资源转移的系统，以及中国专利申请 CN106559474A，通过建立高速资产数据处理通道进行资产转移，以及类似的专利申请 CN106780032A，实现多链场景下的区块链链间资产转移等，以及韩国专利 KR101784197B1，使用区块链的数字虚拟货币进行资产捐赠；涉及资产所有权证明的 PCT 国际申请 WO2017195164A1 使用区块链验证数字资产的所有权，WO2015024129A1

基于区块链实现艺术品所有权的转让 WO2015024129A1；中国申请人杭州复杂美科技提出了区块链信贷撮合系统（CN107133866A），作为中间服务提供者，利用编写的智能合约撮合信贷事务。

4.2.3.4 区块链钱包

钱包是存储和使用数字货币的工具，随着支付、交易、资产管理的发展需求而产生，为发行数字货币以及数字货币的交易提供了保障，因而在金融领域有举足轻重的地位。

为了更好地对目前专利申请人的关注点进行分析，笔者针对涉及区块链钱包的63项专利申请进行了深入挖掘，通过对技术方案涉及区块链钱包的专利申请进行统计，从中筛选出44项专利申请。

对上述专利进行统计分析，如表4-2-4所示，涉及钱包管理的申请22项，具体包含钱包的创建、同步、升级、查询、注销等部分，涉及钱包安全的9项，涉及钱包交易的8项，此外，部分申请人还申请了关于其他新币种的专利申请。

对上述专利申请分析后不难发现，国内外申请人在区块链钱包的专利申请中均投入了较大精力。

钱包管理方面，中国申请以中国人民银行为代表，在钱包管理上的专利布局很全面，基本覆盖了从钱包的创建、同步、升级、查询以及注销等多种场景，如2017年提交的CN107330690A、CN108197937A、CN108229142A、CN107392753A以及其系列申请，为区块链钱包建立和管理提供解决方案。国外申请更多着眼于钱包验证方面的专利申请，如2016年和2017年的美国申请US2017300898A1、US2018077151A1等，而在钱包创建等其他方面鲜有涉猎。

钱包安全方面，国内外均有相关申请。2014年中国专利申请CN104134141A和美国专利申请US2015227897A1均致力于保证钱包的私钥安全，此外，2015年的中国专利申请CN104811310A和2016年的美国专利申请US2016267474A1涉及将钱包可视化，从而直观感受数字资产的转移，保证安全。

钱包交易即通过区块链钱包进行交易，不难想象需要钱包地址、公私钥等参数，因此相关的专利申请也是着眼于这一部分内容，如2014年中国专利申请CN103927656A和2015年美国专利申请US2015262139A1均将研究重点放在了根据钱包地址进行收付款方面。

4.2.3.5 信贷和贷款

随着现代商业和金融系统的发展，负债经营已经成为大多数企业的常规经营方式和发展方式，企业为了盈利而扩大生产和经营规模，需要向金融机构借款投资项目，金融机构向企业或者个体经营者发放贷款首先要考虑的是资金安全问题，在发放贷款前必须要对借款人的信用、收入情况及贷款用途详细了解和调查，但即使进行了上述的详细调查也仍然不能确保贷款可以收回，甚至会出现骗贷的情况，因此，如何降低不良贷款率是金融机构关注的焦点问题。

2015年美国专利申请US2016335628A1提出了对信用贷款的资金进行管理的方案。

2016 年中国专利申请 CN106682983A 公开了对贷款后的资金流向进行追踪。2017 年中国专利申请 CN107944772A 公开了接收贷款方的贷款请求，向区块链获取贷款方的经济状况信息，根据贷款方经济状况输出贷款请求对应的贷前风险评估，当通过时可发放贷款。

4.2.3.6　保险和保理

传统的保险公司是作为保险服务提供方承担着利用投保规模、投保时间来吸收风险、消费风险的中介身份，对于投保规模较大的保险，保险公司所承担的风险自然也非常大。当出现保险理赔时，保险公司需要核实信息的真实性，若保险公司核实的信息出现差错，出现骗保等情况，保险公司所承担的损失就会非常大。区块链的出现让保险公司看到了降低保险管理难度和成本的希望，利用区块链防伪溯源的特性，可以降低核保成本、提升效率。

2016 年美国专利申请 US2016217532A1 公开了将保险索赔信息存储在数据块中，索赔信息包括成员名称、损失金额、损失原因等信息，将数据块插入区块链中，将区块信息分发给其他节点，以供其他节点进行审查以批准或驳回。

保理是为企业提供客户资信调查与评估、应收账款管理与催收、信用风险担保等服务，目前开展的保理业务中以及保理业务参与各方信息交互过程中，业务文件的真实性和参与方经营状况等信息的真实性的确认需要复杂的程序和较高的置信成本。现在对于参与保理业务各方面信息的认证存在较大困难。2017 年中国专利申请 CN108122159A 利用区块链数据不可删除、不可篡改及多方维护和账本共享等特性，为参与保理业务各方提供业务数据保真和溯源，针对每个保理智能合约识别区块链上对应的用户，提高了验证效率。

4.2.3.7　基金和证券

基金证券交易过程的每个环节，从订单的交付到交易的处理均需要严格的监督，与区块链可追溯的特点不谋而合，因此，目前国内外均开展了基于区块链的基金证券研究热潮。

通过对技术方案涉及基金证券的专利申请进行统计，从中筛选出来 9 项专利申请。如涉及证券的美国专利申请 US2017011460A1 和日本专利 JP6283719B1，涉及基金的中国专利申请 CN106504089A，以及涉及股票的韩国专利 KR101780634B1 等。

4.2.3.8　匿名和隐私

区块链具有匿名性、开放性等特点，区块链中用户的账户信息和交易内容等数据都是公开的，任何用户都可以参与记账和查看交易数据，仅仅通过"伪匿名"（虚拟用户名）的方式保护用户隐私，这虽然增加了用户对数据真实可靠的信心，但对于金融领域来说，数据的完全公开涉及大量商业机密和利益，需要更严密的保护。因此，区块链中如何保护交易数据的隐私成为区块链技术发展亟待解决的问题。

2016 年美国专利申请 US2016306982A1 公开了第一信息包括第一信息交易标识和第一信息数据内容，第一信息交易标识与第一方相关联，第一信息交易标识包括第一信息数据内容的哈希值，将第一信息内容通过公钥加密存储，第一信息内容不在区块链上公开进行传送，而是通过第一信息数据内容的哈希值，要获取第一信息内容需要通过私钥解密。

区块链上仅仅隐藏交易内容是不够的，与交易无关的其他节点可以透过区块中所记录的识别资料判断出与资料区块中交易内容相关的交易节点，2017年中国台湾专利申请TWM542178U公开了隐藏交易相关节点的方案，使用接收端公钥加密随机公钥产生加密公钥，依据加密公钥产生组合公钥，将包含组合公钥和加密资料的区块链交易发送到区块链网络中，接收端接收到区块链交易后，使用公钥对组合公钥运算取得加密公钥，在使用私钥机密加密公钥获得随机公钥。

现在区块链技术通过不明示现实中业务双方的身份信息实现对业务双方的匿名保护，但是区块链的公开透明性使得通过对业务数据的分析推断出业务数据成为了可能。2017年中国专利申请CN107579951A公开了保护业务真实信息的方案，接收第一业务数据，根据第一业务数据创建第二业务数据，第二业务数据的第二源地址包括各第一源地址，第二目的地址包括各第一目的地址，在第二业务数据中，第一源地址到第一目的地址的一一对应关系被混淆，弱化了各业务数据中源地址和目的地址的关联性，不易推断出各源地址、目的地址对应的真实信息。

表4-2-9 匿名和隐私重要专利列表

应用分支	申请年份	公开号	申请人	应用场景
匿名和隐私	2016	CN106779704A	杭州趣链	基于环签名匿名交易
		CN106503994A	西安电子科技大学	区块链隐私数据访问控制
		CN106682528A	杭州复杂美	区块链隐私保护
	2017	TWM542178U	捷码数位科技	交易数据保护
		CN107579951A	阿里巴巴	交易中匿名保护
		CN108021821A	北京航空航天大学	交易元数据隐私保护

4.3 存在性证明技术应用专利分析

区块链率先在金融领域落地，随着区块链技术的成熟、应用普及和社会认知度的提高，区块链的应用将超越货币、金融，渗透至政府、医疗、科学、文化和艺术、教育领域。区块链的分布式、不可篡改、可追溯等特性，在实体经济中可以保证信息的真实性和可靠性，适宜应用在商品溯源、公证认证、医疗健康管理等存在性证明领域。

4.3.1 全球专利态势

本节通过对区块链技术应用中的存在性证明应用在全球的专利申请进行数据分析，深入分析存在性证明应用的发展趋势及其专利分布的主要国家和主要布局的申请主体等。

检索到全球范围内涉及区块链存在性证明技术应用的专利申请484项，本节将对这 484 项专利申请进行分析。

4.3.1.1 申请态势

对存在性证明技术应用逐年的专利申请量进行统计分析，2014 年该技术应用兴起，2014～2015 年出现了小幅增长，但全球专利申请总量仍不足 30 项，到 2016 年出现了爆发性增长，申请量达到了 149 项，2017 年依旧稳步攀升，达到近 300 项。这一申请趋势的变化充分说明了随着区块链技术的发展，区块链在存在性证明领域的应用也受到越来越多的研发主体的关注，存在性证明技术应用的热度越来越高，图 4－3－1 示出存在性证明全球历年专利申请趋势。

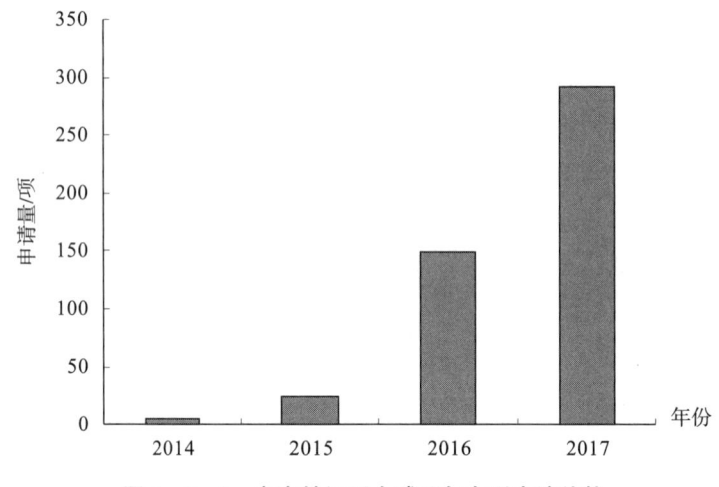

图 4－3－1 存在性证明全球历年专利申请趋势

4.3.1.2 应用构成

存在性证明主要由防伪溯源、公证认证、医疗健康管理、版权保护、证据保全等分支构成。图 4－3－2 示出全球关于存在性证明技术应用主要分支的专利申请量占比情况。防伪溯源无疑是其中占比最多的应用分支，主要包括的内容是食品畜牧、车辆、教育、各类商品的防伪溯源等。公证认证应用分支有 141 项专利申请，占比 29%。医疗健康管理有 55 项申请，占比 11%。可见，防伪溯源、公证认证和医疗健康管理的技术应用是存在性证明中主要的研究热点并发展积极。

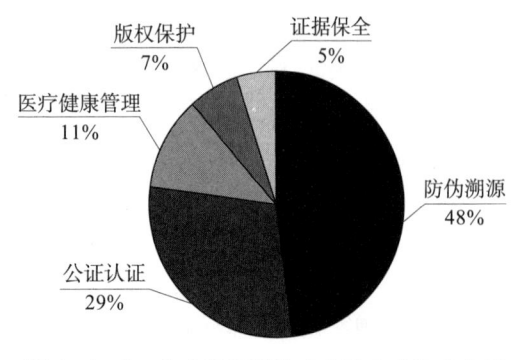

图 4－3－2 存在性证明技术应用全球构成分析

图 4－3－3 则示出这 5 项技术应用分支的历年申请趋势变化。整体看来，存在性证明兴起于 2014 年并在 2016 年有大幅增长，各应用分支专利申请趋势一致，且与存在性证明申请趋势相吻合。防伪溯源和医疗健康管理是最早出现的应用分支，2014 年就出现了相关专利申请分别是：防伪溯源的专利申请 US2016098723A1 涉及的是对于商品防伪验证和医疗健康管理的专

利申请 CA2867765A1 涉及的是传染病历史记录；其次出现的应用分支是公证认证和版权保护；而证据保全相关专利申请相较于其他应用分支略晚，在 2016 年才开始有相关专利申请。防伪溯源和医疗健康管理所涉及的应用分支都与大众生活息息相关，医疗、教育、食品畜牧等这些方面目前存在的问题是大家迫切希望解决的，因此，当出现可以解决这些问题的区块链技术后首先在这两个领域进行专利布局也是与需求相吻合的。

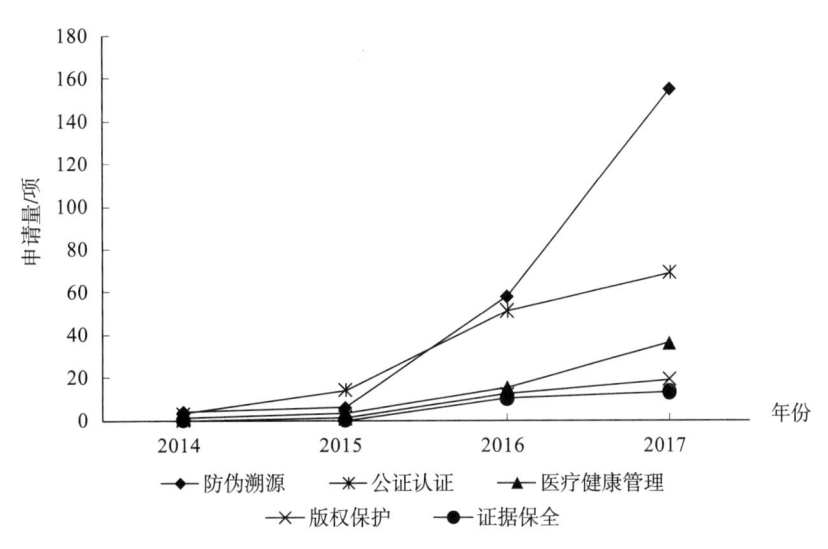

图 4-3-3 存在性证明各分支全球历年专利申请趋势

4.3.1.3 技术来源地

对存在性证明技术应用来源地的占比情况进行统计分析，中国成为存在性证明技术应用的最大来源地，有 85 项，占全球申请总量的 48%，其次是美国，有 46 项专利申请，占比 26%，此外，韩国也在存在性证明技术应用领域占据了一席之地，占比 16%，而其他国家或地区在全球的专利布局较少，图 4-3-4 示出存在性证明技术应用来源地分布。

从图 4-3-5 可以看出，中国和美国布局较为全面，且两国重点布局对象均是防伪溯源、公证认证及医疗健康管理，而防伪溯源和医疗健康管理也是区块链技术最早的应用领域；韩国仅在防伪溯源、公证认证及医疗健康管理三个领域进行了专利布局。可以看出，中美韩三国虽然在各领域专利布局的量不同，但专利布局重点一致。防伪溯源、公证认证及医疗健康管理是各方重点布局领域，而这三个领域与大众的生活息息相关，在这三个领域进行重点布局也是与大众的需求相一致的。

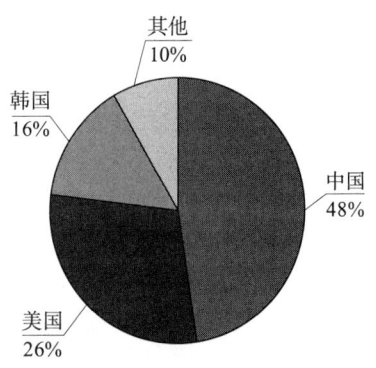

图 4-3-4 存在性证明技术应用来源地分析

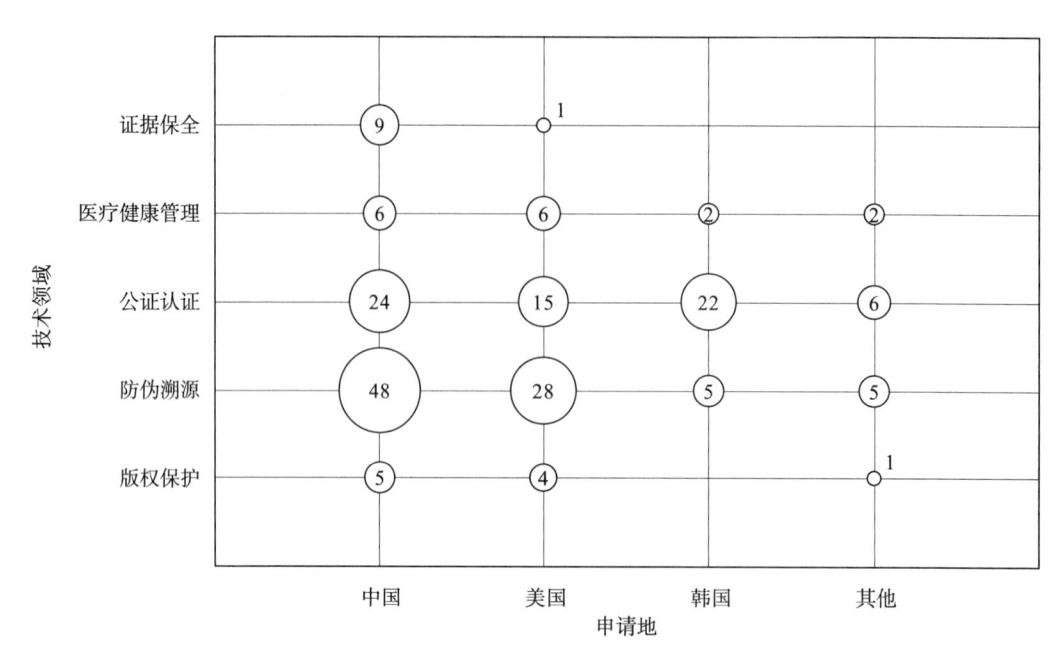

图 4-3-5 存在性证明技术应用全球主要申请地专利布局分布

注：圈中数字表示申请量，单位为项。

从图 4-3-6 中可以看出，存在性证明技术应用在 2014 年初露头角，中国和美国已经开始进行专利布局，且美国专利申请量高于中国；到 2015 年韩国开始进行专利布局，且后来者居上，在 2015 年的申请量远超中国并与美国持平；2016 年各方的申请量开始出现激增，特别是中国的申请量增长迅猛一跃成为申请量最多的国家，申请量是同年美国的 2 倍、韩国的 4.5 倍，中国呈现强劲的发展势头。

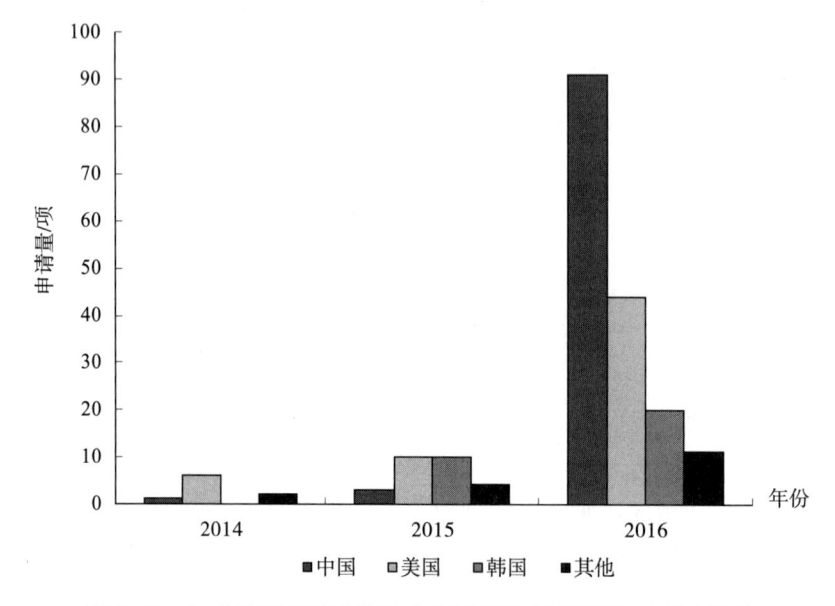

图 4-3-6 存在性证明主要技术来源国家或地区历年专利申请量

4.3.1.4 主要申请人

对全球区块链存在性证明技术应用专利申请人进行统计得出，中国申请人占比一半，但位居首位的是韩国 Coinplug 公司。整体而言，各申请人申请量相差不大，没有出现垄断情况，整个行业发展较为均衡。图 4-3-7 示出全球区块链存在性证明技术应用专利申请量排名前十位的申请人。

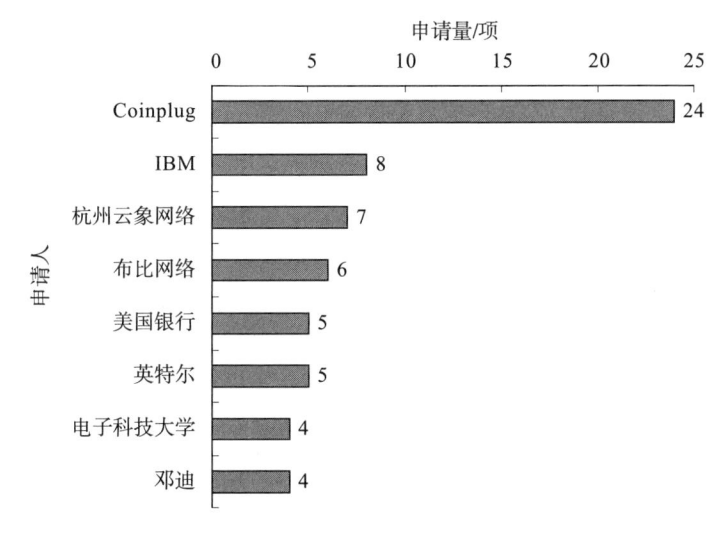

申请人	申请量/项
Coinplug	24
IBM	8
杭州云象网络	7
布比网络	6
美国银行	5
英特尔	5
电子科技大学	4
邓迪	4

图 4-3-7　存在性证明技术应用全球申请人排名

专利申请量排行第一的 Coinplug 是一家韩国比特币创业公司，从图中可以看出，Coinplug 也致力于区块链存在性证明技术的各种应用，而不仅仅是将区块链应用于金融交易等。

排名第二的 IBM 作为老牌的互联网公司，对互联网的嗅觉比较敏锐，对区块链的研究也开始得比较早。IBM 与 Linux 共同创建超级账本项目，与沃尔玛合作建立食品供应链地图以实现对农产品的追踪溯源，可见，IBM 对区块链的研究较为重视，将来 IBM 应该会有更多的落地产品。

杭州云象网络作为专注于区块链产业的科技公司，是国内区块链技术研究及应用领域的先行者，旗下的云象区块链是一个企业级区块链技术服务平台。杭州云象网络在版权保护、防伪素颜、公证认证、证据保全领域也进行了研究。

布比网络是国内新晋的区块链公司，英特尔是实力强劲的科技公司，美国银行是传统的金融机构，这些高科技研发主体都表现出对区块链的高度关注，这表明区块链技术的发展前景非常广阔。中国涌现了大批区块链技术的研究力量，这为中国今后在全球区块链技术应用领域占有一席之地打下了良好的基础。

4.3.2　中国专利态势

中国顺应全球化需求，在国家层面及地方层面均出台相应政策，积极建设研究创新基地，推动区块链的相关应用以及产业化发展。经过统计，涉及区块链存在性证明技术应用的中国专利申请量达到349件。可见,中国在区块链存在性证明的技术应用方面取得了较为显著的成果。

4.3.2.1 申请趋势

对区块链存在性证明技术应用中国申请量趋势进行统计分析,得出图4-3-8,从图中可以看出,中国在区块链存在性证明领域的专利申请起步稍晚,2015年开始出现相关的专利申请,但发展非常迅速,2016年的中国专利申请量达到79件,到了2017年中国的专利申请量已经达到256件,占同年全球专利申请总量的近九成,这与中国专利申请注重应用领域的专利布局的特点一致。

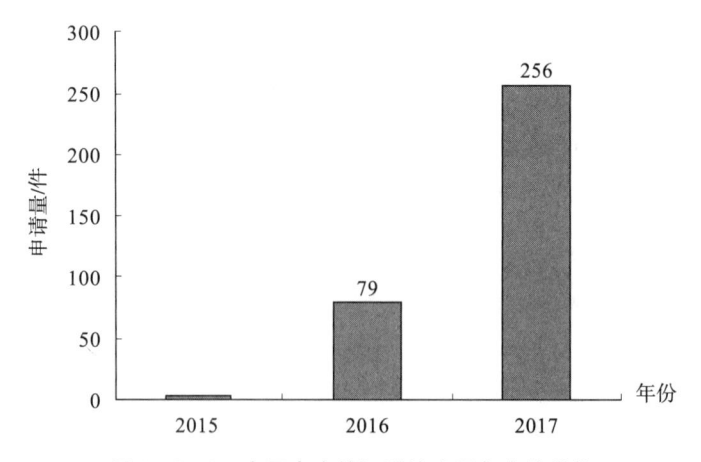

图4-3-8 中国存在性证明技术历年申请趋势

4.3.2.2 应用构成

对中国的存在性证明应用构成作分析,可以看到防伪溯源依旧是最大的占比分支,达到了53%,公证认证占比23%,具体数据参见图4-3-9。防伪溯源和公证认证的技术应用在中国依旧是研究的重点,而医疗健康管理、证据保全和版权保护虽然占比不多,但是都处于均衡发展的状态。

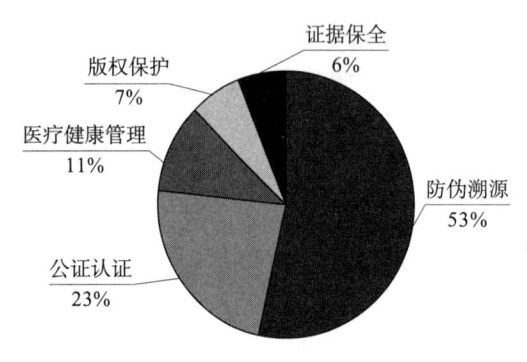

图4-3-9 中国存在性证明技术专利申请应用构成

与全球专利申请存在性证明技术应用构成占比进行比较,各个分支领域整体上占比情况一致,虽然在防伪溯源和公证认证分支领域略有浮动,但是防伪溯源依旧是存在性证明领域中各研发主体最为关注的应用领域。

4.3.2.3 主要申请人

区块链存在性证明技术应用专利申请量排名靠前的国内申请人有上海唯链、阿里巴巴、电子科技大学、中链科技、深圳市轱辘车联等。其中,上海唯链位居榜首,有17件相关专利申请,阿里巴巴位居其次,达到了14件专利申请。此外,电子科技大学作为一所高等院校，也表现出了对存在性证明技术应用领域的足够重视，而其他申请人都拥有较为平均的申请量，此项技术应用并未被垄断。具体数据参见图4-3-10。

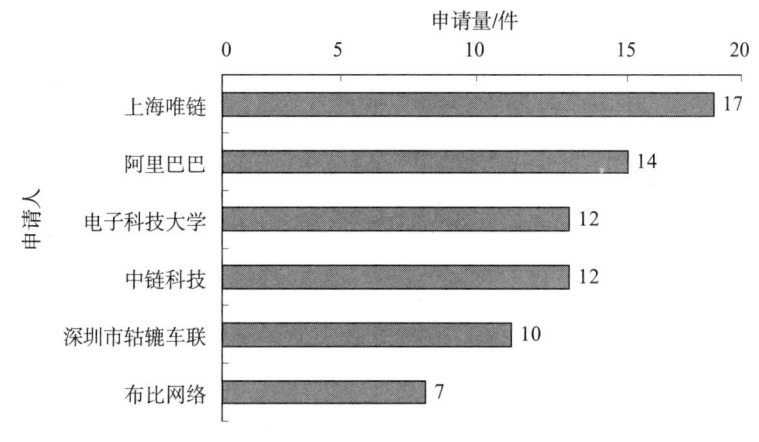

图4-3-10 中国存在性证明技术应用申请人排名

申请人	申请量/件
上海唯链	17
阿里巴巴	14
电子科技大学	12
中链科技	12
深圳市轱辘车联	10
布比网络	7

上海唯链已经与多个行业的领军企业建立了合作伙伴关系，并且率先在奢侈品、汽车、酒类、零售、农业和冷链物流行业成功输出了科技产品和解决方案。

阿里巴巴在2017年成立跨境食品供应链，和普华永道展开合作，该平台将在澳大利亚进行测试并跟踪食品从生产者到消费者的流通环节。同时，阿里巴巴还涉足存在性证明的医疗健康管理应用分支，与江苏常州市在中国首个基于医疗场景的区块链应用上展开了合作。

从图4-3-11中也可以清晰地看出，这几家企业的主要专利申请在各个分支上的分布有均衡也有集中。虽然上海唯链是中国申请量最大的企业，但其仅有1项申请与医疗健康管理相关，在除防伪溯源外的其他主要分支上处于空白。该公司的防伪溯源专利申请具体应用于进口物品、医疗器械、药品、化妆品、汽车等的防伪和追溯系统。

阿里巴巴的专利申请涉及了防伪溯源、医疗健康管理和公证认证分支，这与其建立食品供应链、区块链医疗场景的应用相辅相成。其防伪溯源专利申请集中于对商品的防伪溯源上。

整体而言，电子科技大学和中链科技在存在性证明各个技术分支的申请量较为平衡，体现了均衡发展的技术现状。虽然布比网络的申请量在该图中最低，但是其涉及多个技术分支，也是发展均衡。

4.3.3 存在性证明技术应用专利分析

区块链数据带有时间戳、由共识节点共同验证和记录、不可篡改和伪造，可以在任意时间节点方便地证明某项数据的存在性和一定程度上的真实性，这些特点使得区块链可广泛用于需要存在性证明的应用场景。

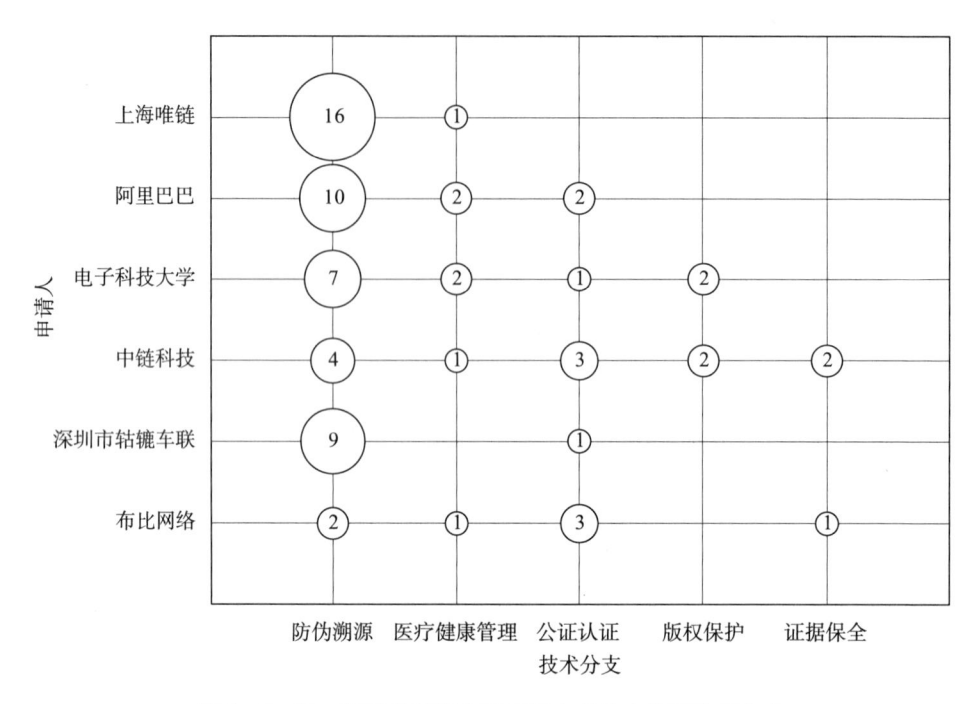

图 4-3-11 存在性证明主要申请人各分支专利布局分布

注：圈中数字表示申请量，单位为件。

根据专利内容应用场景特点和代表性，结合专利内容可行性，笔者筛选了存在性证明技术应用的重要专利，通过梳理可以获得存在性证明应用的发展路线图，下面将结合图 4-3-12 以及表 4-3-1 至表 4-3-5 就存在性证明各应用分支的发展逐一进行介绍。

表 4-3-1 医疗健康管理重要专利列表

应用分支	申请年份	公开号	申请人	应用场景
医疗健康管理	2014	CA2867765A1	Swabey John W.	传染病历史记录
	2015	US2017039330A1	PokitDok Inc.	医疗保健交易记录
		US2015332283A1	Nant Holdings Ip	医疗保健交易记录
	2016	US2018165588A1	CognitiveScale Inc.	医疗保健历史记录
		US2018121620A1	IBM	医疗保健历史记录
		WO2018037148A1	诺基亚	医疗处方历史记录
		US2017300627A1	埃森哲	医疗保健历史记录
		CN108074629A	阿里巴巴	医疗保健历史记录
		CN105812126A	布比网络	医疗保健历史记录
		CN106779742A	华迪计算机	药品质量安全追踪

续表

应用分支	申请年份	公开号	申请人	应用场景
医疗健康管理	2017	US2018060496A1	BBM Health	医疗保健历史共享
		US2018089374A1	Gibson Tillata Corlette	医疗保健历史记录
		CN107730278A	上海唯链	药品质量安全追踪
		CN107368750A	中链科技	药品质量安全追踪
		CN107845409A	泰康保险	医疗保健历史记录
		CN107679876A	上海唯链	医疗器械安全追踪

表4-3-2 公证认证重要专利列表

应用分支	申请年份	公开号	申请人	应用场景
公证认证	2015	KR101727134B1	Coinplug	文件认证
		KR20170078452A	Coinplug	文件认证
		KR101661933B1	Coinplug	数字证书认证
		KR101637854B1	Coinplug	数字证书认证
	2016	CN106780033A	杭州云象网络	票据公证
		CN106296390A	布比网络	票据公证
		KR101766303B1	Coinplug	数字证书认证
		US2018101560A1	IBM	数字证书认证
		CN105871545A	中国银联	可信电子凭证
		CN106780007A	上海树读	征信数据凭证
		US2016283920A1	Fisher Justin; Sanchez Maxwell Henry	可信电子凭证
		KR101680260B1	Coinplug	数字证书认证
		KR20170091902A	Coinplug	文件公证
		KR101735708B1	Coinplug	文件公证
	2017	CN107360001A	阿里巴巴	数字证书认证
		CN106845210A	布比网络	可信电子凭证
		CN107508680A	阿里巴巴	数字证书认证
		CN107483498A	中国联通	学历公证
		WO2017136879A1	Moloney Lindsay; Guy Scott	文件公证
		CN107395343A	腾讯科技	数字证书认证
		CN107347008A	上海策赢网络	数字证书认证
		CN107590659A	中链科技	土地权属认证
		CN106920169A	中钞信用卡	票据公证
		CN106920098A	中钞信用卡	票据公证

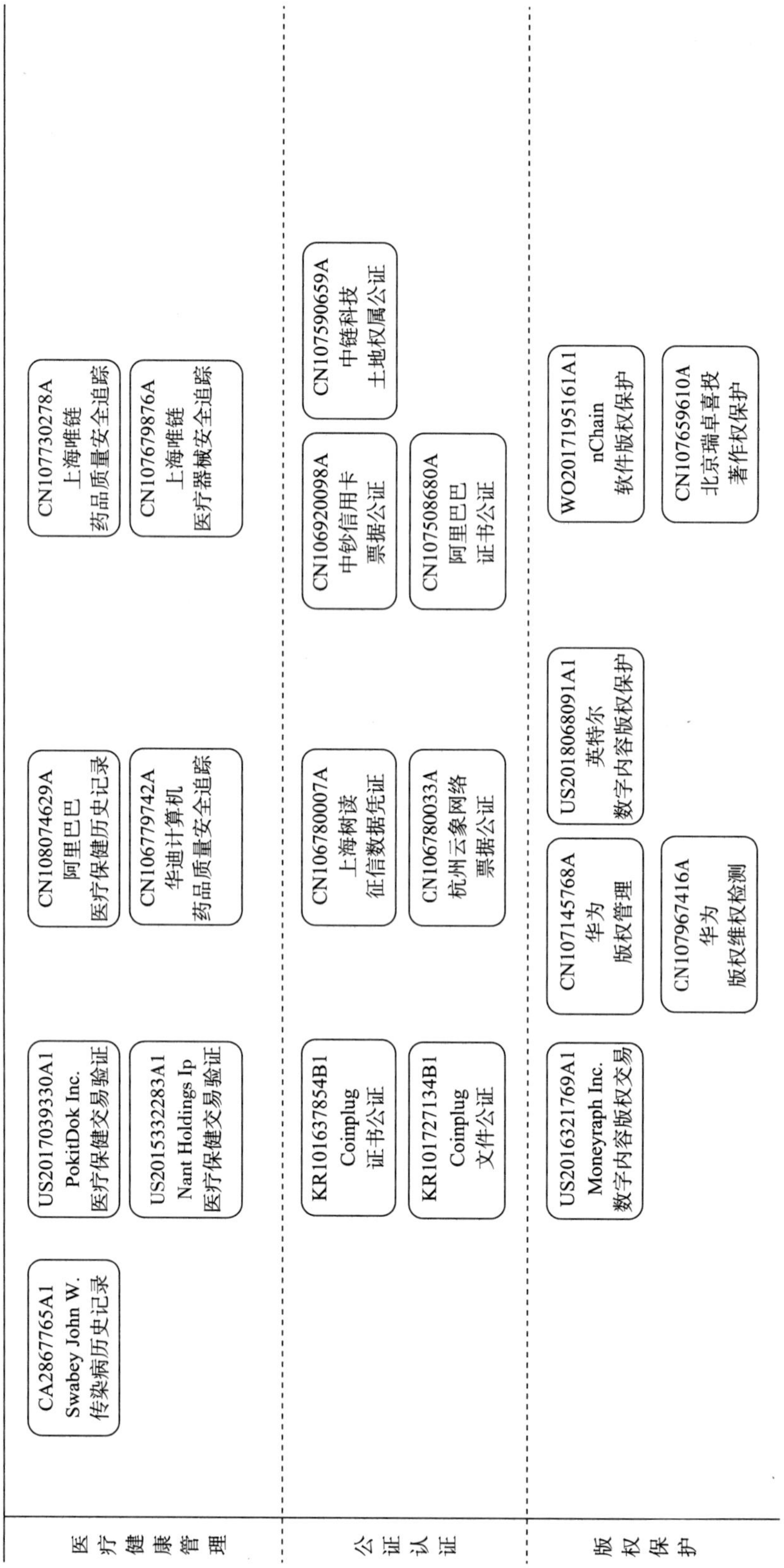

图 4-3-12 存在性证明技术专利应用发展路线图

领域	2014年	2015年	2016年	2017年	2018年
医疗健康管理	CA2867765A1 Swabey John W. 传染病历史记录	US20170039330A1 PokitDok Inc. 医疗保健交易验证 / US20153322283A1 Nant Holdings Ip 医疗保健交易验证	CN108074629A 阿里巴巴 医疗保健历史记录 / CN106779742A 华迪计算机 药品质量安全追踪	CN107730278A 上海唯链 药品质量安全追踪 / CN107679876A 上海唯链 医疗器械安全追踪	
公证认证		KR101637854B1 Coinplug 证书公证 / KR101727134B1 Coinplug 文件公证	CN106780007A 上海树读 征信数据凭证 / CN106780033A 杭州云象网络 票据公证	CN106920098A 中钞信用卡 票据公证 / CN107508680A 阿里巴巴 证书公证 / CN107590659A 中链科技 土地权属公证	
版权保护		US20163211769A1 Moneyraph Inc. 数字内容版权交易	CN107145768A 华为 版权管理 / CN107967416A 华为 版权维权检测 / US20180068091A1 英特尔 数字内容版权保护	WO2017195161A1 nChain 软件版权保护 / CN107659610A 北京瑞卓喜投 著作权保护	

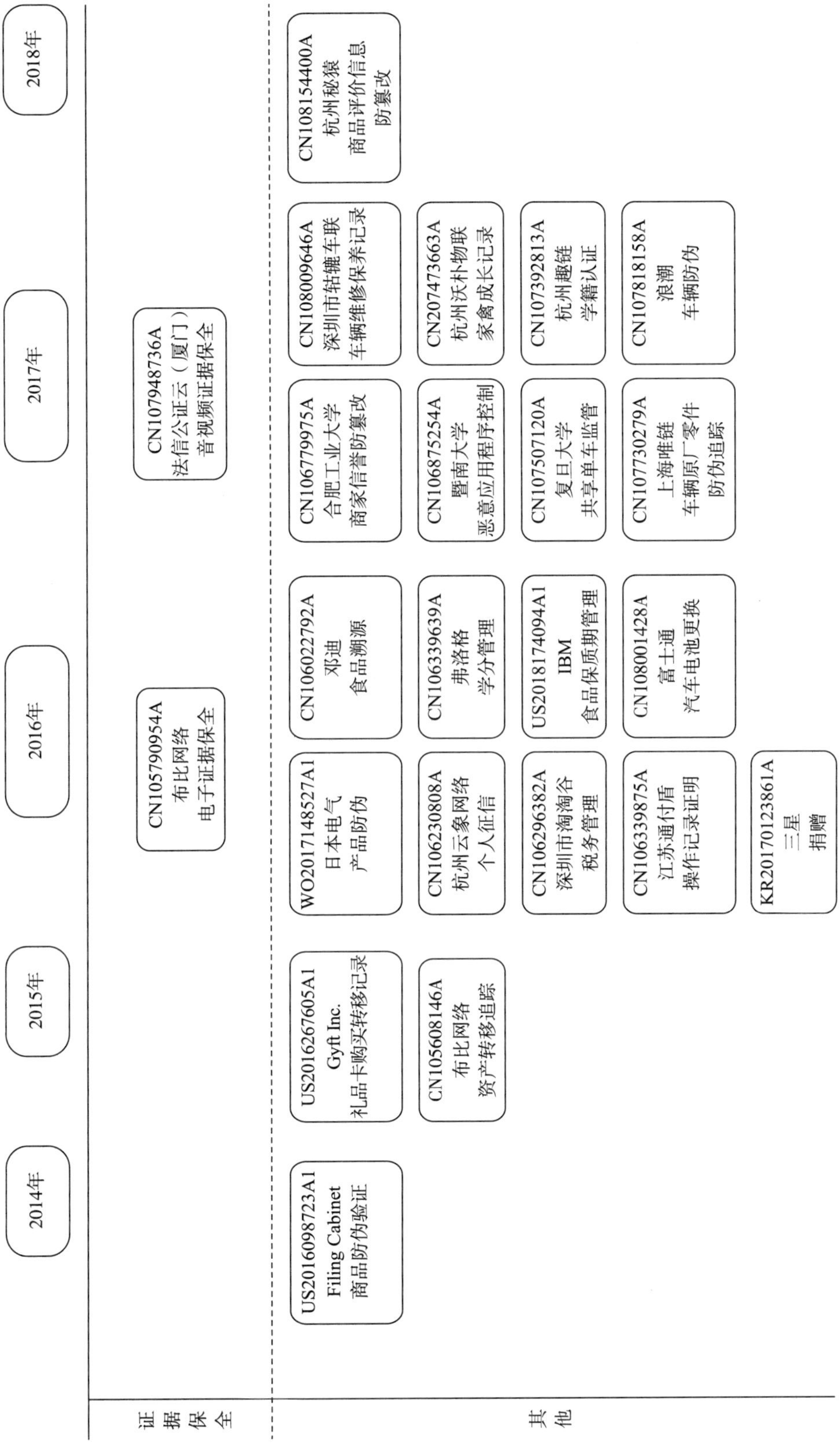

第4章 重点技术应用专利分析

	2014年	2015年	2016年	2017年	2018年
证据保全			CN105790954A 布比网络 电子证据保全	CN107948736A 法信公证云（厦门） 音视频证据保全	
其他	US2016098723A1 Filing Cabinet 商品防伪验证	US2016267605A1 Gyft Inc. 礼品卡购买转移记录 CN105608146A 布比网络 资产转移追踪	WO2017148527A1 日本电气 产品防伪 CN106230808A 杭州云象网络 个人征信 CN106296382A 深圳市淘淘谷 税务管理 CN106339875A 江苏通付盾 操作记录证明 KR20170123861A 三星 捐赠	CN106022792A 邓迪 食品溯源 CN106339639A 弗洛格 学分管理 US20181740941A IBM 食品保质期管理 CN108001428A 富士通 汽车电池更换	CN106779975A 合肥工业大学 商家信誉防篡改 CN106875254A 暨南大学 恶意应用程序控制 CN107507120A 复旦大学 共享单车监管 CN107730279A 上海唯链 车辆原厂零件防伪追踪	CN108009646A 深圳市铂链车联 车辆维修保养记录 CN207473663A 杭州沃朴物联 家禽成长记录 CN107392813A 杭州趣链 学籍认证 CN107818158A 浪潮 车辆防伪	CN108154400A 杭州秘猿 商品评价信息防篡改

图 4-3-12 存在性证明技术专利应用发展路线（续）

表 4-3-3 版权保护重要专利列表

应用分支	申请年份	公开号	申请人	应用场景
版权保护	2015	US2016321769A1	Moneyraph Inc.	数字内容版权交易
	2016	CN107145768A	华为	版权管理
		WO2017200483A1	Tralvex Yeap	知识产权
		CN106250721A	杭州云象网络	电子出版物版权
		US2018068091A1	英特尔	数字内容版权保护
		CN107967416A	华为	版权维权检测
		CN106682457A	北京握奇	图片版权保护
	2017	CN107222303A	暨南大学	数字版权保护
		WO2017195161A1	nChain	软件版权保护
		CN107171785A	电子科技大学	数字版权保护
		CN107659610A	北京瑞卓喜投	著作权保护
		CN107845044A	北京亿生生	著作权保护

表 4-3-4 证据保全重要专利列表

应用分支	申请年份	公开号	申请人	应用场景
证据保全	2016	CN105790954A	布比网络	电子证据保全
		CN105610578A	杭州复杂美	电子证据保全
		US2017103472A1	Netspective Communications	电子证据保全
		CN105975868A	杭州云象网络	电子证据保全
	2017	CN107948736A	法信公证云（厦门）	音视频证据保全
		CN107948736A	北京航空航天大学	电子证据保全
		CN107888375A	深圳市携网科技有限公司	电子证据保全
		CN108011945A	公安部第三研究所	电子证据保全

表 4-3-5 防伪溯源重要专利列表

应用分支	申请年份	公开号	申请人	应用场景
防伪溯源	2014	US2016098723A1	Filing Cabinet	商品防伪验证
	2015	US2016267605A1	Gyft Inc.	礼品卡购买和转移记录
		CN106886926A	深圳市银信网银	商品购买凭证
		CN105608146A	布比网络	资产转移追踪
	2016	CN105608588A	布比网络	产品溯源

续表

应用分支	申请年份	公开号	申请人	应用场景
防伪溯源	2016	WO2017148527A1	日本电气	产品防伪
		CN105912283A	邓迪	打印管理
		CN106022792A	邓迪	食品安全
		CN106230808A	杭州云象	个人征信
		CN106296382A	深圳市淘淘谷	税务管理
		CN106339875A	江苏通付盾	操作记录证明
		US2018060836A1	美国银行	交易生命周期追踪记录
		CN106339639A	弗洛格	学分管理
		CN106529969A	TCL	利用NFC商品防伪
		CN108001428A	富士通	汽车电池更换
		KR101807658B1	C-Nergy City Co., Ltd.	房屋资产追踪
		CN108121498A	中国移动	保存学习记录
		CN106779736A	电子科技大学	基于生物特征的产品溯源
		US2018174094A1	IBM	食品保质期管理
		CN107077682A	深圳前海达闼	查询电子票
		CN106656509A	深圳市检验检疫科学研究院	食品溯源
		KR20170123861A	三星	捐赠
	2017	CN106779975A	合肥工业大学	商家信誉防篡改
		CN106875254A	暨南大学	恶意应用程序控制
		CN106910073A	武汉慧通云	个人征信
		CN106878528A	北京思特奇	恶意短信拦截
		CN106875171A	无锡源锐	征信
		CN106991573A	中链科技	艺术品保真
		CN107657460A	众安信息技术	烟草
		CN107786546A	电子科技大学	红酒防伪溯源
		CN107679877A	上海唯链	化妆品防伪溯源
		CN107563846A	深圳市易成自动驾驶技术有限公司	共享车辆管理
		CN107507120A	复旦大学	共享单车监管
		CN107516183A	合肥维天运通	无车承运管理
		CN107682337A	深圳市轱辘车联	车辆行车数据记录

续表

应用分支	申请年份	公开号	申请人	应用场景
防伪溯源	2017	CN107730279A	上海唯链	车辆原厂出厂零件防伪追踪
		CN107818158A	浪潮	车辆防伪
		CN108154050A	深圳市轱辘车联	车况数据管理，便于购车
		CN108009646A	深圳市轱辘车联	车辆维修保养记录
		CN108133023A	上海唯链	车辆检测信息追溯
		CN107909416A	深圳市轱辘车联	车辆估价
		CN107122985A	广东工业大学	农产品供应链追踪
		CN107330581A	上海交通大学	农产品质量管理
		CN107994982A	上海唯链	绿色有机农业认证
		CN207473663A	杭州沃朴物联	家禽成长记录
		CN107392813A	杭州趣链	学籍认证
		CN107943996A	四川长虹	学历查询
		CN108171068A	天津大学	学籍认证
		CN108171068A	天津大学	学籍认证

4.3.3.1 医疗健康管理

区块链作为一种多方维护、全量备份、信息安全的分布式记账技术，非常适合于保存医疗历史数据。2014年加拿大申请人Swabey John W.提出CA2867765A1，使用分布式电子文档表示关键生命体征的一段时间内的测量结果以及获取时的位置、时间和个人识别，通过对比检查点之前的潜伏期呈现的主要症状来判定疾病状况。

上述单一地针对医疗历史记录进行记录，不能完全解决医疗保健行业目前的问题，例如用户病历信息在健康信息网络中发生速度快和健康信息网络中包含的信息太过孤立等，更全面更完备的综合医疗平台于是应运而生。2015年美国申请人PokitDok Inc.提出一种分布式自主医疗经济平台（US2017039330A1），将所有医疗保健数据聚合成全局理论拓扑图，并通过混合联合和对等分布式处理体系结构处理数据。2016年阿里巴巴提出一种健康档案管理系统（CN108074629A），包括多个医疗服务器、多个用户客户端和认证服务器，多个医疗服务器用于向与第一用户关联的健康档案中上传健康数据，或者从所述健康档案中下载健康数据；用户客户端用于设置多个医疗服务器对健康数据的访问权限；认证服务器用于确定多个医疗服务器中一个或多个是否有权限向健康档案中上传健康数据和/或从健康档案中下载健康数据。通过阿里巴巴的上述方案，个人健康档案（例如体检报告和通过智能设备测量的诸如血糖、血压、体脂、体重、运动类数据等）和医疗档案（例如病历、治疗处方等）可以互通，冲破信息孤岛，使得患者在不同医院就诊时无须进行多次的信息填报和检查检验，提高了诊断结果准确性，同时提升了用户体验效果。

在解决了就诊患者的病历记录问题后，区块链在医疗领域的应用向药品、医疗器械延伸。假冒伪劣药品一直困扰着广大消费者，有很多人深受其害，社会公众对假冒伪劣药品深恶痛绝。2016年华迪计算机提出基于区块链对药品质量安全进行全程监控，建立药品标识信息，将标识信息的出库记录进行加密，并且将经过加密的出库记录存储在区块链中，在药品出库后且用户获得药品之前，将每个交易点处所产生的包括标识信息的交易记录进行加密，并且将经过加密的交易记录存储在区块链中，在用户获得药品之后，利用标识信息从区块链中获取药品的出库记录和每个交易点的交易记录，这样一来，用户可以根据药品的出库记录和每个交易点的交易记录确定药品的质量安全，实现了药品生产、流通、使用各环节的全程跟踪和安全追溯。2017年上海唯链也提出了基于区块链技术的药品防伪和追溯方法。与华迪计算机的方案相比，上海唯链还将加密所使用的秘钥信息制作一一对应的二维码，贴于药品外包装上，消费者用客户端扫描所述二维码，可读取到加密的药品信息和流通信息，生产企业可对市场窜货进行有效管理，快速召回有问题药品，从而实现对所述药品的防伪和追溯。2017年，上海唯链还提出了关于医疗器械安全追踪的方案，将医疗器械从出厂到废弃的所有流通信息过程加到信息追溯链上，全寿命周期的数据真实可查询，缩短了管理流程执行时间，提高了公正性，降低了防伪成本，为提高执法效率提供了条件。

4.3.3.2 公证认证

客观、公平的公证认证服务在社会诚信体系中有着至关重要的作用。中国在《社会信用体系建设规划纲要（2014—2020年）》中指出：全面推进包括政务诚信、商务诚信、社会诚信等在内的社会信用体系假设，逐步消除"信息孤岛"，构建信息共享机制。但目前来看，文书、学历造假和商业欺诈等现象仍然屡见不鲜，传统的"人工+纸质"的公证、认证方式手续烦琐、流程复杂，需要大量的工作人员对申请书和申请人提供的证明材料进行核对、校验、审查，且传统的认证方式依赖主观判断，无法保证所认证的真实性[1]。具有共享、分布式、不可篡改等优良特性的区块链技术在公证认证领域享有优势，各研发主体在2015年已开始探索使用区块链技术助推公证认证的发展。

韩国Coinplug公司在2015年提出了两件利用区块链技术进行认证/公证的申请，一件涉及证书认证（KR101637854B1），使用区块链进行证书发布和认证，认证用户从随机数发生器产生随机值，按照存储在存储器中的状态提供给用户密钥，加密引擎通过证书的公钥的传输请求，存储器管理用于认证的公共私钥，指定用于在交易记录中收集的信息的用户识别信息的公钥被存储；另一件涉及文件公证（KR101727134B1），使用区块链进行公证、验证和销毁文件。上述两件申请均基于区块链结合随机数、加解密技术完成。国内申请人也在此方向紧跟国际步伐进行了布局。2017年阿里巴巴提出

---

[1] 唐文剑，吕雯，林松祥，等. 区块链将如何重新定义世界[M]. 北京：机械工业出版社，2016.

一种数字证书管理方法（CN107508680A），接收区块链中的节点发送的数字证书上链请求，数字证书上链请求中包含由节点使用私钥签名生成的待校验数字证书，用于请求将待校验数字证书写入区块链，确定对节点的待校验数字证书进行共识校验的结果，依据共识校验的结果，确定是否将待校验数字证书写入区块链。因此，采用这种去中心化的架构对数字证书进行管理，需要经过共识校验的数字证书才能入链，而只有入链的数字证书才是合法的数字证书，因此，即使某一节点被黑客攻击，或者黑客取得了 CA 私钥而可以随意签发数字证书，黑客也无法在区块链中取得合法的数字证书，从而无法加入区块链网络进行非法通讯。

电子票据的公证是这一领域的又一主要应用场景。2016 年中国公司杭州云象网络提出基于联盟链构建数字票据交易系统（CN106780033A），以联盟链作为技术支撑，结合现有的票据属性、法规和市场，开发出一种数字票据，它与现有的电子票据相比在技术架构上完全不同，既具备电子票据所有的功能和优点，又融合进区块链技术的优势，是一种更安全、更智能的票据形态，通过建立统一规范的票据交易平台，解决贸易背景造假、票据真实性认证失效、纸质票据"一票多卖"、电子票据贴现款到账与票据背书不同步等诸多问题，能够有效管控和防范各种风险。中钞信用卡提出了基于区块链的数字票据交易监管系统（CN106920169A），根据参与方的隐私保护公钥解码参与方在区块链中所有交易的明文内容，实现对数字票据交易内容的监管，准入机制使得只有经过审核的参与方才能加入，并对其权限及交易内容进行相应的监管，从而提高数字票据交易过程的安全性和可靠性。

上海树读将认证领域扩展到征信数据，提出了一种征信数据的共享与交易系统（CN106780007A），征信数据共享与交易系统包括至少两个 P2P 的网络节点，网络节点中包括底层区块链系统以及运行在底层区块链系统上的征信数据共享平台，在该平台上结合数据层（参见第 3.2 节）进行数据查询、数据交易，使得征信数据提供者在数据被保护的情况下可以实现数据交易，征信数据查询方则可以获取征信数据，保障真实性。中链科技将认证领域扩展到土地权属认证（CN106920098A），基于区块链技术执行确权智能合约可以获取数字土地使用权证书或数字土地承包经营权证书，实现了土地确权和流转的全过程电子化、透明化，进而使得确权和流转的数据具有更高的安全性并全程可追溯。

4.3.3.3 版权保护

版权是一种无形财产或者一种没有形体的精神财富，是创造性的智力劳动所创造的劳动成果，然而，在当下的互联网生态中，版权存在价值评估困难、供需不平衡、侵权现象严重、纠纷频发、举证困难、维权成本过高等诸多问题。

2015 年美国专利申请 US2016321769A1 公开了数字内容版权交易的方案，内容项子系统用于接收和管理数字内容项，交易子系统执行与转移权利相关联的区块链交易，市场子系统在数字内容项的所有者和接收者之间对数字内容项权利进行代理，实现数字版权交易的公开透明。2016 年华为提交了 2 件专利申请 CN107145768A 和 CN107967416A，第一件专利申请是对版权相关的处理事务均保存在区块链上，实现版权管理的透明化并提高了其可信度;第二件专利申请是根据获得的待维权的内容特征和许可信息,对版权进行维权检测,实现了版权能够被任一维权检测服务装置进行维权检测。同年,英特尔提交了专利申请 US2018068091A1,针对数字内容版权的保护。2017 年 nChain 提交了专利申请 WO2017195161A1,公开了对软件版权的保护方案。同年,北京瑞卓喜投提交了专利申请 CN107659610A,公开了对著作权的保护方案。

4.3.3.4 证据保全

相比于传统证据,电子证据较脆弱,易被修改和删除,真实性难以保证。比如,个人电脑里的数据很可能因误操作、病毒攻击等造成数据丢失,而专业数据库也有这样的风险。现实中,绝大部分电子证据保存于中心数据库,一旦该数据库的可信性受到损害,数据真实性将不能得到保证。可见,在保全电子证据时,如何保证其真实性和不可篡改是非常重要的。

此外,电子证据具有海量特征与及时性,采集保存都需要特殊的工具与手段,若采取传统保全方法,需通过公证机关公证或者向法院提交申请,操作烦琐,耗时长,不能满足电子证据高效及时的要求,而且公证与申请材料庞杂,耗费大量的人力、物力及社会资源。

2016 年布比网络提出了一种构建电子证据系统的方法(CN105790954A),对申请人的电子数据生成唯一的、定长的数字摘要,并构造电子证据区块链系统的 Merkle 树,构造带有时间戳的电子证据区块链系统,电子证据区块链系统为区块设立索引号并将该索引号、生成的数字摘要和时间戳一起返回给申请人,在该系统中,参与各方共同建造、共同维护、共同监督,从而满足各方的知情权、监督权,降低电子证据的鉴定成本,提高鉴定效率,增强电子证据的客观性与可信度。2017 年法信公证云(厦门)进一步提出了基于区块链对音视频证据的保全方法(CN107948736A),对移动终端上传的音视频原文件进行校验,在校验通过时,生成音视频原文件的完整数据指纹,将音视频原文件的存储地址、音视频原文件对应的用户信息以及完整数据指纹发送至区块链网络,将权威证明节点中的存储内容更新。

上述技术应用的出现为电子证据成为可信的司法证据提供了可能,假以时日,人们必能看到更多的应用实例出现在司法审判中。

4.3.3.5 防伪溯源

这部分内容涉及的是防伪溯源,主要涉及的应用领域有食品畜牧、车辆、教育、各类商品、征信、公益慈善等。

溯源是一种追溯根源的行为,通常是指物品或者信息在生产、流通及传输的过程中,利用各种采集和留存方式,获得物品或者信息的关键数据,如流通和传输的起点、节点、终点,数据类别,数据详情,数据采集人,数据采集时间,并通过一定的方式,把数据按照一定的格式和方式进行存储。通过正向、逆向、定向方式查询存储的相关数据,就可以对物品及信息进行追溯根源。溯源的目标是实现所有批次产品从原料到成品、从成品到原料 100% 的双向追溯功能。溯源最大的特色就是数据的安全性,每个人工输入的环节均被软件实时备份。溯源系统建立后，物品或者信息一旦出现问题，就可以借助溯源系统查找问题所在，避免了由于资料不全、责任不明等给事故处理带来的困难，使得问题能够得到更快解决。

2014 年，美国专利申请 US2016098723A1 公开了一种商品防伪验证的方案，通过扫描商品的代码地址，验证该地址与记录在交易登记处的加密货币交易信息，基于验证和至少一个当前交易数据确定商品的真实性，通过该方案可以验证商品的真伪。2016 年，日本电气提交的专利申请 WO2017148527A1 公开了对商品防伪的方案。

追踪溯源的应用领域非常广泛。2015 年中国专利申请 CN105608146A 公开了对资产的追踪溯源，获得溯源追踪的区块链地址的资产转移历史记录。2016 年中国专利申请 CN106230808A 涉及的是个人征信，CN106296382A 涉及的是税务管理，CN106339875A 涉及的是设备操作记录的管理。2016 年三星提交的专利申请 KR20170123861A 涉及对捐赠物资使用情况的追踪，使得捐赠物资的使用情况更加公开透明。2017 年中国专利申请 CN106779975A 涉及的是对商家信誉的追踪溯源，CN106875254A 则公开了对恶意应用程序的控制，将 APP 市场注册为区块链节点，APP 市场所发布的每一个应用程序都会被区块链记录下来并直接反馈到 APP 市场本身的信誉度上，因而经常发布恶意应用程序的 APP 市场久而久之就会消失。2017 年中国专利申请 CN107657460A 涉及烟草溯源追踪，CN107786546A 涉及红酒溯源追踪，CN107679877A 涉及化妆品溯源追踪。2018 年中国专利申请 CN108154400A 公开了对商品评价信息的防伪溯源的方案。可见，溯源追踪涉及社会生活的方方面面，除了上述应用领域外，通过对溯源追踪专利的统计分析，食品畜牧、车辆、教育是专利申请的热门应用领域。

食品畜牧是为人类提供营养的物质，一直以来在国民经济中有着重要的地位和作用，主要包括为人类提供肉、奶、蛋类等可食用的食物，但是在传统农业畜牧业里，产业链非常长，从种植到人们可以食用，中间历经多个环节，这些环节大多都是割裂、无序的，食品到达最终可食用的环节，中间的过程大多无法得知、无法追溯，而且现在食品安全事件层出不穷，令公众焦虑不已，消费者对于食品安全的信任降至低点。因此，对食品畜牧进行追根溯源以保证食品安全是目前亟待解决的问题。区块链技术的出现为该问题提供了很好的解决途径。

2016 年，中国专利申请 CN106022792A 利用区块链记录食品从诞生到消耗的整个生命周期的流通状况，使得每个环节的参与者都无法掺假，且具有可信性。2016 年 IBM 提交的专利申请 US2018174094A1 公开了对于食品保质期的追踪管理。2017 年杭州沃朴物联提交的专利申请 CN207473663A 公开了利用区块链对家禽的成长状况进行记录。

随着国民经济的持续发展和人民生活的日益提高，汽车消费已步入家庭，汽车的社会保有量呈大幅度增长趋势。汽车是一个产业链非常长的行业且涉及诸多领域，从汽车生产时的零部件到汽车销售以及到后期的保养，其中每个环节都有可能出现问题，而当出现问题时,可信任的数据是解决问题的基础,因此,利用区块链对汽车进行溯源追踪是目前较为热点的技术。

2016 年,富士通提交了专利申请 CN108001428A,公开了一种基于区块链的电动汽车电池更换系统,从电动汽车获取待更换的第一电池的电池信息,从换电站获取用于更换第一电池的第二电池的电池信息,并且将所获取的电池信息输入到区块链的智能合约,基于所获取的第一电池和第二电池的电池信息利用智能合约评估第一电池的价值和第二电池的价值;基于所评估的第一电池的价值和第二电池的价值,将第一电池更换为第二电池并且将更新的第一电池和第二电池的电池信息以及与电池更换交易相关的交易信息存储在区块链中,以解决在电池更换中的信任问题。2017 年,复旦大学提交了专利申请 CN107507120A,公开了关于共享单车监管的方案,通过将车使用过程存放到区块链上实现对共享单车的使用和停放的监管。同年,上海唯链提交了专利申请 CN107730279A,利用区块链技术追溯汽车原厂零配,将汽车零配件从出厂到废弃的所有流通信息过程加入到信息追溯链上,全寿命周期的数据真实可查询;还将零配件的更换信息加入到整车信息中,直接可查询整车上所有更换的零配件,给更换过的零配件一个状态码,显示是否为原厂出厂,彻底解决假冒伪劣产品的困扰。深圳市轱辘车联提交的专利申请 CN108009646A 涉及车辆维修保养记录。浪潮提交的专利申请 CN107818158A 涉及车辆防伪。

将区块链技术运用于教学信用平台,可以将数字信息记录于区块链上,基于数据不可篡改的特性保证信息安全,促进教育产业健康发展。2016 年中国专利申请 CN106339639A 公开了基于区块链的学分成绩管理方法,通过为所有的学校服务器创建区块链,使每个参与其中的学校都有一条区块链,形成联盟链,存储了所有学校的所有学生的成绩和学分,实现了对所有学校的学生学分和成绩的统一管理。2017 年杭州趣链提交了专利申请 CN107392813A,根据学籍录入请求建立学籍账户,完成学籍信息数字化,将学籍信息写入区块链,建立真实可信的数字化学籍信息,学籍转移信息记录在学籍所有者的区块链学籍账户中,经验证成功后,将转移信息写入区块链系统并同步至所有的网络节点,还可以查询学籍。

4.4 共享数据技术应用专利分析

目前,区块链技术的应用相对广泛且应用场景不断扩增,比如与物联网的结合、与供应链的结合等等,还不断向涉及互信问题的领域渗透,借助区块链去中心化、可信任、不可篡改、可追溯等特性,在与实体经济结合的探索中不断取得成效。这种深度融合模式深受国内外的关注,万物互联或因区块链成为可能。

基于此,本节重点分析共享数据技术应用方面的专利申请,选取了区块链技术在共享数据的七个方面的应用,深入分析各个国家或地区在此方面的专利申请和布局趋势。

4.4.1 全球专利态势

本节以 264 项共享数据全球专利申请为样本，分析了区块链在共享数据应用领域的国内外申请现状和趋势，挖掘了本领域主要的申请国家或地区，探求各方对区块链共享数据领域的研究状况及相关进展。

4.4.1.1 申请趋势

对获得的全球专利申请的申请量和申请时间做统计分析，得出区块链共享数据全球专利申请量的年度分布图如图 4-4-1 所示。

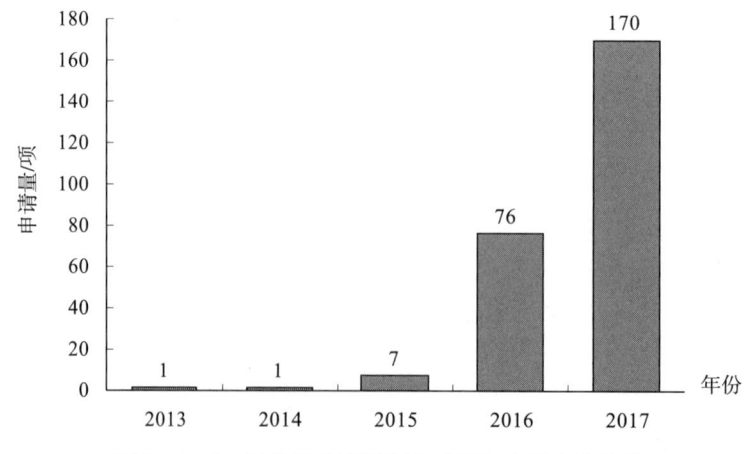

图 4-4-1 区块链共享数据全球历年专利申请趋势

从区块链共享数据技术应用领域的申请量趋势来看，2016 年以前专利申请量较少，其中，2013~2015 年这个领域的申请量总共只有 9 项，大部分专利申请出现在 2015 年之后，2016 年区块链共享数据技术应用领域的相关专利申请已经达到了 76 项，并且在 2017 年达到了 170 项。从这一数据可以看出，随着信息技术的快速发展，互联网物联网等其他行业与区块链技术的交叉融合已成为国内外申请人关注的重点。

随着区块链技术的发展，以区块链底层技术为依托的新一代应用纷至沓来，相关技术应用已经在物联网、能源、物流等领域率先落地。区块链的数据管理机制维护一个公共的分布式总账，任何发生在此网络上的交易都会被约定的算法记录并保证数据真实和安全，因此，区块链的诞生有助于构建一个完善的共享数据信用体系，并且，区块链技术通过协议与算法，使其系统本身能够产生信用。基于此，越来越多的申请人开始投入到区块链在共享数据上的应用。

从图 4-4-2 可以看出，2013~2017 年在共享数据技术应用领域中，互联网和物联网、供应链和物流等方面的增长幅度较大。在 2017 年，互联网和物联网这一应用分支的申请量达到了 62 项，同年，供应链和物流这个分支的申请量也达到了 42 项。从近年的发展趋势来看，互联网初始的设计理念与区块链极为贴合：任何具备 IP 地址的计算机都可以与互联网上的其他计算机相连接，分享或者提供互联网服务。全自动智能

第 4 章　重点技术应用专利分析

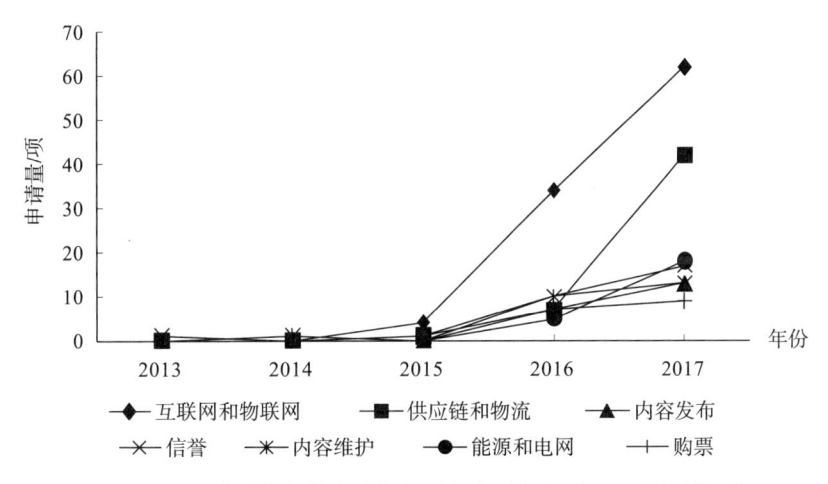

图 4-4-2　共享数据技术应用领域各分支的全球专利申请量趋势

经济不能依赖于互联网内固定的单一或多个中心控制。因此，互联网和物联网与区块链结合正成为趋势，这一领域的专利申请也出现了较快的发展。

4.4.1.2　应用构成分析

在共享数据领域，区块链技术主要应用于互联网和物联网、供应链和物流等领域，借助相对成熟的行业，获取更大的发展空间。区块链涉及共享数据技术应用的构成如图 4-4-3 所示，其中涉及互联网和物联网的专利申请量占到了 37%，涉及供应链和物流、信誉的专利申请占比分别为 19% 和 10%，能源和电网、内容维护、内容发布分别占 9%。

除了与互联网和物联网技术结合，区块链还与供应链和物流、信誉等技术分支有大量的结合应用。在供应链和物流这一分支上的专利申请量达到了 52 项，区块链作为一种分布式账本技术，能够将传统供应链上的原料采购、生产加工、仓储物流、分销零售等独立节点有效连接，形成完整的链条，促进供应链健康发展。例如，2017 年 8 月成立的运输业区块链联盟（BiTA）旨在创建供应链、物流、资产追踪、交易账本等应用，沃尔玛也正在使用区块链追踪食品。供应链和物流方面的区块链专利申请占比较大，说明在这一技术应用分支中，申请人期望区块链技术可以应用于生产制造中，借助新技术控制生产、售卖流程，从而杜绝非法产品，同时基于数据的共享，了解各方需求，实现更为有效的合作共赢。

同样，在能源领域，区块链技术也有用武之地。区块链技术在能源领域最为广泛应用的是智能电网。针对每一度电，用区块链可以从来源到使用建立完备的数字档案，为电站提供数据支持和资产评估依据，因而，也有 24 项专利申请集中在这一应用分支。

4.4.1.3　技术来源地

区块链共享数据技术应用领域申请的主要来源国中，64% 来源于中国，其次有 25% 来源于美国，中美两国仍然占据了该领域的主要申请地位，如图 4-4-4 所示。

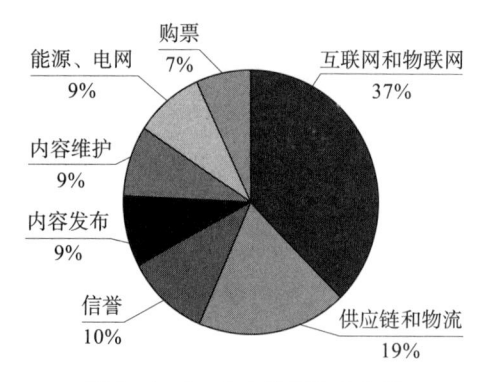

图4-4-3 共享数据技术应用
专利全球构成分布

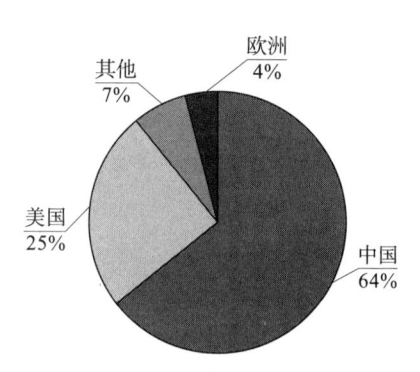

图4-4-4 共享数据技术应用领域
专利申请主要来源地

国内在互联网和物联网、物流、能源等信息技术领域的发展带来的是数据处理的爆炸，此外，安全存储数据信息也尤为重要，因此依托区块链技术实现的数据安全存储极大提升了区块链在数据共享领域的的价值和使用空间，这可能也是吸引更多的国内外申请人对共享数据技术这一应用分支投入专利方面的保护的重要一点。

4.4.1.4 主要申请人

对全球区块链共享数据技术应用相关专利的重要申请人进行统计分析，从图4-4-5可以看出，布比网络以5项专利申请排名第一。布比网络专注于区块链技术和产品创新，以去中心化为核心，打造价值流通网络，达到使数字资产流动的目的。其产品主要有布比开发者平台、布比区块链社区和布比资产管理平台。通过对大量业务模型、应用模型的数据测试分析，布比区块链在性能方面可达到秒极交易验证、海量数据存储，高吞吐量、节点数据快速同步；在扩展性方面可达到满足多业务区块结构、权限控制策略；同时，提供安全的私钥存取服务以及隐私保护方案。

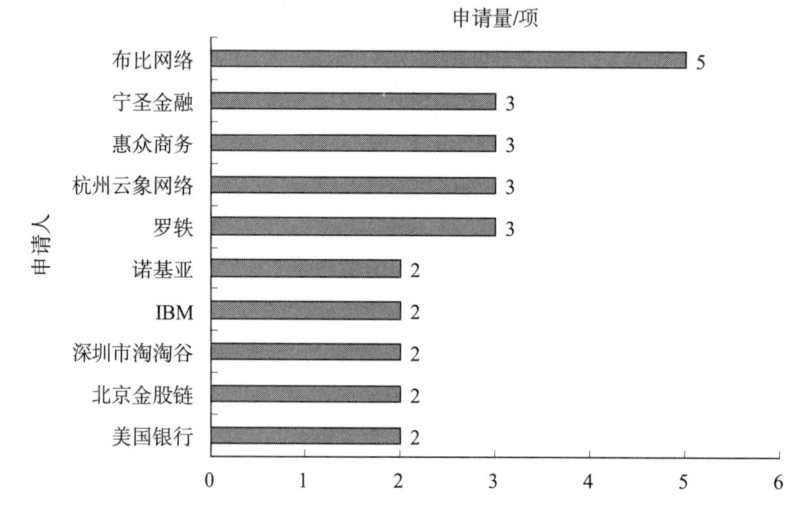

图4-4-5 共享数据技术应用专利全球主要申请人

注：图中数据截至2016年12月31日。

从图4-4-6可以看出，区块链共享数据技术应用领域的专利申请人主要将相关申请布局于互联网和物联网、供应链和物流领域，申请人类型主要是互联网数据科技公司以及国内高校。在区块链共享数据技术应用中，能源和电网、购票、信誉等分支的布局较为薄弱。

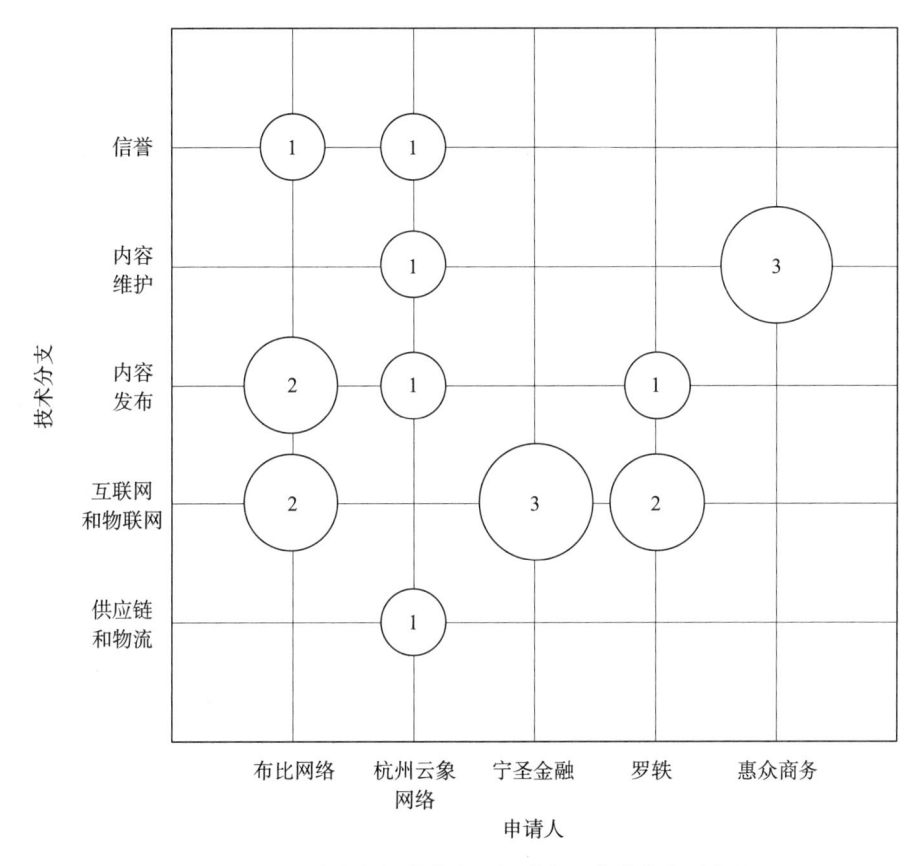

图4-4-6 共享数据技术应用领域主要申请人专利布局

注：圈中数字表示申请量，单位为项。

4.4.2 中国专利态势

从申请量来看，中国在区块链共享数据技术应用领域的发展趋势与全球发展趋势几乎相同，从图4-4-7可以看出，中国在该领域于2014年起步，到2016年中国的申请量达到了50件，同期占全球相关专利申请量的65.8%，到2017年中国的申请量达到了153件，同期，已占全球相关专利申请量的90%。

4.4.2.1 中国申请趋势

中国在共享数据技术应用领域起步于2014年，于2016年大幅增长，至2017年，中国在共享数据技术应用领域的专利申请达到了153件。国内申请人在这一领域的申请量快速增长，也表明国内对共享数据领域的关注度逐年上升。图4-4-8示出了区块链共享数据技术应用领域的中国专利申请量趋势。

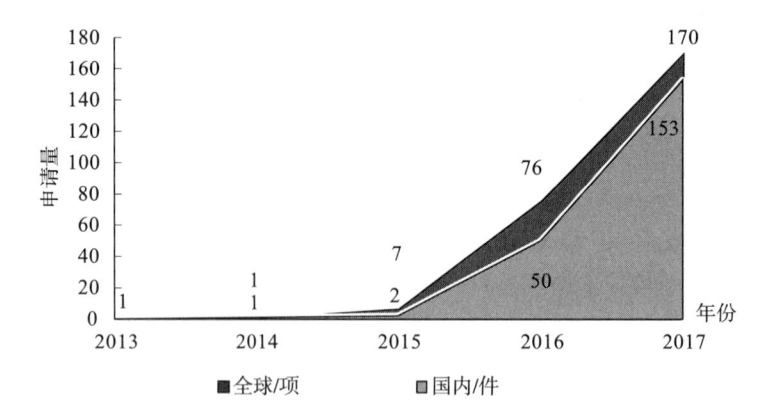

图 4-4-7 区块链共享数据技术应用领域全球/中国专利申请量随年份变化趋势

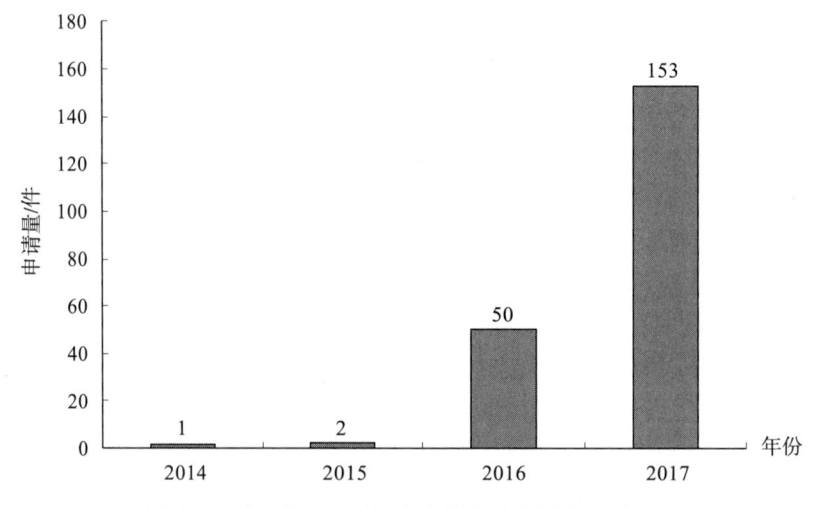

图 4-4-8 共享数据技术应用专利中国申请量趋势

图 4-4-9 示出了区块链共享数据技术应用领域各分支的中国专利申请量趋势，从申请数量可看出呈逐年上涨的趋势，尤其是在互联网和物联网、供应链和物流等技术分支的增长趋势明显，促使技术创新有了很大的突破。

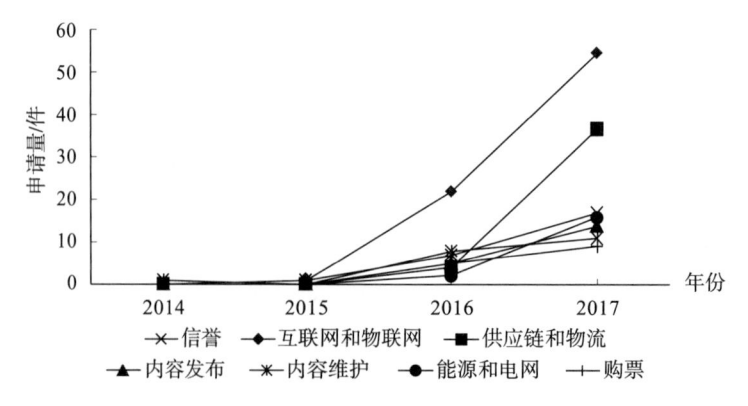

图 4-4-9 共享数据技术应用各分支专利中国申请量趋势

区块链从对数据真实、有效、不可伪造、难以篡改的需求角度出发，相对于传统的数据库来说，可谓是一个新的起点，也展示出了新的要求。中国是数据大国，利用区块链技术管理数据资源，挖掘数据的价值，有效利用共享数据，推动经济社会发展，是国内专利申请人借助自身优势，开展技术创新，促进产业协同的体现。

4.4.2.2 应用构成分析

中国在共享数据技术应用领域专利申请的构成与全球范围的结构基本吻合。图4-4-10示出了区块链共享数据技术应用专利申请在中国的构成分布。互联网和物联网应用分支的占比达到了36%，供应链和物流领域的占比次之，达到了19%。由于国内在这一领域申请的基数较大，因而，其应用专利申请的构成基本与全球构成相似，互联网和物联网技术与区块链结合，仍然是各界研究、开发的热点。

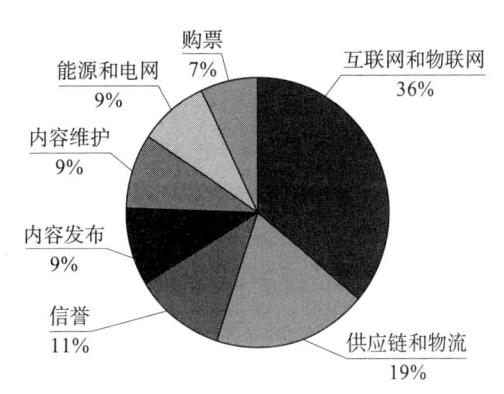

图4-4-10 共享数据技术应用专利中国申请构成分布

4.4.2.3 主要申请人

从图4-4-11可以看出，国内方面，相关专利的申请人主要集中在互联网科技公司。

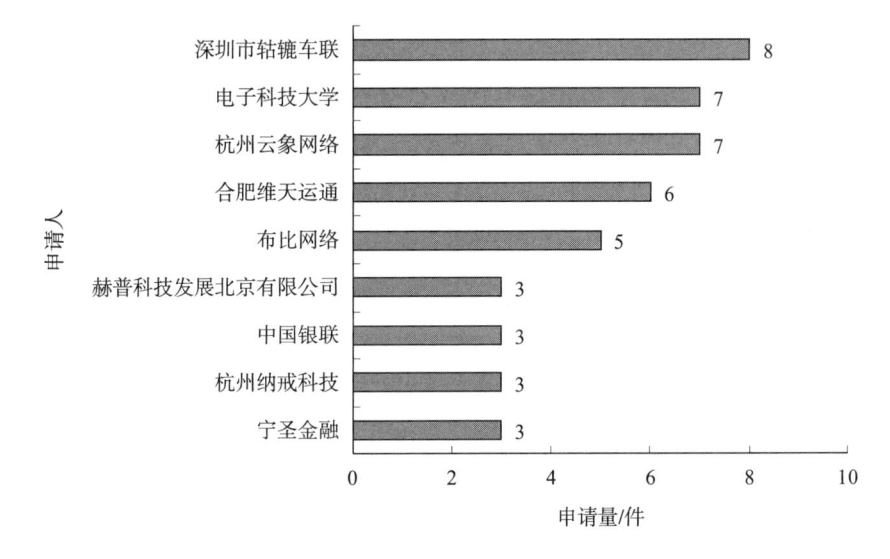

图4-4-11 共享数据技术应用中国专利申请人排名

随着区块链革新升级，与互联网和物联网等前沿技术深度融合、集成创新，区块链技术在医疗、司法、工业、媒体、游戏等各个细分领域的商业探索应用将获促进。区块链"脱虚向实"趋势明显，行业生态链已经初步成形，正在从各个领域助力实体经济高质量发展。借助数据共享平台，区块链吸引了国内众多公司的关注，尤其是新兴的区块链初创企业更加注重这一应用分支的知识产权保护。专利申请数量方面，国内申请人已经占据了领先的位置。随着技术的更新发展，数据共享与区块链相融合衍生出的专利创新产品将有望发挥更大的作用。

4.4.3 共享数据技术应用专利分析

根据专利内容的应用场景特点和代表性，结合专利内容可行性，笔者筛选了共享数据技术应用的重要专利，通过梳理各个共享数据应用的重要专利可以获得共享数据应用的发展路线图，如图4-4-12所示。

4.4.3.1 万物互联

万物互联是未来的发展趋势，遍及智能交通、智慧城市、智能家居等多个领域。根据国际数据公司的统计，截至2020年，全球物联网市场规模将增长至3万亿美元，而全球物联网设备将达到300亿台。❶ 区块链技术可以在物联网的设备之间建立低成本的连接，还能通过去中心化的共识机制提高系统的安全私密性，同时，智能合约使得互联的设备之间可以按照事先的规定交换信息。万物互联重要专利信息如表4-4-1所示。

2015年，英特尔开拓了区块链应用于物联网的先河，率先将区块链技术应用于路由节点的身份存储中，提出了基于区块链的转移所有权的方案（US2017178072A1），通过将路由器间所有节点的所有权以区块的形式存入区块链，实现所有权的去中心化存储。2016年，清华大学提出了基于网络节点操作控制单元的跨协议分布式云存储系统（CN105721543A），同年，中国申请人北京铸银博科技有限责任公司提出了基于区块链的智能穿戴设备（CN205666862A），部署多个去中心化的服务器与智能穿戴设备连接，实现服务器的弹性部署，将区块链技术扩展到智能穿戴领域。此外，中国申请人中兴也提出了基于区块链的物联网方案（CN107659536A），实现小型区块链客户端与区块链服务器的低功耗数据同步。诺基亚也提出了基于区块链的网络威胁检测（EP3285248A1），将区块链在互联网领域的应用进一步扩大。2017年，申请人nChain将区块链技术拓展到车联网，提出了基于区块链的车联网技术（WO2018020377A1）；同年，中国申请人深圳市轱辘车联提出了基于区块链的车辆尾气处理方法（CN107945090A），从智能合约获取尾气数据的分析模型分析车辆的尾气数据，获得尾气分析报告，然后登记在区块链中并全网广播，车载设备提供的尾气数据保证了尾气数据的真实性，尾气分析报告以区块链的方式存储，不可篡改，从而保证了尾气分析结果的权威性。2018年，中国申请人上海连尚网络科技有限公司提出了基于区块链的无线接入方法（CN108174381A）。

由此可见，随着物联网不断发展，借助区块链的优点，建立一个去中心化的物联网的同时，也保证了参与者的安全隐私问题。

---

❶ 徐明星，等. 图说区块链[M]. 6版. 北京：中信出版集团，2017：221.

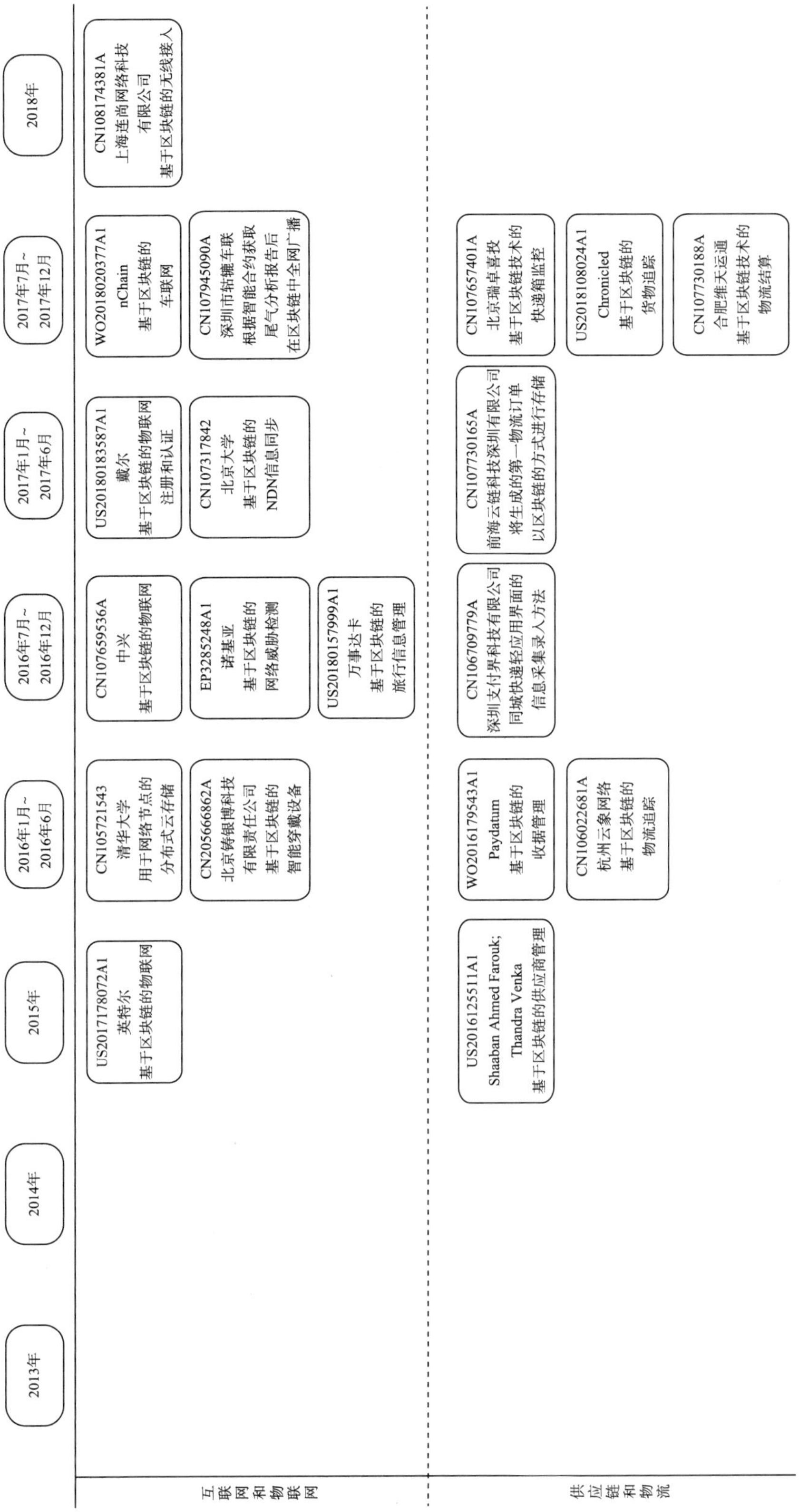

第 4 章 重点技术应用专利分析

图 4-4-12 共享数据技术应用发展路线

年份	互联网和物联网	供应链和物流
2013年		
2014年		
2015年	US20171780 72A1 英特尔 基于区块链的物联网	US20161255511A1 Shaaban Ahmed Farouk; Thandra Venka 基于区块链的供应商管理
2016年1月~2016年6月	CN105721543 清华大学 用于网络节点的分布式存储 / CN205666862A 北京锋铭博科技有限责任公司 基于区块链的智能穿戴设备	WO2016179543A1 Paydatum 基于区块链的收据管理 / CN106022681A 杭州云象网络 基于区块链的物流追踪
2016年7月~2016年12月	CN107659536A 中兴 基于区块链的物联网 / EP3285248A1 诺基亚 基于区块链的网络威胁检测 / US20180157999A1 万事达卡 基于区块链的旅行信息管理	CN106709779A 深圳支付界科技有限公司 同城快速轻应用界面的信息采集录入方法
2017年1月~2017年6月	US20180183587A1 戴尔 基于区块链的物联网注册和认证 / CN107317842 北京大学 基于区块链的NDN信息同步	CN107730165A 前海云链科技深圳有限公司 将生成的第一物流订单以区块链的方式进行存储
2017年7月~2017年12月	WO2018020377A1 nChain 基于区块链的车联网 / CN107945090A 深圳市栖蟾车联 根据智能合约获取尾气分析报告后在区块链中全网广播	CN107657401A 北京瑞卓喜投 基于区块链技术的快递箱监控 / US2018108024A1 Chronicled 基于区块链的货物追踪 / CN107730188A 合肥维天运通 基于区块链技术的物流结算
2018年	CN108174381A 上海连尚网络科技有限公司 基于区块链的无线接入	

151

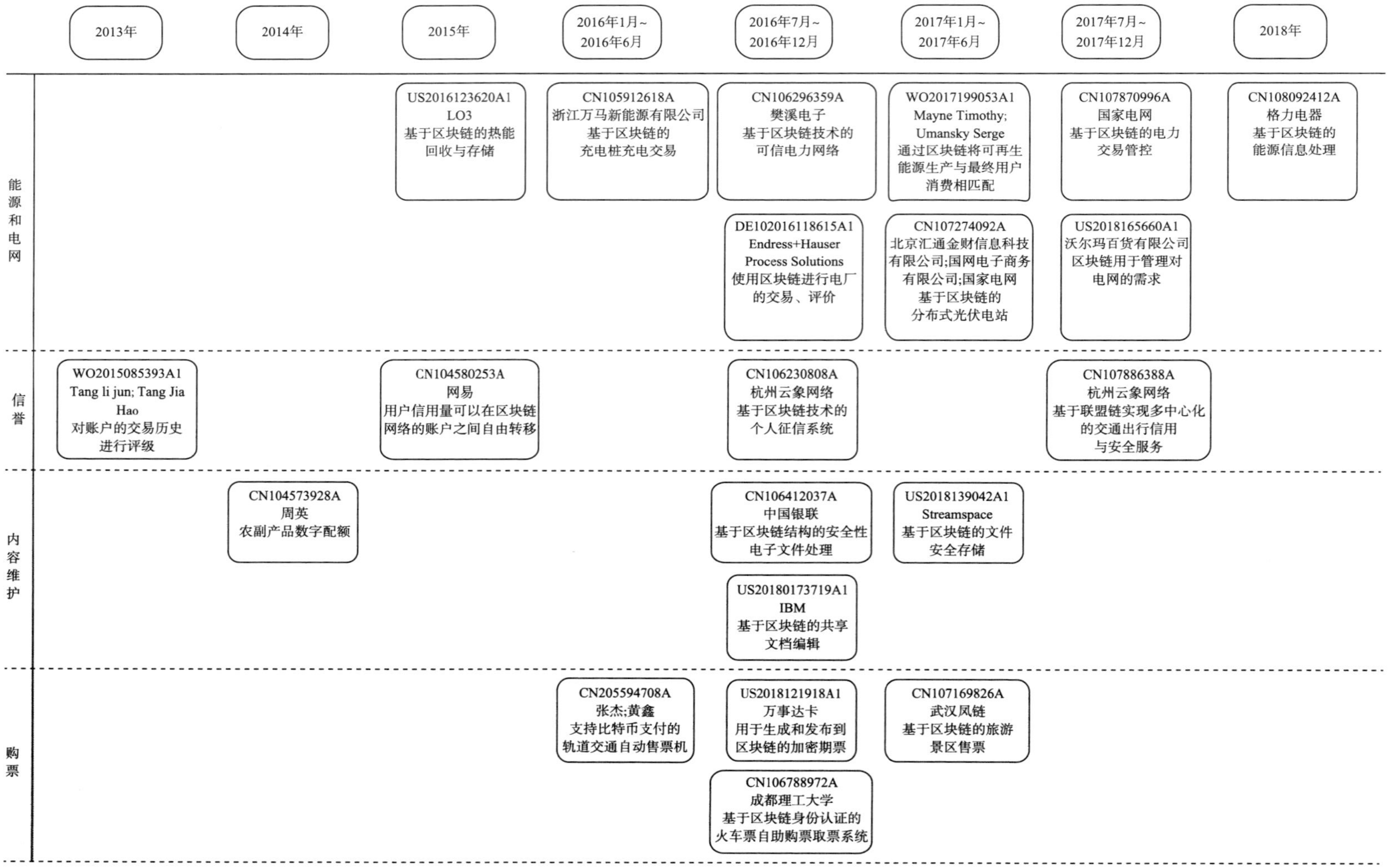

图 4-4-12 共享数据技术应用发展路线（续）

表 4-4-1 万物互联重要专利

技术分支	申请年份	公开号	申请人	应用场景
互联网和物联网	2015	US2017178072A1	英特尔	基于区块链的物联网
	2016	CN105721543A	清华大学	用于网络节点的分布式云存储
		CN105827410A	邓迪	构建可信节点/卫星节点的区块链传输方法
		US2017302663A1	思科	基于区块链的物联网设备身份验证和异常检测
		US2017329980A1	戴尔	基于混合区块链的方法来促进安全和可伸缩数据传输
		CN205666862A	北京铸银博科技有限责任公司	基于区块链的智能穿戴设备
		CN106130779A	布比网络	基于区块链的物联网设备
		CN106161674A	宁圣金融	区块链域名解析
		US2017031676A1	Deja Vu Security	基于区块链计算机数据的分发
		CN107659536A WO2018018992A1	中兴	基于区块链的物联网
		CN106227833A	宁圣金融	区块链搜索引擎
		EP3285248A1 WO2018033309A1	诺基亚	基于区块链的网络威胁检测
		CN107784748A	深圳市图灵奇点智能科技	基于分布式记账的自助收费终端
		CN106485495A	江苏通付盾	基于区块链的交易信息订阅
		CN106503995A	中国银行	基于区块链的数据分享
		CN106776894A	北京众享比特	基于区块链的日志数据同步
		US2018157999A1 WO2018106353A1	万事达卡	基于区块链的旅行信息管理
	2017	US2018183587A1	戴尔	基于区块链的物联网注册和认证
		CN107317842	北京大学	基于区块链的NDN信息同步
		WO2018020377A1 TW201810151A	nChain	基于区块链的车联网
		CN107689985A	贵州眯果创意科技有限公司	基于区块链技术的节点式操作下载系统

续表

技术分支	申请年份	公开号	申请人	应用场景
互联网和物联网	2017	CN107945090A	深圳市轱辘车联	分析获得尾气分析报告后登记在区块链
		CN108023794A	四川长虹	基于区块链的智能家居
		CN108154704A	武汉邮电科学研究院	基于区块链的智慧停车
	2018	US2018144156A1	Marin Gustavo；Manuel Damil	基于区块链的物联网
		CN108174381A	上海连尚网络科技有限公司	基于区块链的无线接入

4.4.3.2 供应链物流管理

在如今的供应链体系中，一个特定商品的供应链包含从原材料采购到制成中间产品及最终产品，最后由销售网络将产品送到消费者手中，将供应商、分销商、零售商、直到最终用户串联成一个整体。而区块链公开可查的可追溯特点，使得上述过程有迹可循，有据可依。

基于区块链的供应商管理重要专利信息如表 4-4-2 所示。该领域专利申请起始于 2015 年，由美国申请人 Shaaban Ahmed Farouk 和 Thandra Venka 提出（US2016125511A1），将所购商品的类别信息存入分布式存储账中，跟踪每个节点产生的计费时间，根据收到的货品是否符合要求进行核验，保证了商品流转信息的公开透明。2016 年，美国申请人 Paydatum 提出了基于区块链的收据管理（WO2016179543A1），将购买支付的销售收据进行存储，任何收据都可由购买者、销售者、信用卡发行者等需要查看收据的查看方获得。同年，中国申请人杭州云象网络提出了基于区块链的物流追踪（CN106022681A），将用户寄件信息、包裹流转信息连同时间戳进行记录，使得物流信息真实可查。2017 年，中国申请人北京瑞卓喜投也提出类似申请，系基于区块链技术的快递箱监控（CN107657401A）。美国申请人 Chronicled 同年提出了使用区块链进行货物追踪的方案（US2018108024A1）。2018 年，中国申请人合肥维天运通将区块链技术用于物流结算中（CN107730188A），通过区块链技术，实现应收账款的有效流通，同时提高支付清算效率。

区块链技术可以将目前供应链过程中需要的纸质流程数字化，在提高效率的同时也减少人工操作的失误。根据麦肯锡测算，全球范围内，区块链技术在供应链金融业务中的应用可以为银行减少操作风险带来的每年 1 亿~16 亿美元，这大概也是区块链技术受到国内外各大申请人争相布局的原因之一。

表4-4-2 供应链物流管理重要专利列表

应用分支	申请年份	公开号	申请人	应用场景
供应链物流	2015	US2016125511A1	Shaaban Ahmed Farouk；Thandra Venka	基于区块链的供应商管理
	2016	WO2016179543A1	Paydatum	基于区块链的收据管理
		CN106022681A	杭州云象网络	基于区块链的物流追踪
		CN106709779A	深圳支付界科技有限公司	同城快递轻应用界面的信息采集录入方法
	2017	CN106845969A	杭州纳戒科技	基于区块链的物流管理
		CN107122973A	电子科技大学	基于区块链的货运物流
		CN107103480A	电子科技大学	基于区块链的供应链管理
		CN107346491A	物链北京科技有限公司	基于区块链的商品流通信息跟踪
		CN107301522A	深圳前海华深安信物联技术有限公司	基于区块链的仓单管理
		CN107657401A	北京瑞卓喜投	基于区块链技术的快递箱监控
		CN107705203A	迅鳐成都科技	基于区块链的钢铁交易
		CN107730165A	前海云链科技深圳有限公司	将生成的第一物流订单以区块链的方式进行存储
		US2018108024A1	Chronicled	基于区块链的货物追踪
		CN107730176A	上海唯链	基于区块链的商品物流信息查询
		CN107730188A	合肥维天运通	基于区块链技术的物流结算

4.4.3.3 能源智能化调控

区块链技术在能源领域的应用潜力巨大。2016年5月15日，全球首个能源区块链实验室在北京正式成立，标示着能源区块链逐渐走向历史舞台。概括来说，区块链在能源领域的应用主要有三个方面：电力、能源智能化调控与生态系统。❶ 该领域重要专利信息如表4-4-3所示。

电力方面，2016年，中国的浙江万马新能源有限公司提交了基于区块链的充电桩充电交易通讯方法（CN105912618A），通过借助区块链技术记录充电桩的充电交易记录并集体维护一个可靠的充电交易记录数据库，使得充电桩的交易记录有迹可循。同年，樊溪电子也提交了基于区块链技术的可信电力网络交易平台（CN106296359A），通过在区块链节点中存储电力交易数据，使得每度电的使用不可篡改。同时，德国申请人Endress + Hauser Process Solutions提出DE102016118615A1，使用区块链进行电厂

---

❶ 徐明星，等. 图说区块链[M]. 6版，北京：中信出版集团，2017：190.

的交易、评价。2017年，区块链在电力方面的使用仍然受到了国内外申请人的青睐，中国申请人如北京汇通金财信息科技有限公司、杭州云象网络、国家电网等均提出了依赖区块链的不可篡改、可追溯等特点追踪电力交易历史的专利申请（CN107240002A、CN107688944A、CN107870996A），国外申请人如沃尔玛百货有限公司也提出了使用区块链管理电网的专利申请US2018165660A1。

能源智能化调控方面，2015年LO3公司提交了关于热能回收与存储的专利申请，且已获得授权（公开号US2016123620A1，授权公告号US9480188B2），借助区块链实现能量的去中心化传输、存储以及使用方案，率先将区块链技术用于能源的智能化调控领域。2016年，IBM率先提出了基于区块链的自治对等能量网络（US2018130130A1），通过在区块链节点中记录能量度量及相关的变化数据，从而实现对能量使用的追溯。2017年，美国申请人Mayne Timothy和Umansky Serge提出了通过区块链将可再生能源生产与最终用户消费匹配的方案（WO2017199053A1），通过使用区块链令牌标记能量，借助有价值的信息资源，优先使用清洁能源，促进可再生能源的消费和生产。中国申请人北京融链科技有限公司也展现了对采用区块链实现智能化能源的青睐，于2017年提出了基于区块链的能源结算，通过将交易数据记录在区块链能源节点，达到利用区块链记录每个能源节点的交易记录以便对各国能源节点进行结算的目的。

能源生态系统是把设备供应商、运维服务商、使用者以及金融系统联合起来打造一个完整的系统，接入该系统的每一方均有权查看和修改系统中的数据，如此一来，所有参与者交互监督、交互信任，系统可以根据使用者分析其适用方案，并通过智能合约经由金融机构完成购买或维修行为。然而该方面暂时还没有相关专利申请，有望成为申请人下一步研究的热点。

区块链在能源领域的应用初露锋芒，借助其不可篡改和可追溯等特点，通过重建电力网络实现精确管理和结算，从而实现了电力交易的有迹可循以及能源的智能化调控。

表4-4-3 能源智能化调控重要专利列表

应用分支	申请年份	公开号	申请人	应用场景
能源和电网	2015	US2016123620A1 EP3215908A1 WO2016073601A1 CN107111352A	LO3	基于区块链的热能回收与存储
	2016	CN105912618A	浙江万马新能源有限公司	基于区块链的充电桩充电交易
		CN106296359A WO2018032372A1	樊溪电子	基于区块链技术的可信电力网络
		DE102016118615A1 WO2018059851A1	Endress + Hauser Process Solutions	使用区块链进行电厂的交易、评价
		US2018130130A1	IBM	基于区块链的能量网络

续表

应用分支	申请年份	公开号	申请人	应用场景
能源和电网	2017	WO2017199053A1	Mayne Timothy；Umansky Serge	通过区块链将可再生能源生产与最终用户消费相匹配
		CN107240002A	北京汇通金财信息科技有限公司；国网电子商务有限公司；国家电网	基于区块链的电力交易平台
		CN107274092A	北京汇通金财信息科技有限公司；国网电子商务有限公司；国家电网	基于区块链的分布式光伏电站
		CN107688944A	杭州云象网络	基于区块链的电力系统
		CN107578243A	远光软件股份有限公司	基于区块链的电力交易
		CN107909358A	北京融链科技有限公司	基于区块链的能源结算
		CN107870996A	国家电网	基于区块链的电力交易管控
		CN107817381A	赫普科技发展北京有限公司	智能电表
		US2018165660A1 WO2018112043A1	沃尔玛百货有限公司	区块链用于管理对电网的需求
		CN108011370A	华北电力大学	能源区块链
	2018	CN108092412A	格力电器	基于区块链的能源信息处理

4.4.3.4 内容发布核实

随着互联网的普及，互联网内容发布的真实性需要不同的机构对信息发布方以及待发布信息进行核准、监管，因此，使用区块链以及相应的共识机制实现内容发布的审核也受到了关注。内容发布核实技术领域的重要专利如表4-4-4所示。

2016年，中国申请人布比网络提出了基于区块链的信息发布（CN105719172A），通过将信息发布机构和各相关第三方机构一并纳入区块链共识过程，实现全网的共识认证。美国申请人Ramasamy Celambarasan提出了借助区块链技术生成嵌入财产权的数字媒体方案（WO2017027484A1）。2017年，中国申请人小米提出了使用区块链进行多媒体资源投放的技术方案（CN107169125A），将多媒体投放统计数据存储在区块链节点并共享，保证投放数据的不可随意篡改。2018年，中国申请人国家计算机网络与信息安全管理中心提出了基于区块链的应用分发记录（CN108055138A），将应用分发信息记录在区块链节点中，实现可追溯，保证信息可靠性。

表 4-4-4 内容发布核实重要专利列表

应用分支	申请年份	公开号	申请人	应用场景
内容发布	2016	CN105719172A	布比网络	基于区块链的信息发布
		WO2017027484A1 US2018158162A1	Ramasamy Celambarasan	基于区块链的数字纪念品
		CN106228344A	杭州云象网络	基于区块链的电子政务
		CN106504174A	布比网络	基于区块链的博彩发行
	2017	CN107146101A	杭州趣链	优惠券发行
		CN107169125A	小米	通过区块链进行多媒体资源投放
		CN107623572A	浪潮	区块链上数字证书发放
		CN107862782A	链家网北京科技有限公司	基于以太坊区块链的抽签
	2018	CN108055138A	国家计算机网络与信息安全管理中心	基于区块链的应用分发记录
		CN108199842A	克洛斯比尔有限公司	基于区块链的延迟公布

4.4.3.5 信誉信息管理

信誉信息关乎各行各业,从货品交易到交通运输再到银行业等,均涉及个人征信问题,因此,借助区块链不可篡改和可追溯的优点,也可以将个人征信信息存储在区块链节点,从而保证个人征信信息的安全可靠。信誉信息管理技术领域的重要专利如表 4-4-5 所示。

2013 年,申请人 Tang Li Jun 和 Tang Jia Hao 提出了一种对交易历史进行评级的方法(WO2015085393A1),具体为,通过对例如某账户的比特币交易历史进行评级,进而确定该账户的评级信息,对账户完成信用评价。2015 年,中国申请人网易提出了用户信用量可以在区块链网络的账户之间自由转移。2016 年,杭州云象网络提出了基于区块链技术的个人征信系统(CN106230808A),将个人征信信息存入区块链节点,杜绝了信息的非法篡改。2017 年,杭州云象网络又提出了基于联盟链实现多中心化的交通出行信用与安全服务方案(CN107886388A),将交通出行的信用信息存入区块链。

表 4-4-5 信誉信息管理重要专利列表

应用分支	申请年份	公开号	申请人	应用场景
信誉信息管理	2013	WO2015085393A1	Tang Li Jun,Tang Jia Hao	对账户的交易历史进行评级
	2015	CN104580253A	网易	用户信用量可以在区块链网络的账户之间自由转移
	2016	CN105761143A	上海凭安	基于区块链的多方共建信用记录

续表

应用分支	申请年份	公开号	申请人	应用场景
信誉信息管理	2016	WO2017203093A1	诺基亚	利用区块链基础设施来定义包括多个节点中的至少两个节点的可信任圈
		CN106230808A	杭州云象网络	基于区块链技术的个人征信系统
		CN106485167A	中金云金融	基于区块链的信用记录
	2017	CN107274130A	合肥维天运通	基于区块链的司机征信
		CN107886388A	杭州云象网络	基于联盟链实现多中心化的交通出行信用与安全服务
		CN108090776A	清华大学	信用评估模型的更新

4.4.3.6 内容维护

内容维护主要涉及网络信息的安全，防止不良修改等造成的安全问题，而这也正是区块链的优势所在。内容维护技术领域的重要专利如表4-4-6所示。

2014年，申请人周英提出一种为农副产品的合作生产制造数字配额的系统（CN104573928A），通过构建一个去中心化的管理系统，以奖励的形式实现数字配额的发放，并将配额存储在私人账户中。2016年，中国申请人中国银联提出了基于区块链结构的安全性电子文件处理方法（CN106412037A），构建多节点区块链系统，实现各节点之间安全电子文件的传输，保证数据可靠性。同年，IBM提出了基于区块链的共享文档编辑方法（US2018173719A1），使用区块链存储共享文档，一个节点处的文档变化会同步至全部节点。2017年，美国申请人Streamspace提出了基于区块链的文件安全存储方法（US2018139042A1），采用区块链存储文件，保证文件安全。

表4-4-6 内容维护重要专利列表

应用分支	申请年份	公开号	申请人	应用场景
内容维护	2014	CN104573928A	周英	农副产品数字配额
	2016	CN107527285A	惠众商务	社区区块链多态链接
		CN106412037A	中国银联	基于区块链结构的安全性电子文件处理
		CN106331151A WO2018050024A1	中国银联	基于区块链结构的资源文件处理
		US2018173719A1	IBM	基于区块链的共享文档编辑

续表

应用分支	申请年份	公开号	申请人	应用场景
内容维护	2017	CN107392623A	阿里巴巴	基于区块链的业务执行
		CN107301501A	北京汇通金财信息科技有限公司；国网电子商务有限公司；国家电网；	基于区块链技术的分布式发电质量评价
		US2018139042A1 WO2018093745A1	Streamspace	基于区块链的文件安全存储
		CN107508812A	广东工业大学	基于区块链的工控网数据存储
		CN107666484A	上海交通大学	基于区块链的 CDN 网络
		CN108171520A	深圳市辄辘车联	基于区块链的交易信息管理

4.4.3.7 自助购票

自助购票技术领域的重要专利如表 4-4-7 所示。2016 年，中国申请人张杰和黄鑫提出了支持比特币支付的轨道交通自动售票机的专利申请 CN205594708A。成都理工大学也提出了基于区块链身份认证的火车票自助购票取票系统（CN106788972A），当购票者终端输入购票信息和身份信息后，票务数据库加密后认证，认证通过后实现自助取票。同年，万事达卡提出了用于生成和发布到区块链的加密期票（US2018121918A1）。2017 年，中国申请人武汉凤链提出了基于区块链的旅游景区售票方法（CN107169826A），利用区块链为游客提供先入景区后确认交易的方式，同时将交易信息存入区块链，保证用户数据的隐私性。由此可见，使用区块链实现购票也逐渐受到关注。

表 4-4-7 自助购票重要专利列表

应用分支	申请年份	公开号	申请人	应用场景
购票	2016	CN205594708A	张杰；黄鑫	支持比特币支付的轨道交通自动售票机
		TW201741955	硕网资讯股份有限公司	使用区块链的电子票务系统
		US2018121918A1	万事达卡	用于生成和发布到区块链的加密期票
		US2018150865A1 WO2018102030A1	万事达卡	验证优惠券
		CN106788972A	成都理工大学	基于区块链身份认证的火车票自助购票取票系统
	2017	CN107169826A	武汉凤链	基于区块链的旅游景区售票

4.5 应用技术专利申请可专利性分析

根据区块链的技术构成和自身特点可知,其支撑技术是已有技术的组合及对已有技术的进一步研究,技术应用大部分是已有技术在金融领域以及拓展的其他领域的应用,两种类型在专利申请中所占的比例分别为 56% 和 67%。本课题通过抽样统计分析发现,现有关于区块链的申请已结案件授权率较低,并且按照国内申请人的撰写情况来看,已审未结案件预期授权率也会较低。为使国内申请人的技术创新获得恰当范围内的保护,鼓励其进一步进行发明创造,避免出现撰写不恰当导致技术被公开而又无法获得专利权的情况,有必要对有可能影响区块链专利申请获得授权的因素进行分析,总体而言,把握的原则是:如果专利申请在商业领域的应用合法,并且相对于现有技术的贡献在于技术上的贡献,即改进点在于技术上的改进或者涉及的算法改进与某一技术领域结合比较密切,并且能解决某一技术领域存在的技术问题,则属于可以授予专利权的申请。

4.5.1 避免落入《专利法》第五条规定的情形

《专利法》第五条规定,对违反法律、社会公德或者妨害公共利益的发明创造,不授予专利权。对违反法律、行政法规的规定获取或者利用遗传资源,并依赖该遗传资源完成的发明创造,不授予专利权。

从法律角度来讲,区块链技术在商业领域的应用类专利申请如果违反法律、违反社会公德或者妨害公共利益,则是不能被授予专利权的。

例如基于区块链的清算,涉及虚拟货币的发行融资活动,权利要求中多处采用比特币的特征,请求保护的方案是一种金融机构介入的虚拟数字货币的清算方法,违反了 2013 年 12 月 3 日央行等五部委联合发布的《关于防范比特币风险的通知》的相关规定:"各金融机构和支付机构不得开展与比特币相关的业务;现阶段,各金融机构和支付机构不得以比特币为产品或服务定价,不得直接或间接为客户提供其他与比特币相关的服务,包括:为客户提供比特币登记、交易、清算、结算等服务;接受比特币或以比特币作为支付结算工具。"上述案件属于《专利法》第五条所规定的妨害公共利益的情形,这种多层区块链的清算方法对经济及社会有着不利影响,可能造成金融稳定问题,并产生非法融资,影响金融市场;可能造成财富向其他国家流失,也可能成为洗钱的工具,扰乱外汇管理秩序;影响现有的法定货币体系;同时,也不能服务于实体经济。由此可见,该专利申请会危害到国家和社会的正常经济和金融秩序,妨害了公共利益。

4.5.2 符合《专利法》第二条第二款的规定

《专利法》第二条第二款规定,发明,是指对产品、方法或者其改进所提出的新的技术方案。

（1）涉及支撑技术的改进：如加解密技术、验证机制、区块链数据存储结构等技术的改进，则属于可授予专利的客体

例如请求保护的是一种区块链身份构建及验证方法，包括如下步骤：认证机构根据用户提交的身份验证请求，构建用户身份区块链；其中，所述构建用户身份区块链的过程包括所述认证机构根据用户信息生成全网唯一的身份标识并获取用户身份证书；所述认证机构向所有参与身份区块链构建过程的其他所有认证机构广播用户的用户身份证书并写入身份区块链；所述认证机构借助所述身份区块链进行用户身份验证处理。这是将用户身份信息写入区块链，由多家认证机构通过共识机制共同完成身份信息的确认、存储，此后用户便可以方便地利用区块链进行身份验证。该方法不仅可以提高用户身份验证的效率，同时也不会因个别认证机构的问题影响用户身份信息的准确性，可大幅提升身份验证过程的安全性。

（2）涉及算法的改进：应当与技术应用领域紧密结合，如果涉及算法参数，则参数必须具备物理属性，这样与技术应用领域结合才能够解决该技术领域的技术问题

例如专利申请在于共识算法的改进，其应当与身份验证领域结合紧密，并且算法在技术领域应用的过程中涉及的参数均应当代表身份验证领域的具体物理量。

如果专利申请仅仅涉及算法的改进，没有应用到具体的技术领域，属于智力活动规则与方法，则不能被授予专利权。例如区块链比较核心的部分，共识算法的改进是单纯的算法改进。对于单纯的算法改进的内容可以采用软件保护、技术秘密等方式进行保护。另外，如果算法的改进有具体的应用领域，但应用领域不涉及技术领域，仅仅是应用到商业领域，解决商业上存在的问题，而实质不是解决的技术问题，则同样不能被授予专利权。

4.5.3　符合《专利法》第二十六条的规定

《专利法》第二十六条规定，说明书应当对发明或者实用新型作出清楚、完整的说明，以所属技术领域的技术人员能够实现为准；必要的时候，应当有附图。摘要应当简要说明发明或者实用新型的技术要点。

从专利申请文件撰写的角度，区块链技术的实现应当是符合逻辑的替换、嫁接。请求保护的技术方案应当能够实现并且能够解决其要解决的技术问题，达到声称的技术效果。说明书的撰写必须完整、清楚、充分地公开其所涉及的技术方案，使本领域技术人员能够理解技术方案的实现过程。

例如通过区块链技术，将根域名 DNS 服务器地址分布式保存在下级域名 DNS 服务器中，突破对根域名 DNS 服务器依赖，并且将区块链技术应用域名保存和链接，改变现有技术域名 DNS 服务器易受攻击的现象。然而，利用区块链保存域名服务器地址以提高域名服务安全的方案与现有的域名工作机制相违背，说明书实施例并未阐述"全新"的域名服务机制如何实现域名服务器的正常工作。因此，将区块链"嫁接"到域名服务的方案并不能实现域名服务器的基本功能，存在公开不充分的缺陷。

4.5.4 符合《专利法》第二十二条的规定

《专利法》第二十二条规定，授予专利权的发明和实用新型，应当具备新颖性、创造性和实用性。

新颖性，是指该发明或者实用新型不属于现有技术；也没有任何单位或者个人就同样的发明或者实用新型在申请日以前向国务院专利行政部门提出过申请，并记载在申请日以后公布的专利申请文件或者公告的专利文件中。

创造性，是指与现有技术相比，该发明具有突出的实质性特点和显著的进步，该实用新型具有实质性特点和进步。

实用性，是指该发明或者实用新型能够制造或者使用，并且能够产生积极效果。

本法所称现有技术，是指申请日以前在国内外为公众所知的技术。

从专利新颖性和创造性的角度来说，对于专利申请的改进如果是技术上的改进，则相对于现有技术一定是显而易见的，并且能够解决一定的技术问题和达到有益的技术效果。

例如服务器下发第一区块链到直播平台的所有客户端，每个客户端根据第一区块链生成第二区块链并将所述第二区块链发送至所述服务器，其中合法客户端计算得到的第二区块链的数值是一样的，确定相同第二区块链数量最多的为合法的第二区块链，其他为非法客户端。本案的实质在于利用"区块"来代替常规的数据包，从而形成一种基于区块链的应用方案，但是对于分布式架构替换服务器—客户端架构，其分布式架构的共识与服务器作为决定方存在本质性上的不同。因此，本案并不是简单的现有技术的转用，也不是现有技术的简单组合，其对现有技术的改进是有创造性的。

4.6 本章小结

本章对于区块链技术应用全球专利申请状况和中国专利申请态势进行了统计和分析，对区块链关键技术应用专利布局情况以及区块链专利技术应用前景分析对比得出以下结论。

（1）中国在区块链技术应用方面整体起步稍晚，但专利申请量增长十分迅猛，应用场景百花齐放，但缺乏海外专利布局

中国技术应用专利申请起步晚于国外，但申请量增长迅速，未来可望保持强劲增长趋势以为国内新业态经济的发展提供推进动力。区块链技术应用全球专利申请自2011年开始出现，从2014年开始明显增加，并且在2016年出现爆发式增长。中国专利申请起步稍晚，相对于全球专利的增长趋势，中国专利爆发的势头更为猛烈，2017年的申请量超过2013～2016年的申请量的总和，充分说明国内各大金融机构和科技企业开始重视区块链技术在各个领域的应用，并开始在相关领域的专利布局。

区块链技术应用从构成上主要分为金融货币、存在性证明、数据权属、共享数据、价值交换5个分支，金融货币最早出现、占比最高，共享数据和数据权属随后出现，

最后延伸至存在性证明、价值交换，呈现百花齐放的发展趋势。具体来看，金融货币技术应用的专利申请在2011年首次出现，逐年申请量也远高于其他领域的申请量，是各大研发主体研究的重点和热点领域，这主要是由于区块链技术脱胎于比特币系统，使其有机会为金融行业改善结算延迟以及提高交易系统的安全性。数据权属和共享数据是随后发展起来的应用领域，在经历了区块链技术在金融和数据中的发展应用后，全球申请人开始把目光投向实体经济，随之出现了存在性证明、价值交换方面的应用，尤其在溯源、公证、证据保全等存在性证明领域的发展更为迅速。放眼全球，金融货币应用不断成熟，可以预期，区块链技术应用将会渗透到金融、学术、科技、政府管理等在内的各个领域，呈现百花齐放的发展趋势，以场景需求不断促进支撑技术的改进与创新。

中国已成为区块链技术应用全球专利申请的最大来源地，国内涌现了大批专注于区块链技术和产业的初创公司，但全球专利布局尚不明朗，因此中国申请人应加快海外布局。从专利来源地来看，中国专利申请量居多，其次是美国。就专利申请人而言，在全球专利申请的方面，在排名前五位的主要申请人当中，仅有1位来自中国，但是在排名前十位的主要申请人当中，有4家国内公司，可见，在全球专利申请方面，国外公司并没有形成绝对优势。在中国专利申请的专利申请人中，前15名未出现国外公司，可见，国外公司在国内的区块链技术应用专利布局还暂未显露，相应地，我国申请人应加快步伐布局海外市场，抢占先机。

（2）金融货币应用日趋全面，支付、交易、清算仍为热点，匿名特性存在局限

区块链金融货币技术应用专利申请是区块链最早的专利申请，与技术应用的整体情况相似，中国在金融货币技术应用上专利布局稍晚，2013年后申请量逐年递增。得益于发展时间最长、市场应用最为成熟，中外企业已开始大量进行专利布局。

区块链技术是各国群体智慧和互联网思维的技术体现，各国申请人类型多样化，从传统金融企业向互联网金融企业、初创公司等延伸。金融货币技术应用的专利申请有44%来源于中国，其次有42%来源于美国，韩国、欧洲等国家或地区也分别递交了一定数量的申请。全球申请量排名前十位的申请人中有4位来自中国，中国人民银行以16项专利申请排名第二，在金融货币应用中享有重要话语权。国外申请人中万事达卡、IBM在近年分别递交了25份与15份关于金融货币的申请。国际金融机构、互联网技术公司对区块链在金融货币技术应用也积极布局。除传统金融企业外，杭州复杂美、布比网络等专注于区块链的初创公司以及现在北京支付等互联网金融企业也榜上有名。

金融货币技术应用从构成上主要分为数字货币支付，交易和清算，资产管理，区块链钱包，信贷和贷款，保险和保理，基金和证券，匿名和隐私8个分支，数字货币支付、交易和清算最早出现，资产管理、区块链钱包随后出现，最后覆盖到信贷、保险、基金等金融领域的其他各个方面。具体来说：①数字货币支付，交易、清算是金融货币应用的第一阶段，在全球专利申请量占比中分别为19%、47%，其中交易和清算占比最高。随着比特币的虚拟数字货币形象进入人们的视野，数字货币支付就成为了最早的金融货币应用，在数字货币具备了支付能力后，在传统货币中呈现的交易、转账、清算等功能在数字货币中也逐渐成熟起来，逐渐出现了拍卖、汇兑、期货等交

易类型。从2014年开始，申请人除了继续关注基于数字货币的交易本身的实现外，已经不满足于基本的交易实现目的，开始诉求更快、更安全等性能上的提升，比如研究如何提升比特币交易中的安全性和如何优化交易流程等，可见，涉及交易和清算的应用仍是各大申请人的关注热点。②比特币等数字资产得到关注后，为了满足用户资产货币化以及便于管理的需求，关于资产管理和区块链钱包的应用开始出现，此为金融货币应用的第二阶段。在区块链钱包方面，中国申请以中国人民银行为代表，在钱包管理上的专利布局很全面，基本覆盖了从钱包的创建、同步、升级、查询以及注销等多种场景。③金融货币应用第三阶段覆盖了信贷和贷款、保险和保理、基金和证券等金融领域的方方面面，使区块链在金融领域的应用前景更加广阔，为建立区块链金融应用生态圈提供了可能。④金融货币应用第四阶段，用户开始关注数字金融带来的隐私问题，全球专利申请中涉及匿名隐私的占3%，而在中国专利申请中涉及匿名隐私的占5%，国内申请人更为期望通过区块链技术帮助用户确立自身隐私资料的保密性。然而，区块链的匿名特征反而会增加金融交易中监管和打击反洗钱的难度，带来了一定的局限性。

（3）存在性证明起步略晚于其他应用分支，2014年出现相关专利申请，中国研发主体注重相关专利布局，防伪溯源、公证认证、医疗健康管理成为关注热点

存在性证明兴起于2014年，2016年进入快速发展期。中国关于区块链在存在性证明领域的专利申请起步稍晚，2015年开始出现相关的专利申请，但发展非常迅速，到了2017年中国的专利申请量已经达到256项，占同年全球专利申请总量的近九成，这与中国专利申请注重应用领域的专利布局的特点一致。

中国存在性证明技术应用申请量位列第一，成为全球最大的技术应用来源地，占比73%，可见，虽然中国在区块链应用技术的起步较晚，但后续随着国内申请人对区块链技术应用的前景看好和相关研发力量的投入，中国申请量呈现爆发式增长，一跃成为全球最大的技术来源地。

中国研发主体注重存在性证明布局，主要申请人专利布局存在空白点。对全球存在性证明技术应用相关专利的重要申请人进行统计分析，在全球申请量前十的申请人中，中国申请人占8席，美国和韩国的申请人各占1席，这与存在性证明技术应用来源地的分布情况一致。从中国申请人的布局情况来看，上海唯链作为专利申请量排名第一位的申请人，其专利布局主要集中在防伪溯源应用场景上，这与上海唯链在商品物流的溯源上取得的成果较为一致。阿里巴巴公司的专利申请涉及了防伪溯源、医疗健康管理和公证领域分支，这与其建立食品供应链和区块链医疗场景的应用相辅相成，在其他应用领域未有专利布局。

防伪溯源、公证认证、医疗健康管理为存在性证明中的研究热点。从全球和中国的存在性证明技术应用分支构成来看，防伪溯源占比最多，主要涉及食品畜牧、车辆、教育、各类商品防伪溯源、公益慈善等。存在性证明技术应用分支中申请量占据第二位的应用场景是公证认证，排名第三位的是医疗健康管理。医疗健康管理是全民关心的焦点问题，区块链作为一种多方维护、全量备份、信息安全的分布式记账技术，非常适合于保存医疗历史数据，在2014年出现了第一件该领域相关专利申请。版权保护

和证据保全也是存在性证明技术应用分支中重要的应用场景,版权保护和证据保全在全球申请量的占比分别为7%和5%。版权保护在中国申请量占比与全球相同,证据保全在中国的占比略有上升为6%,证据保全相关的专利申请相较于其他应用场景出现略晚,在2016年开始有证据保全的相关专利申请。

(4)共享数据进一步扩大区块链应用场景,能源生态系统有望成为下一个发展热点

随着区块链应用场景的不断扩增,与共享数据的结合也逐渐受到关注。最早的申请出现于2013年,从2015年进入发展期,目前仍处于快速发展阶段。与其他技术应用发展历程类似,中国起步稍晚,2014年开始出现相关专利,但发展迅猛,截至数据检索截止日,中国在与共享数据结合方面的申请量已经占据了全球申请的64%,这与中国专利申请偏重于在应用领域进行布局的特点一致。

共享数据领域中国国内申请人的申请量情况较为分散,国外也没有规模化的龙头企业。通过对全球共享数据技术应用相关专利申请人进行统计分析,在全球申请量前十位的申请人中有7位来自于中国。建议国内企业可以通过整合研发单位,集中研发力量,从而提高研发团队的规模和研发能力。

在共享数据技术应用中,专利申请量排名前三的应用场景分别为互联网和物联网、供应链和物流、信誉。互联网和物联网技术应用作为区块链在共享数据领域关注度最高的应用场景,涉及智能穿戴、车联网、无线接入网等多个场景;最早的专利申请出现在2015年,由英特尔提出基于区块链的转移所有权的方案,国内申请始于2016年,起步稍晚。在供应链体系中,将供应商、分销商、零售商、直到最终用户串联成一个整体,商品流转信息安全性难以保证,而区块链公开可查的可追溯特点使得上述过程有迹可循、有据可依。基于区块链的供应商管理专利申请起始于2015年,由美国申请人提出;国内的首项专利申请在2016年,由中国申请人杭州云象网络提出的基于区块链的物流追踪;随后,中外申请人均开始在这一领域进行布局。信誉信息关乎各行各业,从货品交易到交通运输再到银行业等等,均涉及个人征信问题,因此,借助区块链不可篡改和可追溯的优点,也可以将个人征信信息存储在区块链节点,从而保证个人征信信息的安全可靠。2013年,国外申请人提出了一种对交易历史进行评级的方法,通过确定账户的评级信息,对帐户完成信用评价;中国申请人从2015年开始关注这一领域,网易、杭州云象网络等均进行了专利布局。

区块链技术在能源领域的应用潜力巨大,全球首个能源区块链实验室的成立标示着能源区块链逐渐走向舞台中央。区块链在能源领域的应用主要有三个方面:电力、能源智能化调控与生态系统。电力和能源智能化调控方面,中外申请人均展现了较高的关注度。能源生态系统是把设备供应商、运维服务商、使用者以及金融系统联合起来打造一个完整的系统,接入该系统的每一方均有权查看和修改系统中的数据,如此一来,所有参与者交互监督、交互信任,系统可以根据使用者分析其适用方案,并通过智能合约经由金融机构完成购买或维修行为。然而该方面暂时还没有相关专利申请,因此有望成为申请人下一步研究的热点。

第 5 章 技术应用前景分析

本章从专利分析的角度出发，结合区块链技术的去中心化、不可篡改、高透明和可追溯的特性，为现有行业运行过程中的痛点问题寻找专利解决方案，同时研究了在运用过程中亟待解决的问题，为将来的行业发展、专利突破提供指引。

5.1 金融业应用前景

金融业指的是银行与相关资金合作社还有保险业。除了工业性的经济行为外，其他的与经济相关的都是金融业。金融连接着各部门、各行业、各单位的生产经营，联系每个社会成员和千家万户，是国家管理、监督和调控国民经济运行的重要杠杆和手段；同时，金融也是国际政治经济文化交往、实现国际贸易、引进外资、加强国际经济技术合作的纽带。人类已经进入金融时代、金融社会，金融无处不在并已形成一个庞大体系。

但是，金融业也是中心化程度最高的产业之一，随着金融行业的不断扩大，也出现了众多问题亟需解决，例如产业链条中存在大量中心化的信用中介和信息中介所导致的低效率和高成本等问题。为解决上述问题，去中心化成为金融行业下一步发展的方向。在此背景下，区块链技术由于其去中心化的本质属性，自诞生以来便受到金融行业的高度关注。

区块链的属性与金融行业具有天然耦合性，金融行业也是应用区块链技术最早的行业，早在 2011 年就已经出现了将区块链应用于金融货币的专利。金融行业将成为区块链技术应用最为广泛的领域之一，区块链技术也将为金融业带来新的机遇。下面以跨境支付、保险和知识产权交易来具体分析区块链在金融业的应用前景。

5.1.1 跨境支付

随着国民生活水平不断提高，贯通中亚、南亚、东南亚、西亚并横跨亚欧大陆的"一带一路"的政策引领，中国进出口贸易迎来了飞速发展的机会。出国旅游和留学已经不再是新鲜事儿，消费者也热衷于在海外电商平台"海淘"。如此一来，跨境支付也成为最为必要的跨境配套服务。跨境支付是指两个或两个以上国家或者地区之间因国际贸易、国际投资及其他方面所发生的国际间债权债务，借助一定的结算工具和支付系统，实现资金跨国和跨地区转移的行为。在生活中最常见的例子是中国消费者在网上购买国外商家产品或国外消费者购买中国商家产品时，由于币种的不一样，就需要一定的结算工具和支付系统实现两个国家或地区之间的资金转换以最终完

成交易。❶

5.1.1.1 行业痛点

传统的跨境支付过程繁杂，需要借助多个机构，前后需要经过开户行、央行、境外银行等多道手续，如图5-1-1所示。不同机构有自己独立的账务系统，系统间并不相通，因此需要多方建立代理关系、在不同系统进行记录、与交易对手进行对账和清算等。在此过程中一方面耗费了大量的时间——传统跨境支付模式中，银行会在日终对支付交易进行批量处理，通常一笔跨境支付需要至少24小时才能完成，同时银行间往往需要人工对账，这也会消耗一些时间；另一方面支付成本高——跨境支付的每一个环节都要收费，例如SWIFT（环球同业银行金融电讯协会）会对通过其系统进行的电文交换收取较高的电讯费，在中国通过中国银行进行跨境支付就会被收取一笔电讯费等。❷

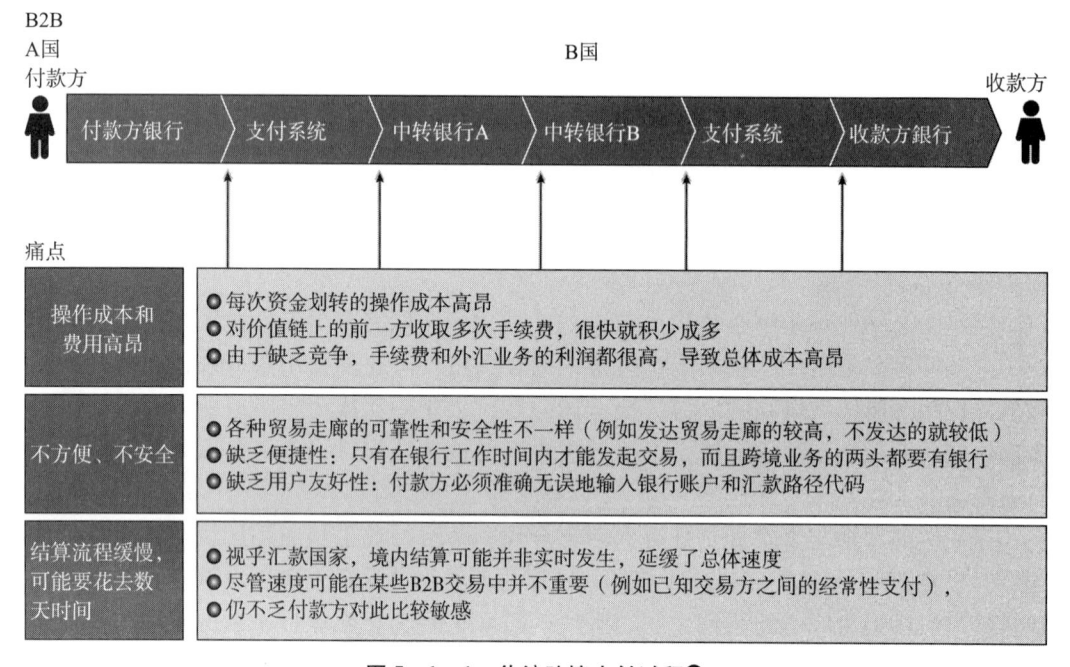

痛点	说明
操作成本和费用高昂	● 每次资金划转的操作成本高昂 ● 对价值链上的前一方收取多次手续费，很快就积少成多 ● 由于缺乏竞争，手续费和外汇业务的利润都很高，导致总体成本高昂
不方便、不安全	● 各种贸易走廊的可靠性和安全性不一样（例如发达贸易走廊的较高，不发达的就较低） ● 缺乏便捷性：只有在银行工作时间内才能发起交易，而且跨境业务的两头都要有银行 ● 缺乏用户友好性：付款方必须准确无误地输入银行账户和汇款路径代码
结算流程缓慢，可能要花去数天时间	● 视乎汇款国家，境内结算可能并非实时发生，延缓了总体速度 ● 尽管速度可能在某些B2B交易中并不重要（例如已知交易方之间的经常性支付）， ● 仍不乏付款方对此比较敏感

流程：B2B A国付款方 → 付款方银行 → 支付系统 → 中转银行A → 中转银行B（B国）→ 支付系统 → 收款方银行 → 收款方

图5-1-1 传统跨境支付过程❸

麦肯锡报告《2016全球支付：尽管时局动荡，基石强劲不变》（Global Payments 2016: Strong Fundamentals Despite Uncertain Times）称银行使用代理银行完成一笔跨境支付的平均成本为25~35美元，该成本是使用自动交换中心（Automatic Clearing

---

❶ 海投全球. 八分钟了解跨境支付 [EB/OL]. [2018-12-14]. https://baijiahao.baidu.com/s?id=1603217881623824866&wfr=spider&for=pc.
❷ 金评媒JPM. 金融拥抱区块链·支付汇款：变革的前夜 [EB/OL]. (2017-10-14) [2018-12-14]. http://app.myzaker.com/news/article.php?pk=59e22349d1f149087f000011.
❸ 麦肯锡：区块链：银行业游戏规则的颠覆者（附下载）[EB/OL]. (2016-05-31) [2018-12-14]. http://www.199it.com/archives/478118.html.

House，ACH）完成一笔国内清结算支付的成本的 10 倍以上。还有风险问题，比如中国的银行把钱支付出去，美国的银行违约倒闭了，就会导致中国的银行连带出现问题。并且由于中间经过的环节太多，资金流动增加了不确定性和隐匿性，也增加了监管的难度。❶

5.1.1.2　现有专利技术

　　基于区块链技术的跨境支付本质上是将虚拟货币做中介，即系统会将代币/数字作为中介，先把汇款人所在地的法币转换为数字代币，再在收款端把数字代币转换为收款人所在地的法币，最终完成整个跨境支付的过程。为了将货币进行兑换，2014 年美国公司 Coinbase 的申请 US2015262168A1 提出了关于比特币即时汇兑的交易方法：由主计算机系统从商家计算机系统接收货币金额请求，主计算机系统确定第一汇率，其中第一汇率波动，第一汇率在第一时刻确定，主机计算机系统使用第一时刻的第一汇率将货币金额转换为比特币金额，主计算机系统接收来自客户计算机系统的发送指令，其中发送指令是在第一时刻之后的第二时刻，第二时刻的汇率与第一时刻的第一次汇率不同，通过主计算机系统接收客户的比特币金额，其中支付给商家的货币的数量基于即时汇率，这样完成了比特币与传统现金货币的转换。2015 年美国的专利申请 US2017161729A1 公开了用户可以将需要兑换的第一种数字货币在销售节点上兑换成第二种货币。2016 年中国专利申请 CN107230067A 公开了将现金兑换成数字货币存储在数字货币芯片卡中。还可以使用数字货币直接兑换存款，如 2017 年中国的专利申请 CN107392604A 公开了用户发送数字货币兑换请求，账户行系统完成数字签名的验证，数字货币系统将相应的数字货币转移到发钞行数字货币系统，数字货币签名验证成功后返回成功消息，账户行系统增加用户银行账户的余额。为了实现数字货币与实物货币的流通兼容以及数字货币与实物货币之间的兑换，2016 年中国人民银行提出专利申请 CN107240010A：通过商业银行数字货币系统接收兑换请求方的兑换金额信息、银行账户信息、数字货币芯片卡信息，根据兑换金额信息在银行账户中扣除与兑换金额相等的金额，再根据兑换金额信息确定参与兑换的数字货币以及根据数字货币及数字货币芯片卡信息生成兑换请求信息，然后将兑换请求信息发送给中央银行数字货币系统，中央银行数字货币系统根据兑换请求信息执行预设项目的操作，再将操作成功的指示返给商业银行数字货币系统，商业银行数字货币系统收到操作成功的指示后，将数字货币写入兑换请求方的数字货币芯片卡中，这样通过向数字货币芯片卡转入数字货币，实现银行账户将实物货币兑换成数字货币，同时保证了交易过程中的交易环境安全性。这些专利申请可以通过提高兑换货币的效率来提高跨境支付的效率。

　　区块链摒弃了中转银行的环节，实现点到点的快速且成本低廉的跨境支付，如图 5 - 1 - 2 所示。通过区块链的平台，不但可以绕过中转银行，减少中转费用，还因为区块链安全、透明、低风险的特性，提高了跨境汇款的安全性，加快了结算与清算速度，大大提高资金利用率。跨境支付与区块链技术的结合已经成为全球支付行业发展

---

　　❶　区块链 + 跨境支付 ［EB/OL］. (2018 - 06 - 27) ［2018 - 12 - 14］. https：//www. jianshu. com/p/df06e4a61356.

的趋势。

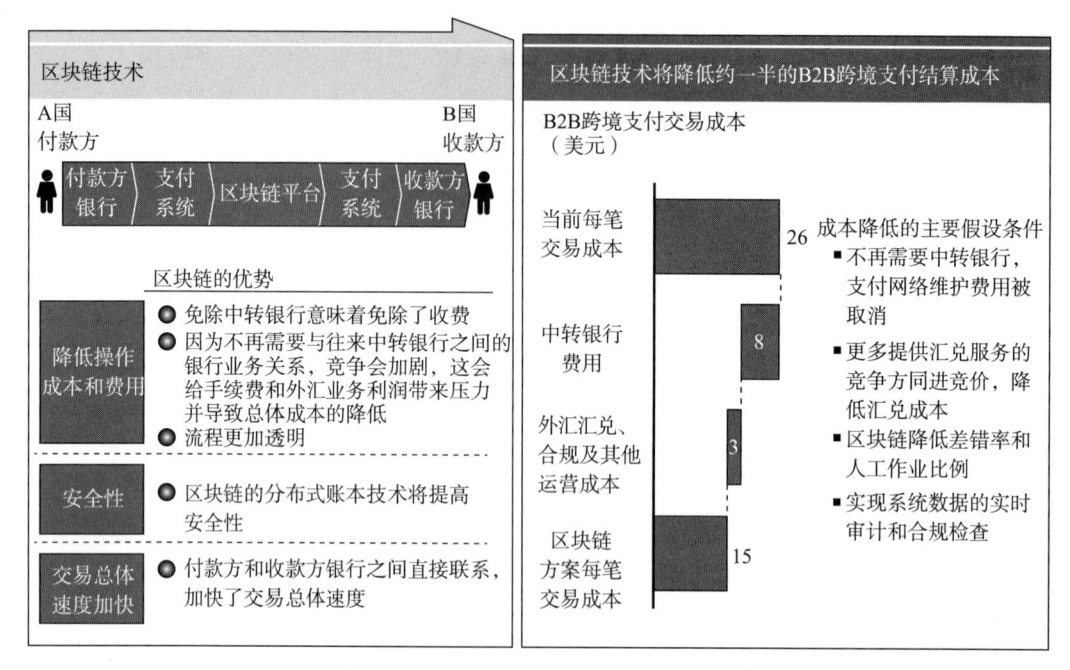

图 5-1-2 基于区块链的跨境支付过程❶

区块链技术在数字货币支付、交易、清算等领域的应用，请参见本书第4.2.3.1节、第4.2.3.2节相关部分内容。

5.1.1.3 现有应用实例

当前，金融业与区块链技术融合不断推进，显现出强劲的创新能力，相应的应用实例不断出现，这些应用的落地将成为区块链在跨境支付方面的有效参考。下面对相关应用实例进行简单的介绍。

2018年8月，中国银行通过区块链跨境支付系统成功完成河北雄安与韩国首尔两地间客户的美元国际汇款，这是国内商业银行首笔应用自主研发区块链支付系统完成的国际汇款业务，标志着中国银行运用区块链技术在国际支付领域取得重大进展。

中国银行继2017年在全球推出"中银全球智汇"国际支付创新产品后，在国际支付系统建设上取得新突破，彰显了中国银行在国际支付清算领域的创新活力。新系统下的国际汇款具有速度快、客户体验好、免于对账、有利于流动性管理等优点，进一步提升了国际支付的安全性和透明度。

现行传统国际支付业务中，支付交易信息要在多家银行机构之间流转、处理，支付路径长，客户无法实时获知交易处理状态和资金动态，银行的对账、流动性管理等

---

❶ 麦肯锡：区块链：银行业游戏规则的颠覆者（附下载）[EB/OL]．(2016-05-31) [2018-12-14]. http://www.199it.com/archives/478118.html.

环节也推高了业务处理成本。中国银行自主研发的区块链跨境支付系统投入使用后，银行通过接入区块链跨境支付系统，在区块链平台上可快速完成参与方之间支付交易信息的可信共享并在数秒之内完成客户账户的解付，实时查询交易处理状态，实时追踪资金动态。同时，银行可以实时销账，实时获知账户头寸信息，提高流动性管理效率。

区块链跨境支付系统充分利用区块链分布式数据存储、点对点传输、共识机制等技术，加密共享交易信息，完成行内应用系统与区块链平台的整合，实现了新技术与传统业务的有机融合和新系统与现有应用系统的无缝衔接，突破了原有国际支付的报文网络和底层技术，在区块链智能合约中实现了独特的支付业务逻辑，并支持后续业务扩展、升级。❶ 同时，相关方也应当充分利用专利保护这项武器，对于区块链跨境支付系统中的技术和应用中的技术方案进行专利申请，从而保护自身的知识产权权益。

5.1.2 保险业

保险业是指将通过契约形式集中起来的资金，用以补偿被保险人的经济利益业务的行业。保险是指投保人根据合同约定，向保险人支付保险费，保险人对于合同约定的可能发生的事故因其发生所造成的财产损失承担赔偿保险金责任，或者当被保险人死亡、伤残、疾病或者达到合同约定的年龄、期限时承担给付保险金责任的商业保险行为。❷

5.1.2.1 行业痛点

目前的保险行业存在固有的"道德风险"与"逆向选择"问题。保险公司为了对保险进行勘察，往往需要建立强大的核保部门或者依靠公估等第三方机构，理赔工作需要大量的人工处理，效率较低且需要集中校验；手工决策存在主观臆断性，容易引发消费者不满，并且人工操作耗时长，索赔缓慢繁复，用户体验差，中介代理成本高，结算不及时，中介造假时有发生。

2018 年，在上海整顿司法鉴定行业、打击"司法黄牛"行动开始不久，原华东政法大学司法鉴定中心主任因涉嫌保险诈骗罪与包庇罪而被上海市公安局青浦分局刑事拘留的消息不胫而走。司法鉴定中心的这位掌门人长期从事司法鉴定检案实践，如此"元老级"的司法鉴定人的腐化，同时也揭开了司法鉴定行业参与保险诈骗等暗箱操作的一角。❸

这起案件既给投保受害者造成了金钱损失，也使保险公司蒙受了重大经济损失以及品牌形象和信誉方面的损失，危害极大。而类似案件在保险行业中频有发生，也激

---

❶ 中国银行完成国内首笔区块链技术下国际汇款业务 自主研发区块链跨境支付系统正式落地 [EB/OL]. (2018–08–17) [2018–12–14]. http：//www.bankofchina.com/aboutboc/bi1/201808/t20180817_13352437.html?keywords = 区块链.

❷ 全国人民代表大会常务委员会. 中华人民共和国保险法（2015 年修正本）[EB/OL]. (2015–04–24) [2019–04–24]. http：//search.chinalaw.gov.cn/law/searchTitleDetail? LawID = 402048&Query = % E4% BF% 9D% E9%99% A9% E6% B3% 95&lsExact = &PageIndex = 1.

❸ 涉嫌保险诈骗，司法鉴定界"元老"闵银龙被刑拘 [EB/OL]. (2018–10–17) [2018–12–14]. https：//baijiahao.baidu.com/s? id = 1614562137857955504&wfr = spider&for = pc.

发了对整个保险行业的反思。

5.1.2.2 现有专利技术

区块链利用共识算法来验证数据，利用分布式账本技术来存储数据，利用密码学的方式保证数据传输和访问的安全，利用智能合约来自动执行业务流程等，正是解决传统保险行业弊病的一剂良方。

尽管区块链技术在保险行业的应用多处于技术验证阶段，但应用场景的快速发展已然预示着该技术将给保险行业带来变革性的影响。

利用区块链防伪溯源的特性，可以降低核保成本，提升效率。2016年美国专利申请US2016217532A1公开了将保险索赔信息存储在数据块中，索赔信息包括成员名称、损失金额、损失原因等信息，将数据块插入区块链中，将区块信息分发给其他节点以供其他节点进行审查以批准或驳回。2016年的中国专利申请CN106204287A利用区块链中的智能合约技术构建了保险合约，解决了现有技术中互助保险和互助保障领域的信息不安全、执行不公平、运行成本高等问题。该申请的基于区块链的互助保险和互助保障运行方法及系统运行于预设的网络平台中，包括：将预设的核心内容和预设的规则写入一智能合约中；接收一注册用户的注册信息并将该注册信息保存至所述区块链中；获取所述注册用户的缴费信息并将所述缴费信息存入所述区块链中；当从所述网络平台中接收到所述注册用户的赔付申请时，从所述网络平台中获取所述注册用户的信息并将此信息与所述区块链中保存的注册信息进行交叉验证；当所述交叉验证通过时，将所述赔付申请写入所述智能合约中，并根据所述预设的规则，输出相应的赔偿额度。该申请的技术方案运行成本低且将信息存储于区块链中，信息存储的安全性能高，还通过智能合约自动获取赔偿额，排除人为因素，使系统运行公平。

5.1.2.3 现有应用实例

当前，金融业与区块链技术的融合不断推进，显现出强劲的创新能力，相应的应用实例不断出现，这些应用的落地将成为区块链在保险业的应用前景的良好参考。同时，为了让已经落地的区块链应用更好地服务保险行业，可以进一步研究区块链应用于保险业中落地时存在的问题，并通过专利申请保护等形式来充分保护研究成果，避免侵权造成的损失。下面对这些应用实例进行简单介绍。

（1）InsurChain——区块链基础上的保险生态：InsurChain是由新加坡XLab基金会（非营利性）发起的针对全球的去中心化保险区块链科技平台，如图5-1-3所示。其致力于提供保险行业商业级的区块链基础设施服务，打造企业级区块链基础平台，并在其上构建高扩展性的应用业务支撑系统。其中，最底层的专注于保险行业的公有区块链InsurChain将现实的保险世界映射到区块链上，通过跨平台、跨企业、跨行业、跨国界的互联协作，创造全新的商业模式，为协作参与方提供信任服务。

InsurChain试图在区块链基础上建立一套新的保险生态，减少中间环节，降低成本。通过建立P2P保险生态，借助智能合约和信任机制建立，提升保险生态的效率。就目前的检索结果来看，还没有相关的专利申请公开，研究人员可以通过专利申请保护等形式保障自身合法的知识产权权益。

（2）InsurETH——全球航延险：InsurETH 的应用场景是航延险。InsurETH 的方式是在以太坊上建立智能合约，输入航班号并以以太币投保；Oracle 系统连接航班系统，得知此航班延误后，立即执行智能合约赔付，将以太币打入客户账户，从而实现智能执行，自动理赔，缩短航延险理赔业务流程。该技术方案的优势是公网联接，全球赔付即时到账。

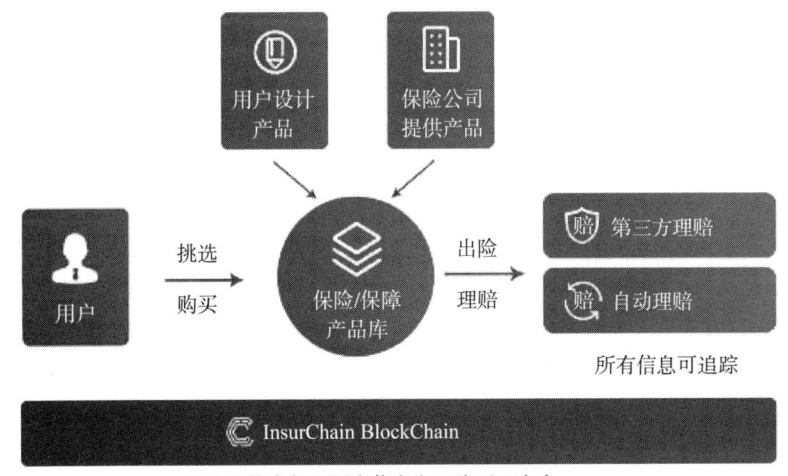

图 5-1-3　InsurChain 的产品流程[1]

（3）Z/Yen——共享经济实时保险：Z/Yen 的应用场景是共享经济实时保险。它针对的痛点是在共享经济场景下，当用户在使用共享物品，例如共享单车（如摩拜）、共享汽车（如 Uber）、共享房屋（如 Airbnb）等时效很短的场景时，传统保险服务很难赔付的难题。基于 Z/Yen 公司提供的 MetroGenomo 系统，用户在使用上述共享服务时购买实时保险。SafeShare 提供的区块链保险解决方案是由英国老牌保险巨头劳合社（Lloyd）承保，开通了 24 小时索赔热线，具体例如用户使用 Vrumi 租用一个空余房间作为办公地址，SafeShare 提供区块链承保服务，如果租用合约过程中发生意外，则由区块链直接赔付比特币。SafeShare 的价值在于针对新兴的、实时性很强的共享经济，提供了购买、赔付实时性极强的保险服务，开创了保险服务的新领域。Z/Yen 的优势在于开创了对共享经济提供的保险服务，市场巨大，创新性极强。

（4）物联网技术实现自动理赔：Edgelogic 的应用场景是保险自动理赔，主要针对传统家庭财产保险理赔过程慢的痛点。它将区块链和物联网相结合，由物联网设备自动触发区块链智能合约。例如，当传感器检测到潮湿时就报告区块链，警告触发一系列指令，修理费就从保险公司转到理赔账户，实现理赔自动触发。它的优势在于物联网实现万物互联，并对理赔事件自动触发，智能合约自动执行；劣势在于物联网及物

---

[1] 金融时代网. 全球保险行业区块链应用场景与案例［EB/OL］.（2018-05-11）［2018-12-14］. http://www.sohu.com/a/231291665_499199.

联网技术都尚处于初期阶段,在技术实现及市场推广方面困难较大。❶

从上面的应用中可以看到,区块链以其自身具备的分布式账本、密码学加密和智能合约等技术特点,为解决传统的保险行业存在的问题提出了新的解决方案。同时,为了更好地保障知识产权,企业可以参考以上应用案例进行专利技术布局,增强自身的市场竞争力。

5.1.3 知识产权交易

知识产权是指人们就其智力劳动成果所依法享有的专有权利,是一种无形财产或者一种没有形体的精神财富,是创造性的智力劳动所创造的劳动成果,包括专利、版权和商标权等。随着科学技术在社会经济中发挥着越来越重要的作用,知识产权已成为市场竞争力的核心要素之一。然而,在当下的互联网生态中,运营动力不足,价值评估困难,供需不平衡,侵权现象严重,纠纷频发,而且还存在着举证困难、维权成本过高等诸多问题。

知识产权的生命周期通常可以分为研发、生产、授权、运营、保护、维权、失效等阶段,分别会面临确权、用权、维权等问题。在研发、生产、授权阶段,由于时间周期长、科研课题交错、涉及的参与方往往比较多,权利、权属、权益三权不清,极大地降低了知识产权生产者的积极性。在知识产权运营阶段,由于三权不清,长周期的研发、生产、授权阶段数据无法回溯,知识产权价值难以评估,导致运营效率低下。

5.1.3.1 行业痛点

当前信息互联网模式下,版权的一些新的运营模式也难以支撑,比如版权通证化、著作合作编写、版本分支化、故事多元化等,由于传统确权模式无法确认三权、无法追溯三权,因此这些商业模式无法实现。

目前,全球知识产权的市场经济价值已经高达万亿,但是,在其巨大的市场背后却可以看到,由中心化机构主导下的价值变现呈现出一种价值流通效率滞后和变现效率低下的颓势。很显然,在当前大环境下,传统模式已经无法满足知识产权市场的发展需要,知识产权行业迫切需要新的管理方式和发展思维。

现有的知识产权服务平台采用两种模式:一种是线上和线下结合模式,另一种是中介模式。

线上和线下结合模式中,交易双方的地域受到限制,缺少权威机构的评估定价,交易双方对于交易价格难以达成一致,购买效率比较低。

中介模式往往存在交易价格不透明和中间商赚差价问题,买卖双方不能获取最大的经济效益,而且还存在中心服务器,交易的数据存储于服务平台,容灾较差,维权问题较难解决。

5.1.3.2 现有专利技术

区块链透明、高效、共享、去中心化的特征与知识产品交易的内在需求高度契合。

---

❶ 金融时代网. 全球保险行业区块链应用场景与案例 [EB/OL]. (2018-05-11) [2018-12-14]. http://www.sohu.com/a/231291665_499199.

运用区块链技术能够快速实现供需匹配，降低时间成本，帮助需求方与权利人建立点对点的直接沟通，减少中间繁杂环节。在定价时，交易双方可基于区块链上的权威机构通过公式算法确定知识产权的价格，使其公开、透明、合理，避免了交易双方协商不定或者交易平台定价有失偏颇，交易难以达成的弊端。通过智能合约自动完成交易，中间无需人工操作，降低了成本。

无论是美国发起的"301调查"，还是频频发生的专利纠纷，在国际竞争中，无论是进攻还是防守，各国都不约而同地以知识产权作为武器。知识产权在一定程度上代表了一个国家或一个企业的科技水平。而中国专利质量参差不齐，版权和商标侵权严重，如何很好地杜绝侵权行为并鼓励大家创造更有价值的知识产权是一个紧迫而严峻的任务。通过建设区块链系统，在知识产权源头存证、确权，在运营和维权阶段能够正本清源，进而提高知识产权创造的积极性和运营效率。

2015年，美国专利申请US2016321769A1公开了数字内容版权交易的方案，包括内容项子系统——用于接收和管理数字内容项，交易子系统——用于执行与转移权利相关联的区块链交易，市场子系统——用于在数字内容项的所有者和接收者之间对数字内容项权利进行代理，实现数字版权交易的公开透明。2016年华为提交了2件专利申请CN107145768A和CN107967416A。第一件专利申请是对版权相关的处理事务均保存在区块链上，实现版权管理的透明化，提高了其可信度。第二件专利申请是向版权受理装置发送元数据查询请求；接收版权受理装置发送的包含特征元数据的元数据查询响应，其中，特征元数据由版权受理装置根据检测任务事务标识从区块链处理装置存储的区块链中获取；从特征库获取特征元数据对应的待维权的内容特征；向许可证处理装置发送许可证查询请求；接收许可证处理装置发送的包含许可信息的许可证查询响应，其中，许可信息由许可证处理装置根据检测任务事务标识从区块链处理装置存储的区块链中获取；根据获得的待维权的内容特征和许可信息，对版权进行维权检测。这一方案使版权能够被任一维权检测服务装置进行所检测。同年，英特尔提交了专利申请US2018068091A1，针对数字内容版权的保护。2017年，nChain提交了专利申请WO2017195161A1，公开了对软件版权的保护方案；北京瑞卓喜投提交了专利申请CN107659610A，公开了对著作权的保护方案。

5.1.3.3 现有应用实例

（1）Left Gallery：区块链可以将资产变成数字资产、智能资产，知识产权也是数字资产的一种。因此，可以利用区块链技术，让知识产权像股票一样在线交易。

Left Gallery可以说是一个数字展览馆，旨在帮助艺术家以"下载对象"的方式出售他们的作品。Left Gallery使用比特币作为付款方式。

基本原理是数字资产的发行方通过抵押价值150%~250%的数字货币发行数字资产。数字资产与实际资产可将其兑换。实际专利的持有者可将其兑换成数字专利，从而获得数字交易的好处，可以像比特币一样将其分成很小的份额与他人交易，类似企业股票的交易，在比特股或者以太坊这样的区块链平台上公开透明地自动化进行。数字专利的发行方与数字专利的持有者约定可以自由兑换，保证数字专利与真实专利的

等值。❶

（2）智能合约在知识产权交易和众筹中的应用❷：基于区块链技术的智能合约已然在数字著作权交易中发挥作用，中国已发布由中国版权保护中心、华夏微影文化传媒中心等共同打造的微电影区块链版权（交易）服务平台。在这一平台上，微电影和微视频的著作权人填好作品信息后，可自行决定作品价格和分销奖励，将相应付费条款通过计算机程序编写成智能合约，当公众点击收看电影或视频时，平台将根据智能合约自动将费用付给著作权人和作品分销者；作品的上传、点播、分销和付费等过程都由智能合约自动执行。

智能合约同样能支撑知识产权众筹。知识产权众筹是指知识产权产品的创作者通过在众筹平台发布信息来获取公众的支持资金，在知识产权产品完成后，将使用该产品中知识产权的权利与数字货币绑定，使支持者能够获得对应该知识产权的特定账户，使用该知识产权和产品，且该特定账户是唯一的。图书出版和微影视制作是目前比较活跃的两类知识产权众筹类型，图书编撰者和微影视制作者通过众筹筹集资金用于图书出版和微视频制作发行，可通过智能合约将图书和视频发行后的著作权使用权或收益分红回馈给支持者。相应计算机算法程序无法被随意更改，能保证某特定支持者使用著作权的唯一性和收益分红的公正性。

（3）图腾版权溯源案例❸：百度图腾是百度区块链原创图片服务平台。该产品采用自研区块链版权登记网络，配合可信时间戳、链戳双重认证，为每张原创图片生成版权"DNA"，可真正实现原创作品可溯源、可转载、可监控。作为百度首个区块链落地项目，图腾旨在为原创生产者提供版权认证、分发传播、变现交易、监控维权以及知识产权资产管理的全链路服务，在提升版权确权和维护各环节效率的同时，重塑版权资产价值链，帮助版权人获得多元价值。

图腾的技术架构包括：

基础层：基于百度超级链技术构建版权链，版权链用于记录版权行业登记确权、维权线索、交易等需要公信力或透明性的信息，版权链由百度、内容机构、确权机构、维权机构等节点共同维护和账本同步，具有强大的公信力。庞大的版权内容信息则是存储于百度分布式存储系统中。版权链和分布式存储系统中的内容可相互关联访问。

服务层：构建搜索、盗版检测等基础服务。搜索：针对上链的版权内容，根据资源类型，构建文本、图片、视频等多种类型的搜索系统，为原创内容购买者提供一个需求匹配的便捷入口。盗版检测：基于百度强大的技术背景和丰富的网络资源，利用

---

❶ 健康作者. 区块链与知识产权的应用实例 [EB/OL]. （2018 – 05 – 07）[2018 – 12 – 14]. https：//www. jutulian. com/article – 15213 – 1. html.
❷ 华劼. 区块链技术与智能合约在知识产权确权和交易中的运用及其法律规制 [J]. 知识产权，2018（02）：13 – 19.
❸ CAICT. 可信区块链计划发布《区块链溯源应用白皮书（版本 1.0）》[EB/OL]. （2018 – 10 – 19）[2018 – 12 – 14]. http：//www. caict. ac. cn/xwdt/hyxw/201810/t20181019_187269. htm.

成熟的分布式爬虫系统，对全网资源进行采集。基于智能 AI 技术，构建文字、图片、视频的重复检测系统，倚仗强大的算法和过硬的技术，即便内容发生了部分修改也能被追踪和发现。

平台层：为内容生产者提供登记确权、分发交易、维权保护等核心产品功能。百度图腾以 XuperChain 区块链技术作为基石，将人工智能、分布式存储、分布式爬虫、图片检索、大数据和云计算等主流技术完美地结合起来，使系统具备了区块链版权登记、图片检索、图片智能识别以及智能推荐的能力，逐步打造完整的版权登记、版权分发结算、版权监控维权的体系。

从区块链技术的分类来看，图腾采用的是 XuperChain 的联盟链服务。所谓联盟链，就是有若干个机构共同参与管理的区块链，每个机构都运行一个或者多个节点，其中的数据只允许系统内不同的机构进行读写和发送交易指令，并且它们共同来记录交易数据。

图片版权行业由图片生产者、用图方以及代理机构组成。当前行业各方的痛点如下：

对于图片生产者和机构来讲，图片版权市场的信息不透明、不对称，盗版现象猖獗屡禁不止，维权难度大。信息不透明、不对称，确权成本较高，使他们难以判断自己作品的价值，面对猖獗的盗版现象只能望洋兴叹，这在很大程度上扼杀了他们的创作热情。

对于自媒体平台或者作者、站长、商业产品等用图方来讲，用图成本高、图片全面性和时效性以及本土化不足、版权界定模糊是让他们头疼的事情，也就是说他们会承受花高价却买中盗版图的风险，这也在一定程度上削弱了他们尊重版权的积极性。

对于代理机构来讲，销售图片的售卖渠道扩展困难，行业整体技术缺失是其面临的首要问题。

综上所述，各方的核心诉求均体现在需要一套安全可靠、信息透明、供需直接对接、维权确权流程得到优化的体系来解决行业的痛点。区块链的分布式账本具有公开、透明、永久保存、不可篡改等特点，与知识产权行业的场景非常契合。但也要注意将研究通过专利申请保护等方式进行保护，以保障自身的合法权益。

5.2 数据权属应用前景

截至 2018 年 6 月，中国网民数量已经达到 8.02 亿，为世界第一网络大国。[1] 中国互联网的发展关乎国家经济发展和社会稳定繁荣，更是影响国家安全和主权安全的重要因素。区块链、移动互联网、云计算、物联网、大数据、人工智能等新技术的出现为数字社会带来了广阔的发展空间和崭新的发展机遇，同时也带来了新的问题和挑战，

---

[1] 中国网信网. 第42次《中国互联网络发展状况统计报告》[EB/OL]. (2018-08-20) [2018-12-14]. http://www.cac.gov.cn/2018-08/20/c_1123296882.htm.

包括在政务系统、公安系统、通信系统、银行系统等领域内。如何在互联网高速发展的同时保证安全问题，成为在当今互联网尤其是数据开放场景中亟待解决的问题。区块链技术具有去中心化、不可篡改、共识机制、智能合约等特点，有望从根本上解决现今互联网出现的问题。下面就以数字身份和网络安全为例，对区块链在数据权属领域的应用前景进行分析。

5.2.1 数字身份

身份是关系的标识，代表着沟通双方之间的联系。从大的范围来看，数字身份覆盖的范围非常广，小到个人身份，大到公司主体，甚至资产也可以具有数字身份。个人身份的属性帮助人们在整个网络中进行正常的生活，包括买卖东西和其他交易等，公司主体或者资产类的身份有助于与合作伙伴进行合作、交易、谈判等商业活动。数字身份的存在更有利于信息的传递和分享，有利于陌生人之间进行很好的合作联系。

身份是一个人在整个网络中的代表，是个人活动的基础。身份的有效性是网络中最关键的因素，是让双方互相信任，从而进行交易等行为的前提条件。身份的使用包括两个过程：一是认证，如一个人出生的同时国家发放身份证证明其公民身份；另一是验证，如买火车票、入住酒店等需要出示身份证，该过程就是验证身份的过程。数字身份系统想要服务的目标场景其实在现实生活中已经出现，只不过其方向是把所有的流程都进行电子化。如果未来实现电子化，则交易双方之间的信息就可以共享，从而更好地去实现交易和合作。

5.2.1.1 行业痛点

数字信息已全面融入国民经济和社会发展各领域，深刻改变着经济社会的发展动力和发展方式。然而中国在数字化转型过程中遇到了数字资源开发利用能力不足、数字基础设施尚不完善、数字社会治理面临挑战等诸多问题。基于对数字身份基本概念的解释以及对数字身份现状的简单描述，可以看出，目前数字身份有很多的问题亟须尽快解决。

互联网飞速发展，人们在互联网上的活动越来越多，而使用互联网服务的前提条件就是解决身份问题。目前，各大平台都需要用户进行相应的身份认证，有的需要姓名和身份证号码，也有的需要上传身份证正反面的照片，甚至有一些 APP 需要手持身份证的正面照。这些认证手段相对比较简单，用户的体验尚算良好，但是这背后造成了大量个人隐私信息的泄露，让不良利益集团有机可乘，利用大数据分析，精准追踪某一个用户，对其进行相应的诈骗，导致用户的损失。❶

2018 年 3 月 17 日，根据英国《观察者报》和美国《纽约时报》联合曝光，Facebook 上超过 5000 万用户信息数据被一家名为"剑桥分析"（Cambridge Analytica）的公司泄露，并且上述用户信息被用于在 2016 年美国总统大选中针对目标受众推送广告，从而影响大选结果，这个事件在世界范围内引起了轩然大波。

---

❶ 共识财经. 深度报告：区块链 + 数字身份会发生什么反应？［EB/OL］.（2018 - 06 - 10）［2018 - 12 - 14］. http://sh.qihoo.com/pc/97f99259afe0c8efe? sign = 360_e39369d1.

这起事件被认为是史上最大规模的信息泄露事件之一。Facebook 对用户信息的滥用并不是个例，很多提供广告服务的科技公司都会将用户信息卖给第三方。此次用户信息泄露事件的曝光也引起了人们对于互联网安全的担忧。这其中最大的问题是，Facebook 是否为个人隐私设置了足够高的安全等级，从而保护用户的信息安全，比如对于第三方开发者使用数据的开放性和可见度的授权以及对于用户敏感信息分享的授权等。中心化的体系在数据泄露面前已经愈感无力，科技巨头对于数据保护的承诺也已无法取得用户信任。现在多因素控制、生物识别技术等多种数字身份技术正受到全球各国的应用。多因素身份验证是通过多种不同的身份识别方法来确定用户的身份。目前，这种方式正被许多银行和金融机构使用。但是这种方式最大的缺点是用户需要花费额外时间来验证身份，并且可能需要用户使用额外的设备进行验证。生物识别技术使用用户指纹、虹膜等生物信息进行识别，但是仍然存在一些不足之处，比如可以通过仿制等手段来进行生物信息复制，同时，如果发生意外改变了生物特征，那么就没有办法实现认证。可见，世界越来越需要借助区块链的力量改变目前的数据泄露困境，并将身份主权交还给用户。

5.2.1.2 现有应用实例

区块链技术的突破性优势是其采取分布式账本、哈希加密、共识机制等综合手段来管理数据。它允许用户公开他们对某些认证的所有权并授予访问权限，而不泄露包含在其中的信息，当数据被哈希加密时，终端服务可以验证身份。例如，假设一家银行对用户进行信用检查，银行只是以加密的形式处理用户的信用记录数据，而不是直接处理用户的信用记录数据，这样即使银行的处理数据被盗，也不会泄露用户的信用记录数据。基于区块链技术的区块链数字身份是另一种用来验证个人身份的新方法，它比多因素身份验证提供了更多的匿名性，也避免了生物识别技术因为出现生物特征改变而无法识别的情况，可以更安全、更可靠地验证用户身份，并且可以提供一些匿名保护措施。❶

从总体上看，国内外多个企业在探索区块链技术在数字身份的场景中的应用，包括个人数字身份系统、企业数字身份以及物品数字身份，各家都有自己不同的切入点，比如 Uport 是基于以太坊的数字身份应用，它可以进行用户身份验证并且与以太坊上其他应用进行交互，可以免密码登录；Civic 是从生物识别出发，打造多因素身份认证系统，准确安全地识别用户身份。但是目前并未检索到有关数字身份应用场景的专利申请，这一领域属于待开发的技术应用专利空白点。

当前，区块链技术数字身份应用方面已经形成了一些应用实例，能够对今后该领域的发展提供参考。为了让已经落地的区块链应用更好地服务于数字身份事务，研究人员也可以进一步研究区块链应用在数字身份上存在的问题并通过专利申请保护等形式来合法保障自身的知识产权权益，避免侵权造成的损失。下面对这些应用实例进行

---

❶ IDHub. Facebook 泄露 5000 万用户数据，区块链数字身份将重新定义"隐私边界"［EB/OL］.（2018－03－21）［2018－12－14］. https：//mp.weixin.qq.com/s/vfleLCd4yqWbM0w－1B0aqg.

简单介绍。

(1) 目前，基于密码技术的 eID 已成为全球各国实施身份认证计划的主流解决方案。随着近年来区块链技术的快速发展，eID 为身份治理提供了另一种可行的技术方案，数字身份由此走入视野，如图 5-2-1 所示。[1]

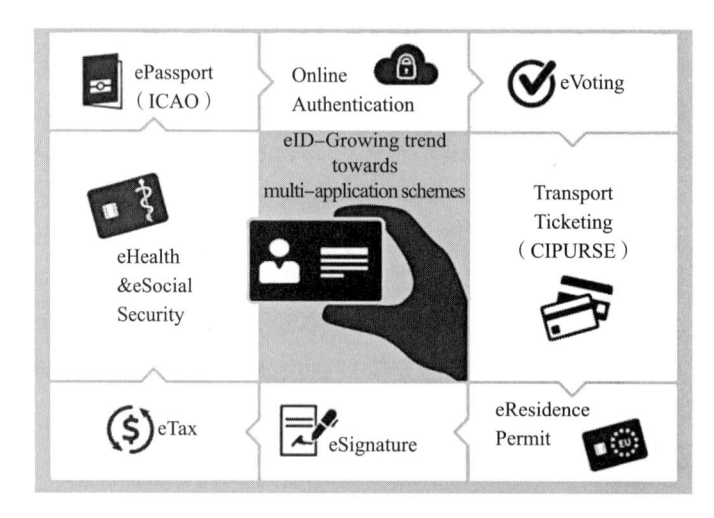

图 5-2-1 eID 应用示意图

公民在数字空间提供与公民身份号码对应的数字身份，进入数字空间要有自己的数字身份。人们在实体社会档案里留的是公民身份号码，在数字社会里如果要保护个人隐私的话，就要考虑尽量使用数字身份。eID 数字身份是以公民身份号码为根，由国家公民网络身份识别系统通过密码算法为公民生成的数字标记，它不含任何明文的个人身份信息，也无法被用于逆推公民身份信息原文，可代替目前普遍采用的"姓名 + 公民身份号码"在网上流通。

在具体的流通环节，eID 数字身份还可以"变形"。用户在不同网站和 APP 中留下的数字身份标记并不相同。只有在公民网络身份识别系统的后台，才能将碎片化的 eID 数字身份基于密码学技术实现盲匹配。这种匹配需要用户授权才可以进行，可以有效防止用户身份信息被用于大数据画像。

身份认证发展至今可以分为三个阶段：①传统身份认证采用身份证件，其特点是线下身份认证，属于身份认证 1.0；②eID 采用中心化数字认证技术，特点是线上单点身份认证，属于身份认证 2.0；③区块链数字身份采用区块链认证技术，其特点是线上联合身份认证，是可承载未来数字时代的身份认证服务的网络平台，属于身份认证 3.0。

虽然目前 eID 大行其道，但区块链数字身份引起了不少企业和政府的关注，而有的已经率先采取了行动。一般来说，政府机构在拥抱新兴技术方面都会显得比较谨慎、行动滞后，但出人意料的是，一些国家或地区的当局对区块链身份管理解决方案却作

---

[1] 小云，太一云. 可信身份链：eID 数字身份 + 区块链 [EB/OL]. (2018-05-16) [2018-12-14]. https://mp.weixin.qq.com/s/B1si2wKlz9anrdIaKHVf9w.

出了快速反应。

2017年夏天，美国伊利诺伊州着手探索在土地所有权登记和出生证明数字化方面部署区块链技术，其中的出生证明数字化试点项目是由该州政府和数字身份公司Evernym联袂打造，企业和政府可以通过对可验证的声明进行加密访问来审核和验证公民身份。当年8月底，巴西规划部与微软以及以太坊初创公司ConsenSys合作，旨在探索身份管理用例。

基于区块链技术的自主身份管理平台的大规模落地应用不是一夜之间就能完成的。目前，区块链数字身份平台的落地尚有一些问题需要解决，比如许多基于区块链的身份识别系统都依赖于去中心化的标识符（DIDs），这些标识符持有唯一可证明特定ID所有权的元数据。因此，在伊利诺伊州的出生证明数字化项目的概念验证中，实际出生证明并没有被存储在区块链上，而是在DIDs上，而DIDs在特定的交互之外不起任何作用，且目前还没有DIDs用例的标准，这使得这些平台框架会更难以被理解和利用。研究人员可以从以上方面进行研究，进行相应的专利布局以保障自身的知识产权权益。

（2）可信身份链是北京公易联科技有限公司旗下项目。北京公易联科技有限公司由北京太一云股份有限公司与北京中电同业科技发展有限公司等共同建立。可信身份链中的eID是以密码学为基础、以智能安全芯片为载体、由"公安部公民网络身份识别系统"签发给公民的网络电子身份标识，能够在不泄露身份信息的前提下在线远程识别身份。eID在多个方面具有很强的优势，可满足公民在个人隐私、网络交易等多方面的安全保障需求。其具有以下特点：

安全性：eID含有一对由智能安全芯片内部产生的非对称密钥，通过高强度安全机制确保其无法被非法读取、复制、使用或者篡改；

隐私性：eID的唯一性标识采用国家商用密码算法生成，不含任何个人身份信息，有效保护了公民身份信息；

权威性：eID基于面对面的身份核验，由"公安部公民网络身份识别系统"统一签发，可进行跨行业、跨地域的网络身份服务；

普适性：eID不受载体物理形态的限制，只要载体中的安全智能芯片符合eID载体相关标准即可。

可信身份链是将eID与区块链相结合的创新应用，其采用区块链技术来增加eID的服务形式，扩大eID的服务范围，提高eID的服务能力，为各类应用系统提供高等级、高容错、安全高效、防抵赖、抗攻击、分布式、防篡改、形式多样、保护隐私的可信身份认证服务，将身份认证服务从单点在线服务向联合在线服务推进。❶但是就目前的检索结果来看，还没有关于可信身份链的专利申请或者相关专利申请还没有公开，研究人员可以就以上研究成果进行专利布局。

---

❶ 小云，太一云. 可信身份链：eID数字身份+区块链［EB/OL］.（2018-05-16）［2018-12-14］. https：//mp.weixin.qq.com/s/B1si2wKlz9anrdIaKHVf9w.

(3) 区块链数字身份平台 IDHub 提出的 "身份主权" 是一种数字身份识别机制，主要由社交属性确定一个人的身份，在用户身份信息、登录系统、权限授予应用与验证、登出系统的整个过程中，根据不同场景需要，在恰当的条件下赋予正确的对象以适当的身份信息访问权。同时，IDHub 将外部第三方认证作为背书，进一步增强数字身份的可靠性和可信度。重要的是，这个数字身份可以收集用户身份的所有信息，比如社交媒体凭证、社会安全信息、医疗记录，并使用一个存储在区块链的账户上的密钥，这样用户可以对个人信息进行最大限度的保护，只需共享一个验证其身份的公共密钥即可。

如图 5-2-2 所示，IDHub 的数字身份解决方案在隐私保护、合理使用、身份独特性、黑客攻击、有效验证等方面进行了全面考量。其底层由区块链节点构成 P2P 网络，每个节点在网络中都能向平台层提供服务。❶

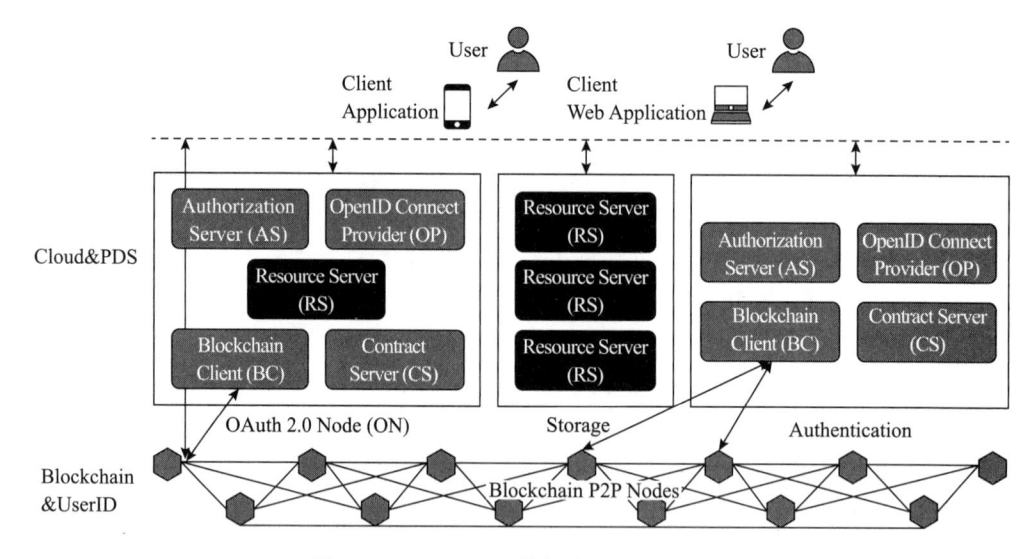

图 5-2-2　IDHub 的数字身份解决方案

图 5-2-3 示出了 IDHub 的操作流程。IDHub 平台层包括相互独立的用户身份管理功能模块和用户身份验证功能模块。身份验证由网站自由选择验证形式，具备创建身份、恢复身份、角色管理等功能。身份管理完全由用户自主控制。技术层面采用 Solidity 智能合约、JWT、Merkle 树、OpenPDS、身份图、Kademlia 六种核心技术，可以根据不同系统、不同场景、不同应用的需求接入与之相匹配的功能模块，构成更具可用性、可扩展、可持续的数字身份平台。

可以说，区块链凭借其特有的去中心化、安全、稳定和不可篡改的特性，可以较好地实现区块链上身份信息传输的安全性。区块链的数字身份时代，人们可以将自己完整的数字身份信息和身份证明打包上区块链，赋予哈希值和时间戳，使其成为可查

---

❶ IDHub. Facebook 泄露 5000 万用户数据，区块链数字身份将重新定义 "隐私边界" [EB/OL]. (2018-03-21) [2018-12-14]. https：//mp. weixin. qq. com/s/vfleLCd4yqWbM0w-1B0aqg.

的真实的身份数据。如果说数字身份从1.0时代向2.0时代的跨越只是完成了从线下到线上的迁移,那么区块链的崛起将会是互联网"大航海时代"中的一片"新大陆",不仅为数字身份跨领域、跨地域、跨种族的互通互认提供全新技术路径,同时也将实现一个身份在手就能通行全球的终极目标。

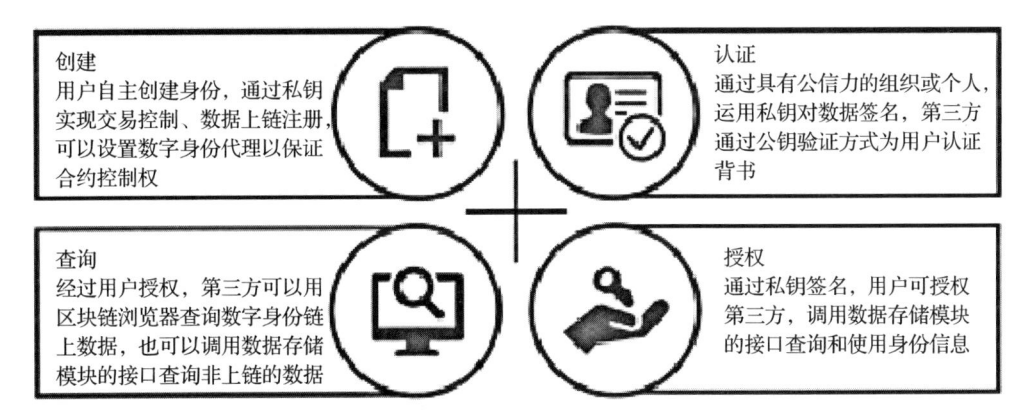

创建
用户自主创建身份,通过私钥实现交易控制、数据上链注册,可以设置数字身份代理以保证合约控制权

认证
通过具有公信力的组织或个人,运用私钥对数据签名,第三方通过公钥验证方式为用户认证背书

查询
经过用户授权,第三方可以用区块链浏览器查询数字身份链上数据,也可以调用数据存储模块的接口查询非上链的数据

授权
通过私钥签名,用户可授权第三方,调用数据存储模块的接口查询和使用身份信息

图 5-2-3 IDHub 的操作流程❶

值得思考的问题是,随着区块链数量的不断增加,自主身份管理平台将最终会实现跨链,成为跨不同底层协议的通用基础设施,而不同链与协议之间的互操作性是亟待解决的问题。研究人员可以就以上问题进行研究,并可以通过专利申请等方式对区块链在数字身份中的技术应用进行保护。

5.2.2 网络安全

网络安全是指网络系统的硬件、软件及其系统中的数据受到保护,不因偶然的或者恶意的原因而遭受到破坏、更改、泄露,系统连续可靠正常地运行,网络服务不中断。

5.2.2.1 行业痛点

2016年10月21日,一场始于美国东部的大规模互联网瘫痪席卷了全美国,包括推特、Spotify、Github、Reddit 以及纽约时报等的主要网站都受到黑客攻击。

造成本次大规模网络瘫痪的原因是 Dyn Inc. 的服务器遭到了 DDoS 攻击。DDoS 攻击又被称为拒绝服务攻击。最基本的 DDoS 就是黑客利用合理的服务请求去占用尽可能多的服务资源,从而使得用户无法得到服务响应。

位于美国新罕布什尔州曼彻斯特市的 Dyn 是美国主要域名服务器(DNS)供应商。DNS 是互联网运作的核心,主要职责就是将用户输入的内容翻译成计算机可以理解的 IP 地址,从而将用户引入正确的网站。其一旦遭到攻击,用户就无法登录网站。

Dyn 首席策略师约克说,承载互联网基础设施核心的 Dyn 以及其他公司成为越来

---

❶ IDHub. Facebook 泄露5000万用户数据,区块链数字身份将重新定义"隐私边界"[EB/OL]. (2018-03-21)[2018-12-14]. https://mp.weixin.qq.com/s/vfleLCd4yqWbM0w-1B0aqg.

越多DDoS的攻击目标，不仅遭受的攻击的数量和种类大增，而且攻击时长以及攻击的复杂性也都在增加。随着智能产品的广泛使用，黑客可以在用户不知情的情况下，利用软件去控制成千上万联网的设备，比如相机、家庭路由器等，通过海量的互联网流量去冲击一个目标。❶

从这次事故可以看到，黑客获取目标关键服务是多么容易，其只需要对DNS进行攻击，就可以切断几小时的访问网站服务。这也是集中基础设施管理失败的一种表现。

5.2.2.2 现有应用实例

区块链技术可以提升加密以及认证等保护机制的安全性，这对于物联网安全以及DDoS防御来说绝对是一条好消息。区块链是一种去中心化的分布式电子记账系统，它实现的基础是一种受信任且绝对安全的模型。在加密算法的配合下，交易信息会按照发生的时间顺序被公开记录在区块链系统中，并且会附带相应的时间戳。关键之处在于，这些数字"区块"只能通过所有参与交易的人一致同意才可以更新。因此攻击者无法通过数据拦截、修改和删除来进行非法操作。

因此，区块链就有成为安全社区的一个重要解决方案的潜力。无论是保护数据完整性，还是利用数字化识别技术来防止物联网设备免受DDoS攻击，区块链技术都可以发挥关键作用，而且现在它已经显示出了这种能力。❷ 区块链技术在网络安全方面也已经有了一定的探索，相关应用实例作为实践探索有助于该领域的技术突破。下面结合具体的应用实例来说明如何将区块链技术应用到网络安全之上。

（1）Nebulis有效阻止DDoS攻击。区块链初创公司Nebulis目前正在开发基于区块链的分布式互联网域名系统，只允许授权用户来管理域名。Nebulis通过在以太坊区块链上存储、更新和解析域名记录来大大提升DNS服务的可靠性和鲁棒性。黑客将无法像过去那样通过攻击特定的服务器来使整个DNS服务瘫痪。此外，基于区块链的DNS服务也使得通过修改DNS记录实施中间人攻击、网络审查、域名重定向等变得极为困难。其他公司诸如Blockstack和MaidSafe也开始使用分布式Web技术来替代原有的由第三方管理Web服务器和数据库的模式，从而阻止网络DDoS攻击。❸

（2）REMME淘汰过时密码。利用REMME的区块链，企业可以在不需要密码的情况下对用户和设备进行身份验证，这就消除了验证过程中的人为因素，从而避免其成为潜在攻击的媒介。单一的登录方式和集中架构是传统系统的一个巨大弱点。无论一个公司在安全上花费多少钱，如果有客户和员工使用容易被破解或盗取的密码，那么所有的付出都将徒劳无功。区块链承担了强大的身份验证的职责，同时解决了单一攻

---

❶ 全美互联网今日遭大规模攻击［EB/OL］.（2016-10-22）［2018-12-14］. http：//world.people.com.cn/n1/2016/1022/c1002-28798846.html.

❷ FreeBuf金融科技大讲堂. 区块链应用在网络安全的六个案例［EB/OL］.（2018-05-06）［2018-12-14］. https：//mp.weixin.qq.com/s/6pBswWGmLMY44p6PGo3gFA.

❸ 冯泽冰，雷盈金融科技. 区块链技术，如何提升网络安全？［EB/OL］.（2017-12-26）［2018-12-14］. https：//mp.weixin.qq.com/s/VeHGeOl6C1-g5tv65gYVqg.

击点的问题。此外，去中心化网络也使各方的身份验证达成共识。

REMME 成立的前提在于去中心化系统是优于易受到攻击的集中式系统的。例如，对集中密码管理器 LastPass 的大量攻击让数以百万计的账户有被盗的风险。REMME 利用分布式公共密钥基础设施来验证用户和设备。它为每一个设备提供了一个特定的 SSL 证书，以此取代了密码验证。这个证书数据被在区块链上进行管理，使得黑客几乎不可能使用伪造证书。这个平台还使用双重验证方式来进一步增强用户的安全性。❶

（3）Obsidian 确保聊天的隐私和安全。如今，在全球范围内，即时通信服务包含了大量的互联网应用，这些应用已经可以被用于支付，运营商还通过聊天机器人来吸引用户。通信和商业的结合形式具有很大的前景。比如，FacebookMessenger 和 WhatsApp 的活跃用户数都达到了 12 亿，而中国的即时通信服务微信拥有 20 亿用户。不过，它们依然存在社会工程、黑客和其他安全漏洞这些固有的风险。例如，WhatsApp 和 Telegram 都可能有基于图像元数据缺陷的风险。

Obsidian 使用了去中心化区块链网络，它不能被任何单一来源审查或控制。此外，通信元数据分散在分布式账本中，不会集中在一个中心点。这样的数字指纹被用来降低监视风险。用户不需要绑定他们的电子邮箱或手机号码，从而提高了隐私性。Obsidian 最初的概念是克服其他终端加密通信应用程序目前仍存在的弱点，其中大部分应用（如 WhatsApp、Signal、Wire 和 Threema 等）的问题在于它们没有一个明晰的安全通信方式来有效地保护通信元数据，即通信双方的信息。

Obsidian 还将以一个并行网络来交换数据或文件等有效负载，这个平台将开放其代币 ODN 的流通渠道来作为一种价值交换方式。

区块链通过解决平台的最薄弱环节——人为因素的影响，从根本上解决了安全隐患。区块链技术通过使用分布式账本以及消除单点故障的风险，在确保用户能够便捷使用的同时，还提供了端对端的隐私性和加密性。❷

（4）Guardtime 实时监测和减轻网络攻击。Guardtime 是由爱沙尼亚的密码学家 Ahto Buldas 创建的一家数据安全公司，自 2007 年成立至今一直在运营之中。目前，它正在投资关于保护敏感记录的区块链技术。该公司已经利用区块链技术创建了一个无密钥的签名基础设施（KSI），用非对称加密和中央认证机构（CA）共同维护的公共密钥来替代传统的公共密钥基础设施（PKI）。从综合收益、人数和实际客户部署各方面来说，Guardtime 已经成长为"世界上最大的区块链公司"。在 2016 年，这家公司用区块链技术保护了爱沙尼亚的 100 万份健康记录，取得了一个惊人的里程碑式的成就。

同时也应注意到，虽然这些应用已经落地，但是就目前的检索情况来看，还没有相关专利申请或者相关专利申请还没有公开。申请人可以参考这些应用中的技术方案

---

❶❷ 区块链改革网络安全的三种方法 [EB/OL]．(2017－08－27) [2018－12－14]．https：//mp. weixin. qq. com/s/M81fuHdU8fHXAXRUi0Wugg.

进一步研究区块链在网络安全中的应用并进行相关的专利布局，以专利申请保护等形式保障自己的合法权益。

区块链技术还会继续发展，它可能会有助于保护个人、公司以及政府。目前已经证实比特币和它的底层技术区块链是有弹性的，大量新的区块链技术为可扩展性和稳定性的发展作出了贡献，特别是在安全领域方面提供了指引，同时也为区块链技术应用于安全领域的专利突破提供了方向。

5.3 价值交换应用前景

无论是银行账户上的一串数字，还是从地底深处开采出来的黄金，价值始终都是采取一种记账的方式来进行交换的：银行账户上的数字不会凭空产生，市场上突然增多的黄金也不会增加社会财富而只会抬高物价。政府与政府之间、跨国企业与跨国企业之间、区域与区域之间、语言不同的人们之间，存在着巨大的沟壑，这样的沟壑让各个社群保持着相对的独立，但同时也阻碍了价值的流动。在互联网出现之前，不同国家不同区域的人们要相互交流并获取信息是一件很困难的事情，当时无法想象有一个统一的网络能够将世界各地的人联系起来，使人们无论身处何地都可以通过这个网络与任何其他地方的人进行交流。信息互联网彻底改变了人类社会。

与信息一样，价值要流动才会有意义。在这个时代，信息和价值流动变得前所未有地频繁，也正因如此，社会才前所未有地繁荣，而价值流动的速度也只会越来越快。现代社会的金融体系在不断演进，金融学家们提出了各种各样的记账方案，发明了各种各样的记账工具。然而自复式记账法之后，再无根本性的革新，这对于一个高速发展的经济社会而言是不可想象的。目前的全球清算体系低效、耗时并且昂贵。

区块链提供了一种建造一个全球性公共账本的可能性。从这个意义上而言，它对人类社会的意义或许比信息互联网的意义还要大。比特币作为世界上第一个被实证为可行的区块链应用，就是运用自动记账且账务公开、信息不可篡改、随时可查询的技术颠覆了传统金融模式，绕开了第三方中心化，让买方和卖方直接进行交易。这样的交易模式一定是高效、低成本并且公开化的。❶

以下将围绕区块链在合约执行、文化娱乐等领域的典型应用来介绍区块链技术在价值交换场景中的应用前景。

5.3.1 合约执行

在现实社会中，人们会遇到很多需要去签署合同的场景。比较普遍的有以下几种：签署劳动合同、房产租赁与买卖合同、保险合同以及投资理财合同。

---

❶ 比特币之家. 价值的实现与交换：区块链技术将如何重构经济形态［EB/OL］.（2017－04－27）［2018－12－14］. https://mp.weixin.qq.com/s/Vyxc1J24zCqnooAQd7P－NA.

5.3.1.1 行业痛点

合同用来约束双方的经济行为，但是即使签了合同，也无法保证在合同期内双方就一定能完整履行合同内的承诺。❶ 此类情况如房屋租赁提前解约，劳务合同单方面解除，保险合同失信，理财发起方单方携款潜逃。2017 年 12 月 14 日，济南市中级人民法院召开新闻发布会，通报了十大执行典型案例，公布了失信被执行人名单。从会上获悉，2017 年 1~11 月，全市法院对 18937 名被执行个人、3640 家被执行单位的失信信息进行了公布并限制其高消费，1149 名被执行人迫于压力主动履行了义务。以下摘录其中几个典型案例❷：

（1）李某某与张某、张某某民间借贷纠纷案：平阴县人民法院在执行中发现，被执行人张某某将已被查封的其名下房产转卖给他人且拒不履行法律义务。平阴县人民法院对两被执行人采取拘留措施后，两被执行人仍不履行义务。鉴于两被执行人擅自处置法院查封财产，平阴县人民法院依法将其移送公安机关追究其刑事责任。

（2）某牧业公司与某农民专业合作社土地租赁合同纠纷案：诉讼期间，平阴县人民法院裁定对该农民专业合作社所有的位于平阴县某村的 454.26 亩即将收获的小麦进行查封，并将收割小麦变现后全部移交法院，案件结束。

（3）四家法院协同执行破解两起长年积案：商河县人民法院依法拍卖某皮业公司位于章丘辖区内建设用地使用权及地上建筑物后，被执行人一直未向买受人交付标的物。同时，市中区人民法院在另案中查封该公司位于上述厂房内的两条生产线设备，因被执行人阻挠，无法实际扣押处置。济南市中级人民法院执行局根据案情，决定两级法院协同执行，强制交付。

由以上几个典型案例可以看出，传统的合约的执行会受到各种维度的影响，如自动化维度、主客观维度、成本维度、执行时间维度、违约惩罚维度、适用范围维度等制约，如何彻底消灭这类问题，保护公众应该正常享有的权益，是亟须解决的问题。

5.3.1.2 现有专利技术

智能合约是一套以数字形式定义的承诺，其控制着数字资产并包含合约参与者约定的权利和义务，由计算机系统自动执行。智能合约程序不只是一个可以自动执行的计算机程序，它本身就是一个系统参与者，对接收到的信息进行回应，可以接收和储存价值，也可以向外发送信息和价值。这个程序就像一个可以被信任的人，可以临时保管资产并且总是按照事先确定好的规则执行操作。

在过去，用户购买理财产品后只要点击确认即可，合同由平台方保存，缺乏第三方存证，存在较大的风险。在电子签约过程中，有四个问题变得极为棘手：如何确保签约合同和变更历史的不变性；如何控制签约数据的合理性获取以及数据流向与使用；如何确保客户投保过程中其意愿、身份认证和核保数据完整保留并无法篡改；如何消

---

❶ 【一篇看懂】区块链中的智能合约是什么？［EB/OL］.（2017-04-27）［2018-12-14］. https://www.jianshu.com/p/2d23c58624d4.

❷ 山东法制报. 曝光！济南公布拒不执行十大典型案例及失信被执行人名单［EB/OL］.（2017-12-14）［2018-12-14］. http://www.sohu.com/a/210485815_355208.

除客户对保险合同留存和完整解释的弱信任。

在区块链中,用户对区块链数据的查询、存储、获取以及写入,每一个过程都是一个轨迹且不可消除。以投保为例,客户一旦投保,就会生成一个保险合同,这份保险合同存储在基于区块链的技术架构里并且不会被改变;而合约的自动履行则通过智能合约来完成。为了保障隐私性,合同内容是受限访问的,个人合同其实只有当事人能看到,而密钥在当事人手里,但合同的调阅、查询、修改等都会在链条里面发生并被记录。电子签约利用被去中心化的区块链能让整个过程变得更加被信任,只需要提前规定好合约内容,程序就会在触发合约条件的时候自动执行合约内容。❶

利用区块链的数据无法删除、修改而只能新增的特性,保证了历史的可追溯,同时使作恶的成本变得很高,因为作恶行为将被永远被去中心化地记录,避免了中心化因素的影响。目前的淘宝支付担保系统虽然完成了类似智能合约的功能,但其依然是中心化的,合约是否公正或正常执行,也全靠中心来决定;如果中心存在欺诈行为,相关方的权益依然得不到相应的保护。而基于区块链技术的智能合约不仅可以发挥智能合约在成本效率方面的优势,而且可以避免恶意行为对合约正常执行的干扰。将智能合约以数字化的形式写入区块链中,由区块链技术的特性来保障存储、读取、执行整个过程的透明可跟踪与不可篡改,同时,由区块链自带的共识算法构建出一套状态机系统,使智能合约能够高效地运行。

为了构建并使用智能合约,专利申请 US2015379510A1 通过开发使用智能合约来配置和管理 P2P 网络中分发数据的变化,以便用于数据供应链。申请 CN107784474A 将合约用计算机语言形式化描述,然后在容器上依赖于已设定好的条件自动执行,无须面对面地签订合约,在远距离签订时给予了充分的保障,并且通过设置合约履行监督,可以实时监控合约履行的状态,在发生履行情况不正常时及时进行约束,使合约能正常履行,保证合约的束缚性和执行力度。

专利申请 CN107783758A 不仅解决了智能合约建模的设计问题,还提供了一种对智能合约系统模型的验证和一致性测试,并通过研究智能合约代码的自动生成,使得智能合约的表达与执行具有保障和一致性,信赖度更高。申请 WO2017021155A1 基于消费规则,设定每一种资源的特定配置和消耗程度,以控制消费者可交易价值的支出。申请 CN106651303A 提供了一种基于模板的智能合约处理方法和系统,从而可以支持普通互联网应用快速地支持区块链的特性并能够在不同的区块链平台快速发布和管理。

除了上面提到的智能合约的构建和生成方法,还可以通过虚拟机进行部署智能合约。比如,申请 CN106951307A 公开的智能合约虚拟机实现方法为以太坊虚拟机(EVM),它可以在以太坊上写出更强大的程序,负责以太坊区块链中智能合约的执行,并且得益于以太坊的网络的合约执行环境,以太坊中的合约的编写和执行也因此变得

---

❶ 区块链改革网络安全的三种方法 [EB/OL]. (2017-08-27) [2018-12-14]. https://mp.weixin.qq.com/s/M81fuHdU8fHXAXRUi0Wugg.

非常简单。除了虚拟机部署智能合约外，还可以通过动态语言进行编程来生成智能合约。申请 CN106598579A 则公开了一种在区块链上集成动态类型编程语言的方法和装置，通过在区块链上使用动态类型的编程语言的智能合约，提高了区块链上智能合约的可扩展性。

当生成了智能合约后，在对其执行或者调用之前，首先应该进行测试。申请 US9934138B2 公开了一种区块链测试配置，可以为测试应用程序提供简单且安全的基础架构，向节点网络发送请求以测试与应用相关联的一个或多个测试包，基于测试包的测试接收结果并将结果记录在区块链中。申请 CN107783758A 公开的智能合约的开发涉及合约描述、合约验证、合约实现和合约测试等多个环节。该申请不仅解决了智能合约建模的设计问题，还提供了一种对智能合约系统模型的验证和一致性测试，并通过研究智能合约代码的自动生成，使得智能合约的表达与执行具有保障和一致性，信赖度更高。

在对智能合约进行测试合格之后就可以执行或调用智能合约。申请 US2016323109A1 公开了在地址节点之间执行多个数字货币转移以将数字内容项的权利集合注册到区块链。申请 US2017140408A1 公开了通过接收与智能合约相关联的事务记录，实现了使用智能合约区块链分布式网络的透明自管理奖励程序。

由于智能合约的编写需要很高的技能，发布一个有业务规则漏洞或者不公平的智能合约会给交易参与方带来巨大的损失。因此，需要对智能合约进行更新或升级。申请 CN106709704A 打破智能合约地址、代码、存储单元三者不可变更的结构并对存储单元按照属性名称进行索引和序列化，使合约代码能够直接整体更新，同时可以复用之前的合约地址和合约存储单元。申请 CN106778329A 为了解决现有技术中区块链技术的智能合约模板变更成本巨大的问题，提供了一种区块链智能合约模板动态更新方法、装置及系统，可以以很小的代价实现区块链中节点的智能合约模板的安全更新。

5.3.1.3　现有应用实例

当前，区块链技术在合约执行应用方面已经形成了一些应用实例，能够对今后该领域的发展提供参考。下面对这些应用实例进行简单介绍。

OneChat 是一个基于 IM 即时通信的开发项目，利用智能合约、加密货币奖励等方式来支持社群建立与社交互动的内存区块链数据库，使用分布式自治协议（DGP）实现全新的链上自理，将社交媒体的概念融入加密货币及其社群的创建，打造一个能够公平反映个人贡献的会计系统，尝试以透明且精准的方式，为任何在 OneChat 平台里做出贡献的个人提供作为奖励的加密货币。OneChat 的本质是让所有人拥有平等交换信息的权利和解决信息的精准沟通问题。

OneChat 引进了基于智能合约 + 人工智能的"小确信"，其正与 Matrix 深度合作。Matrix 对现有智能合约进行兼容性改造，通过特定机制实现对合约的逻辑行为进行智能分析与缺陷预防，判断交易模型的合理性，使任何在链上进行的交易或发布的程序都会在人工智能的帮助下规避风险，自动嗅探交易漏洞，在进入合约执行前进行充分审

核，确保交易安全，让每一个用户更加安全，让智能合约真正智能。❶

通过基于智能合约开发的"小确信"，传统社交网络中的"承诺"变得有价值。小确信由社交价值网络中的多个用户共同参与制定，可用于用户之间的任何交易行为。协议中明确了双方的权利和义务，开发人员将这些权利和义务以电子化的方式进行编程，代码中包含会触发小确信自动执行的条件。类似的小确信应用场景还有很多，比如借钱、租房、解答问题、网络购物乃至写遗嘱等。

虽然智能合约的出现可以避免合约拒不执行的问题，但当前智能合约的应用仍处于比较初级的阶段，也是区块链安全的"重灾区"。总结智能合约优秀模式，开发标准智能合约模板，以一定标准规范智能合约的编写都可以提高智能合约的质量和安全性。研究人员可以针对上述问题进行研究并进行相关的专利布局。

5.3.2 文化娱乐

文化娱乐是社会生活的重要组成，满足了人们学习、休闲的需求，在一定程度上搭建着人们的精神世界。随着互联网的兴起，大量文化娱乐项目以数字化的方式存在于网络世界里，人们在这个与现实几乎平行的虚拟空间里获得了诸多乐趣。

5.3.2.1 行业痛点

传统的文娱项目面临着诸多问题与隐忧。第一，信息安全难以保障，用户隐私泄露、虚拟数字资产被盗取的现象经常出现，而一旦应用不再运营，用户在该款应用中苦心经营的虚拟资产也将同时丧失。第二，在游戏中，道具、英雄等的抽取概率、游戏直播平台的真实观看人数并不能完全公开，使用者处于雾里看花的状态。第三，尤其是在游戏项目中，开发者和使用者地位不对等，开发者可以随意更改规则侵犯使用者的利益，从而达到自身利益的最大化，使得真正关注游戏体验的开发者并不多。娱乐行业有一个把关系统的问题。直到最近，如果没有唱片合约并且不依靠唱片公司来为艺术家来录制、发行和货币化音乐，那么出版音乐是不可能的。电影和电视也是如此，如果没有制片公司和制作公司的支持，或者没有电影院或有线电视频道同意对创作进行展示，那么就不能发行电影或电视节目。

现在互联网已经实现了娱乐行业中内容创作和发行的平民化，创意人员不再需要和新视镜唱片公司（Interscope）或迪士尼（Disney）等公司合作，也消除了数字内容中出现新的中间商的可能性。今天，用户依靠平台来消费音乐和视频内容。YouTube（15亿用户）、SoundCloud（1.75亿用户）、Spotify（1.4亿用户）和Netflix（约1.1亿用户）等平台控制全球用户消费并担当新的分销商，负责收取订阅和广告收入并向艺术家支付款项。

这一数量的控制对主要唱片公司和流媒体平台有利，导致关于艺术家赔偿和处理的争议，最著名的是泰勒·斯威夫特（Taylor Swift）与苹果音乐（Apple Music）和

---

❶ OneChat 一款基于区块链的未来社交［EB/OL］.（2018 - 08 - 09）［2018 - 12 - 14］. https：//baijiahao. baidu. com/s? id = 1608247859959803991&wfr = spider&for = pc.

Spotify 的纠纷。随着艺术家对这些平台大失所望，他们正在寻找新的选择，而区块链就是这样一个选择。❶

5.3.2.2　现有应用实例

通过提供一个数字公共数据库来存储正在进行的交易记录，区块链使公司能够拥有完全加密的所有权记录并执行智能合约（即自动执行任何有价物的交换而不需要中间人）。区块链技术在文化娱乐应用方面已经形成了一些应用实例，能够对今后该领域的发展提供参考。下面对这些应用实例进行简单的介绍。

Patreon 平台专注于帮助创作者从粉丝处筹集资金，这类平台仍然在中间处作为促进平台。数字货币的使用有助于消除所有的中间商，通过确保支付和降低交易成本来为创作者开放更多交易。

格莱美奖得主 Imogen Heap 是拥抱区块链的最杰出的音乐家之一。她最近与一家希望成为独立音乐发行和支付的一站式商店的 Ujo 合作，发行以太坊区块链上的第一首歌曲。智能合约的概念是以太坊的核心，让 Heap 能够完全控制自己和合作伙伴的支付方式和情况（例如购买下载、流媒体、混音和歌曲同步的许可）。

目前有人在尝试创建区块链公司和与媒体、娱乐有关的货币。当应用于媒体消费时，该技术解决了内容访问、分配和补偿方面的问题，管理资产和数字版权以及融资等。区块链已经解决了主要的问题——小额支付。例如 Stem 公司建立了区块链支付的平台，希望成为创作者的支付分配平台，他们允许创意人员在一个易于使用的门户网站上发布内容、管理合同并处理付款。虽然小额支付在当今的内容消费方面与标准模式相差甚远，但是降低交易费用和提供更安全的销售及消费记录的承诺可以使其成为艺术家、作者和电影制作者的新商业模式。

在其他与大众息息相关的消费行业，如家居行业，区块链技术可以记录每家家具厂家制造每款家具所用的原料和所采用的工艺及其成本，让消费者可以有据可查地评估家具的好坏及其价格是否合理。厂家和品牌方也会在完全透明的市场环境中给出最合理的产品定价，让消费者不用再被价格困扰。

同时也应注意到，虽然这些应用已经落地，但是就目前的检索情况来看，这些应用实例中体现的区块链相关技术还没有得到专利布局。研究人员可以参照这些技术方案进一步研究如何将区块链应用于文化娱乐中，并通过专利申请保护等方式来保障自身的知识产权权益。

5.4　共享数据应用前景

对于个人而言，照片视频、编辑文档、衣食住行相关的交易是常见的个人数据，对于企业而言，设计文稿、合同订单、财务文件等是常见的企业数据。数据往往掌握

---

❶ 【一篇看懂】区块链中的智能合约是什么？［EB/OL］. (2017 – 04 – 27)［2018 – 12 – 14］. https：//www.jianshu.com/p/2d23c58624d4.

在个人手中或企业内部，形成数据孤岛，数据不能共享。

随着信息技术的普及，尤其是互联网和大数据技术日新月异的发展，政府或大型机构通过各种运营服务平台进行海量数据采集，这些数据仅存在于某一运营平台，对数据的沉淀、管控和再利用来说是非常低效的，仅仅是相对于数据掌握在个人或企业内部而言，形成了更大集合的数据孤岛。当人们意识到数据具备资产属性时，数据共享便成为了伪命题。

区块链的数据是公开和透明的，它是分布式账本数据库，只有读写功能，没有删除和修改功能。它的结构不再是客户端－服务器的架构，不再是封闭的数据孤岛。这不仅仅是简单的数据架构不同，更代表了不同的数据归属权。像谷歌、百度等互联网公司虽然开放了部分资源，但它们依然掌握了绝大多数用户的数据。区块链的数据共享不仅能够做到公开和透明，而且还可以通过加密和隐私保护，在把数据归还给用户的同时也保护用户隐私。

未来的人工智能需要大量的数据，这些数据基本被国内外的互联网公司垄断，而区块链通过把用户数据归还给个人，通过网络共建，可以为新的人工智能项目提供真正高质量的数据。❶

下面将从医疗、公益慈善、旅游业、票据与供应链金融及危险化学品信息流等行业领域入手，分析当前的社会热点问题，阐述未来应用区块链技术实现数据共享的发展前景。

5.4.1 医疗行业

民众对于医疗的重视程度与日俱增，矛盾也日益增多，如何才能缓解甚至化解这些矛盾，成了众多医疗健康领域从业者都承认的痛点与难点。

5.4.1.1 行业痛点

几年前，互联网发展势头强劲，孕育出了很多互联网医疗产品，如好大夫、春雨医师等，这些产品都是从某些角度使个人寻医问诊的流程更加扁平化、更加便利，但这些产品仍存在效率不高和未充分利用已有数据资源的问题，因此，医疗数据共享问题是当下亟待解决的行业难题。

目前，大量高质量的患者数据对于医疗研究人员进行临床研究至关重要。医疗数据平台在收集与共享方面存在许多问题，包括数据质量不高、存在信息孤岛、篡改失真、记录遗漏、泄露个人隐私、数据灰色交易等。这些问题阻碍了数据平台的发展，使信息不能得到流通和共享。❷

5.4.1.2 现有专利技术

区块链可以以安全、可信、自动化和无错误的方式更容易地聚合高质量的患者数

---

❶ 青企云. 区块链数据的公开和共享［EB/OL］.（2018－01－29）［2018－12－14］. http：//www.sohu.com/a/219611383_100094320.

❷ 轻信区块链. 区块链是加强临床研究和病人数据共享的关键［EB/OL］.（2018－10－24）［2018－12－14］. https：//www.toutiao.com/a6615865075041305101/.

据。这可以让患者更容易地从不同来源收集数据并与医生和研究人员分享治疗过程。

区块链为用户提供了数据的透明度和信任，这是以传统方式共享数据时往往会缺失的。因为区块链的分布式账本技术使数据交换去中心化，组织不再需要围绕所有权展开竞争。

在数据共享过程中，区块链平台具有独特的地位，它可以通过在数据提供者之间建立一个公平的竞争环境来促进数据共享。在这个环境中，没有单一的信息所有者，所有参与者都可以维护自己的数据副本，底层病人可以维护自己的数据信息。

在临床治疗中，医师治疗经验有限且许多患者难以分享高质量的治疗数据，有鉴于此，学术研究机构、医疗提供者、患者和其他人可以共享一个区块链平台以作为临床研究的可靠数据来源。患者可以在这个平台上提交他们的医疗信息并搜索与他们的医疗档案相匹配的合适临床试验。区块链技术可能会鼓励患者分享他们的数据，并通过为个人提供可靠的治疗信息方案。借助区块链，研究人员可以通过公布关于区块链的研究结果并分发给患者来激励患者参与，这样患者就可以更好地了解他们的信息是如何被使用的。此外，区块链加密货币可授予在临床研究中捐赠和共享信息的患者，从而以提供小额费用的方式来提高患者参与的积极性。

不仅如此，区块链还可以帮助确保安全的数据共享。区块链平台中只有可信的查看者才能将包含医疗信息的记录与共享信息的个人关联起来。研究人员可以分析被识别的数据并要求患者同意提供的信息与于医学研究。

2014年，有专利申请人提出CA2867765A1，使用分布式电子文档表示关键生命体征在一段时间内的测量结果以及获取时的位置、时间和个人识别信息，通过对比检查点之前的潜伏期呈现的主要症状来判定疾病状况。

上述单一的针对医疗历史记录进行记录，并不能完全解决医疗保健行业目前的问题，例如用户病历信息在健康网络中发生速度快、健康信息网络中包含的信息太过孤立等，更全面、更完备的综合医疗平台应运而生 2015年，有专利申请人提出一种分布式自主医疗经济平台（US2017039330A1），将所有医疗保健数据聚合成全局理论拓扑图并通过混合联合和对等分布式处理体系结构处理数据。2016年，阿里巴巴提出一种健康档案管理系统（CN108074629A），包括多个医疗服务器、多个用户客户端和认证服务器，多个医疗服务器用于向与第一用户关联的健康档案中上传健康数据或者从所述健康档案中下载健康数据；用户客户端用于设置多个医疗服务器对健康数据的访问权限；认证服务器用于确定多个医疗服务器中的一个或多个医疗服务器是否有权限向健康档案中上传健康数据和/或从健康档案中下载健康数据。通过上述方案，个人健康档案（例如体检报告以及通过智能设备测量的诸如血糖、血压、体脂、体重、运动类数据等）和医疗档案（例如病历、治疗处方等）可以互通，冲破信息孤岛，使得患者在不同医院就诊时无须进行多次的信息填报和检查检验，提高了诊断结果准确性，同时提升了用户体验效果。

在解决了就诊患者的病历记录问题后，区块链在医疗领域的应用向药品和医疗器械延伸。假冒伪劣药品一直困扰着广大消费者，有很多人深受其害，社会公众对假冒伪劣药品深恶痛绝，2016年，华迪计算机提出基于区块链对药品质量安全进行全程监控，建立药品标识信息，将标识信息的出库记录进行加密，并且将经过加密的出库记录存储在区块链中，在药品出库后且用户获得所述药品之前，将每个交易点处所产生的包括标识信息的交易记录进行加密，并且将经过加密的交易记录存储在区块链中，在用户获得药品之后，利用标识信息从区块链中获取药品的出库记录和每个交易点的交易记录，这样一来，用户可以根据药品的出库记录和每个交易点的交易记录确定药品的质量安全，实现了药品安全生产、流通、使用各环节的全程跟踪和安全追溯。2017年，上海唯链也提出了基于区块链技术的药品防伪和追溯方法（CN107730278A）。与华迪计算机集团的方案相比，上海唯链还将加密所使用的秘钥信息制作一一对应的二维码并贴于药品外包装上，消费者用客户端扫描所述二维码即可读取到加密的药品信息和流通信息，生产企业可对市场窜货进行有效管理并快速召回有问题药品，从而实现对所述药品的防伪和追溯。同年，上海唯链还提出了关于医疗器械安全追踪的方案（CN107679876A），将医疗器械从出厂到废弃的所有流通信息过程加入到信息追溯链上，全寿命周期的数据真实可查询，缩短了管理流程的执行时间和保障了公正性，降低防伪成本，为提高执法效率提供条件。

虽然区块链技术十分切合医疗数据共享领域，然而在数据化和标准化方面存在较大难度。首先，医疗健康数据信息庞大，采集收集比较困难，而且推广也比较困难，尤其在三四线城市的推进速度较慢，不利于数据的上链。其次，每个医疗机构都有自己的一套标准和体系，如果没有加入联盟中，恐怕还是无法达成共识。现实中，不同的医院因为检验设备不同、检验方法不同而形成了参考标准的差异。让这些医院和医师都接受新的标准不是短时间内就能做到的。

因此，医疗数据上链需要更多的医疗机构和企业达成共识才能发展起来，而私有链或联盟链是最好的形式。加入到区块链上，医疗数据是可以分享的，且该分享是可控范围的分享。加入联盟的企业和医疗机构都可以查看链上的医疗数据，但会需要获得用户的私钥授权，这也为医疗数据的透明提供了可追溯性，任何企业和医疗机构都会有访问记录，方便查询且不可篡改。这个过程中，需要得到有关部门的支持和认可。应该让医疗数据信息上链正规化和法制化，否则会让不法分子有可乘之机。

此外，从源头防治作假存在困难的情况下，可以引入物联网技术。设备直接上传数据、这样存在可信第三方，比如医疗监管机构、医疗设备检测机构等，再配合区块链技术，保证传递过程中的有效性和安全性，就可以保证医疗数据的真实性。

5.4.2 公益慈善

当今有越来越多的人参与慈善事业。根据中国国家统计局的数据，中国公益事业的整体趋势表现为逐年增长。2015年社会捐赠款物合计为人民币659.7亿元，2006~2015年共得到近4778.7亿元的捐赠。如今没有人会忽视公益机构。作为政府和市场之外的另一种力量，这些机构正在发挥日益重要的作用。

5.4.2.1 行业痛点

慈善事业发挥着巨大作用,但由于参与到其中的各方主体太多太复杂而且目的不一致,导致各种反面的慈善信息充斥报端。最近出现了"明星诈捐""网络骗捐"等负面事件,让很多人对慈善事业产生了质疑。捐献的善款去了哪里?是到了真正需要的人手里,还是被某些人贪污了?由此可见,当前的公益慈善存在的最大问题是对公益机构的监管困难,资金流向不公开。

如果能够有效解决这个问题,让公益行为透明化,则慈善公益将能够发挥出更好的作用,帮助和造福有需要的人。但事实上,如果试图以传统方式解决上述问题,需要投入大量的物流监控成本、财务审计成本、信息采集和分析成本,因为只有如此才能保证公益活动的高透明度。然而即使加大对于公益事业的资产投入也难以向公众证明他们看到的结果是真实的。❶❷

5.4.2.2 现有专利技术

对于公益慈善事业来说,区块链技术带来的公开透明性可以确保捐款人对自己资金的流向清楚明白,可以查询;不可篡改的特性也能确保财务信息不会被篡改;可匿名性还能保护捐款者的隐私。

在公益领域中,可以使用加密货币转移资金,通过利用分布式账本记录并跟踪捐赠信息,以智能合约来确保每笔款项的合理运用。在慈善捐赠中,捐赠信息的追溯和记录是一个重要且困难的环节,在保证信息透明的前提下,每一笔款项都能准确快速地应用到被捐赠项目上是至关重要的;区块链技术分布式储存的特点在极大程度上解决了这一难题。

除捐款外,未来更多形态多元、参与方众多、流程复杂的非传统公益项目将有望通过区块链技术解决运营、财务和信息公开等问题。比如国际救援项目中的电商平台和物流公司、公益保险项目中的理赔机构,国家审计机构等,都可以将账本同步到云端。账本信息由所有参与方共同确认后生效,也就是说,如果有某一方想要偷偷篡改,结果也会是被默认无效。

将区块链与公益慈善相结合的技术,借助区块链的去中心化、分布式数据库等技术特点,记录整个公益活动的过程和结果,形成从公益资源捐赠开始,经过公益渠道、公益组织的一系列活动,最终将物资送抵受益人群这个链条的完整记录,每项捐赠资源的去向都将得到记录。区块链技术保证数据不可篡改、不可造假并便于公开记录和公开展示。还可以通过数据分析平台评价公益活动的效率,使全社会的公益活动趋于高效化,使其效果趋于持久化。

2016 年三星提交的专利申请 KR20170123861A 涉及对捐赠物资使用情况的追踪,使得捐赠物资的使用情况更加公开透明。2012 年,有专利申请人提出了专利申请 US2013041773A1,

---

❶ 皮磊. 区块链+公益,概念还是趋势?[EB/OL].(2017-01-11)[2018-12-14]. http://www.gongyishibao.com/html/yaowen/11197.html.

❷ 智能帮日刊. 腾讯用区块链做起了公益?[EB/OL].(2018-01-30)[2018-12-14]. http://www.sohu.com/a/219949462_696345.

涉及在拍卖中应用比特币进行买入/卖出交易。

与此同时，正是由于区块链不可篡改的特点，公益组织也许会遇到不可预见的挑战，比如上链环节中，如果上传信息出现错误，则都会被记录在区块链中而无法更改。而且，信息上链工作耗时耗力，意味着一线公益组织要付出大量的成本，并不一定有利于公益组织的发展。此外，当面临多个区块链的时候，公益组织是否都要上传等问题，也是一个现实的焦点。多数公益组织的人力和技术都是有限的，接入一个区块链可能都会付出很大的成本，因此要理性衡量自身的情况。这些待解决问题都是未来专利布局的可开发点。

5.4.3 票据与供应链金融

票据及供应链金融业务因人为介入多，导致了许多违规事件及操作风险。从2015年年中起，国内开始爆发票据业务的信用风暴。票据业务创造了大量流动性的同时，相关市场也滋生了大量违规操作或客户欺作行为。陆续有多家商业银行的汇票业务事件集中爆发。国内现行的汇票业务仍有约70%为纸质交易，操作环节处处需要人工，并且因为涉及较多中介参与，存在管控漏洞，违规交易的风险高。供应链金融也因为高度依赖人工成本，在业务处理中有大量的审阅、验证各种交易单据及纸质文件的环节，不但花费大量的时间及人力，更是有人工操作失误的可能。

5.4.3.1 行业痛点

长久以来，票据的交易一直存在一个第三方的角色来确保有价凭证的传递是安全可靠的。在纸质票据中，交易双方的信任建立在票据的真实性基础上，即使在现有电子票据交易中，也是需要通过央行ECDS系统的信息进行交互认证。但借助区块链的技术，可以直接实现点对点之间的价值传递，不需要特定的实物票据或是中心系统进行控制和验证，中介的角色将被消除，也减少人为操作因素的介入。

供应链金融也能通过区块链减少人工成本、提高安全度及实现端到端透明化。通过区块链，供应链金融业务将能大幅减少人工的介入，将目前通过纸质作业的程序数字化。所有参与方（包括供货商、进货商、银行）都能使用一个去中心化的账本分享文件并在达到预定的时间和结果时自动进行支付，极大提高效率并减少人工交易可能造成的失误。

5.4.3.2 现有专利技术

在专利申请中，基于区块链的供应商管理专利申请起始于2015年，如US2016125511A1，将所购商品的类别信息存入分布式存储账中，跟踪每个节点产生的计费时间，根据收到的货品是否符合要求进行核验，保证了商品流转信息的公开透明。2016年，有专利申请人提出了基于区块链的收据管理（WO2016179543A1），将购买支付的销售收据进行存储，任何收据都可由购买者、销售者、信用卡发行者等需要查看收据的查看方获得。同年，中国申请人杭州云象网络提出了基于区块链的物流追踪（CN106022681A），将用户寄件信息、包裹流转信息连同时间戳进行记录，使得物流信息真实可查。2017年，中国申请人北京瑞卓喜投也提出类似申请——基于区块链技术的快递箱监控

（CN107657401A），另还有专利申请人提出了使用区块链进行货物追踪的方案（US2018108024A1）。2018年，中国申请人合肥维天运通将区块链技术用于物流结算中（CN107730188A），通过区块链技术，实现应收账款的有效流通，同时提高支付清算效率。

根据麦肯锡测算，在全球范围内，区块链技术在供应链金融业务中的应用能帮助银行和贸易融资企业大幅降低成本（见图5-4-1），其中银行的运营成本一年能缩减约135亿~150亿美元、风险成本缩减11亿~16亿美元；买卖双方企业一年预计也能降低资金成本约11亿~13亿美元及运营成本16亿~21亿美元。除此之外，由于交易效率的提升，整体贸易融资渠道更畅通，这对交易双方收入提升亦有帮助。

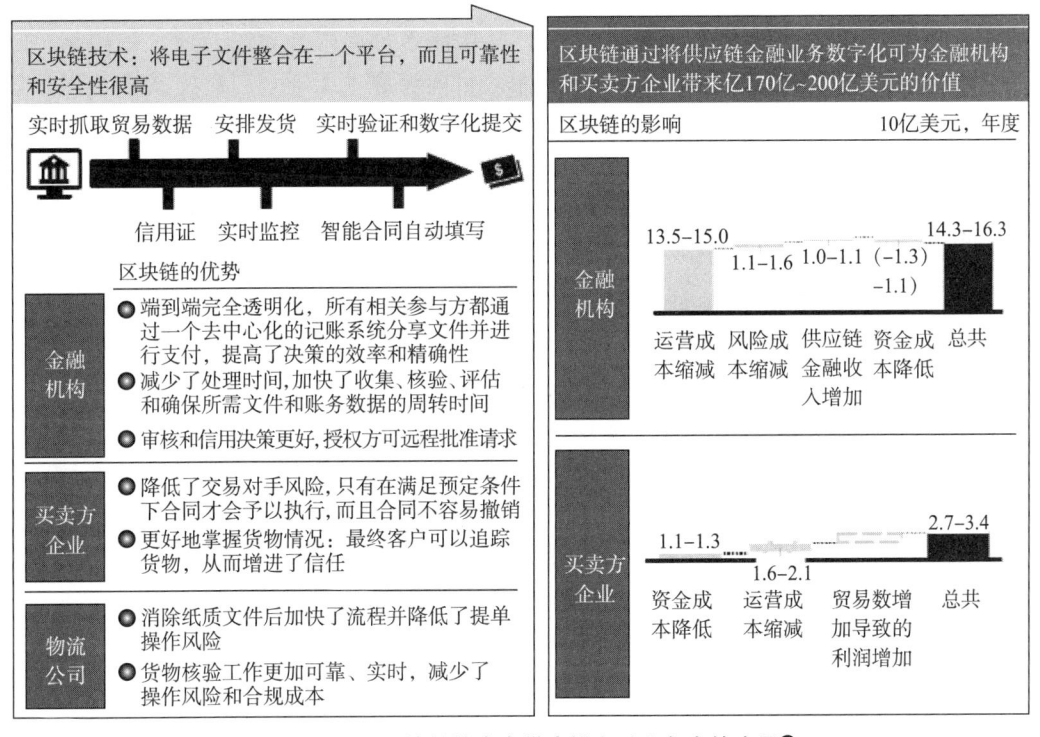

图5-4-1 区块链技术在供应链金融业务中的应用[1]

Wave已与巴克莱银行达成合作协议，将通过区块链技术推动贸易金融与供应链业务的数字化应用，将信用证与提货单及国际贸易流程的文件放到公链上，通过公链进行认证与不可篡改的验证。基于区块链的数字化解决方案能够完全取代现今的纸笔人工流程，实现端到端完全的透明化，提高处理的效率并减少风险。

也就是说，区块链能够让各方安全、清楚地掌握货物流和资金流，实现流线型供应链金融。区块链的本质分布式账本具有公开、透明、永久保存、不可篡改等特点，

---

[1] 麦肯锡：区块链：银行业游戏规则的颠覆者（附下载）[EB/OL].（2016-05-31）[2018-12-14]. http://www.199it.com/archives/478118.html.

这和票据与供应链金融的应用场景非常契合。

5.5 防伪溯源应用前景

溯源，从表面上看是追本溯源的意思，意为寻找探究事物的源头与根本。在 1997 年，欧盟因为"疯牛病"的问题而最早提出了食品安全溯源管理的概念并开始建立和完善食品安全溯源管理制度。这种溯源观念在当时是非常先进的，从现在看依然是很有前瞻性的战略方向。在政府的推动下，溯源管理制度开始普及，溯源信息覆盖了食品生产的全生命周期每个环节，以实现信心数据的共享与收集，一旦出现问题就明确事故的主要责任人，从而服务于终端消费者。溯源能有效追责，对食品行业的自我约束有重要意义。随着溯源性能逐渐被认可，其功能不再局限于食品行业，在药品、服装、汽配、电子、奢侈品行业都有广泛应用。目前溯源主要通过三种方式去实现，分别为条形码、二维码、RFID（电子标签及读写装置、非接触 IC 卡）。这三种方式都是通过在产品包装上加印上条形码（一维码）、二维码，或者加贴带芯片的标识（RFID），将产品的批次信息和生产流转（生产、仓储、物流运输、销售等）所形成的或者自动采集的数据记录到中心化系统中，通过唯一的标识使终端消费者通过对溯源码自主进行联网查询即可获得数据，实现从原材料到成品以及从成品到原材料的双向追溯功能。但无论是食品安全问题还是药品安全问题都是屡见不鲜的，传统溯源技术似乎无法从根本上解决这些问题，原因一是传统溯源缺乏公信力，消费者信任度低；二是溯源标准不一致，资源浪费，难以体系化。

区块链自身的去中心化特征，使加密数据用链式结构完整分布地存储在链上的节点当中，避免了中心化账本和中心化服务器的一系列问题。多节点分布式记账下，如果机构或者个人要篡改信息，则需要获得 51% 的节点的认同，作恶成本过高。多方共同维护之下，造假牟利的空间降低，解决了终端消费者信任的问题。❶

结合第 2 章的技术应用分支全球专利历年申请趋势可以看出，区块链技术应用于存在性证明分支起步较晚，从 2013 年开始逐步有专利申请，2013～2015 年的申请量稳步提升，2016～2017 年开始迅速增长。

区块链的开放透明、不可篡改和可追溯性，可以让参与主体之间建立信任，持续保持透明度，很好地支持物联网领域数据交易生态系统的参与主体。包括数据采集、存储、交易、分发和数据服务各个流程的参与者共同推进数据交易的可持续大幅增长。数据所有权、交易和授权范围记录在区块链上，数据所有权可以得到确认，精细化的授权范围可以规范数据的使用。同时，数据从采集到分发的每一步都可以记录在区块链上，使得数据源可追溯，进而可对数据源进行约束，加强数据质量。❷

---

❶ RFID 标签技术. 防伪溯源被认为是区块链技术落地最有前景的领域 [EB/OL]. (2018-09-27) [2018-12-14]. https://mp.weixin.qq.com/s/R0zVQ0uzGh93y1UiWBex6w.

❷ 工信部发布《2018 中国区块链产业白皮书》[EB/OL]. (2018-05-23) [2018-12-14]. https://baijiahao.baidu.com/s?id=1601165775785933483&wfr=spider&for=pc.

基于区块链的上述特点，可以将其应用到很多领域，包括网约车、食品安全、P2P理财行业、地理标志溯源、艺术品溯源及跨境商品溯源等。

5.5.1 网约车

近年来，网约车的使用越来越流行。尽管该新生服务项目为日常生活提供了不少的便利，但是不得不承认的是，其在安全方面也存在着不少的问题，比如近期滴滴顺风车频发恶性刑事案件便让人触目惊心。

5.5.1.1 行业痛点

2018年5月，一名空姐在郑州搭乘滴滴顺风车时遇害。3个月后，一名温州女孩也在乘坐滴滴顺风车时遇害。除了这两起在全国范围内引起关注的案子，还有数起滴滴顺风车司机骚扰和侵害乘客的事件曝光。以滴滴为代表的网约车行业由此陷入了前所未有的舆论风暴。随后，包括滴滴在内的多家网约车公司下线顺风车业务并进行整改。从整个事发过程可以看出，滴滴存在很大的监控漏洞和沟通漏洞，导致出现了最后的悲剧发生。如果司机的准入门槛高一点，把有不良记录的人挡在门外，如果滴滴平台的应急机制更完善，能及时处理投诉和求助事件，很可能就避免了悲剧发生。所以网约车存在的两个重要问题就是：①司机的准入和监管机制不完善。经核查，作案的两个司机都属于借网贷的人，如果滴滴公司在审核信息的时候能审核个人征信，将会有很大机率避免这类事件的发生。②滴滴平台运行监管不严格，司机已经有被投诉历史却没有得到任何处理。❶

滴滴平台之所以被公众否定，是因为公众对其失去了信任，然而增信需要成本，一旦平台提供增信，便意味着业务体量与平台的资金体量挂钩。顺风车的最大优点就在于价格优势，如果增信提高了投入成本，那么顺风车的价格优势必然会减弱。

5.5.1.2 现有应用实例

区块链正是以相对低廉的技术成本解决了重大的信用问题，它的特点是集体维护、信息不可篡改、数据透明。一旦信息经过验证并添加至区块链，就会被永久存储起来。除非能够同时控制住系统中超过51%的节点，否则单个节点上对数据库的修改是无效的，因此区块链的数据稳定性和可靠性极高。

把区块链技术应用到网约车交易流程当中，将车主的各种详细信息详尽地记录在区块链上面，对相关的数据信息进行永久化的保存，可以说安全性、可靠性、稳定性都是能够被充分保证的，并且这些信息公开透明，让乘客对司机的身份、车辆的位置、全程的价格都有一个清晰全面的了解。司机的行车路线和时间以及在交易的过程中的每一笔出账入账都是公开透明的，并且也不可被篡改。这种开放式节点的设计可以让车主、消费者、网约车机构三方都对信息有准确翔实的掌握并且随时随地对相关数据进行查找和监控。

---

❶ 滴滴顺风车问题的解决关键在于数据共享和上报［EB/OL］．（2018-08-27）［2018-12-14］．http://baijiahao.baidu.com/s?id=1609911912185851991.

将区块链技术引入到网约车行业中,任何车主和消费者的不良行为经提交和审核之后,都被录入到区块链上面,而根据这些信用信息,乘车者就可以更好地选择信誉度、综合评分较高的车主,可以在一定的程度上避免悲剧发生。而反过来,对于车主而言,区块链的引入也可以保护他们的安全,对于信用不良的乘客,其有权对乘车要求进行拒绝。❶ 区块链的本质分布式账本具有公开、透明、永久保存、不可篡改等特点,这和网约车的场景非常契合,但是就目前的检索情况来看,对于这些应用实例中体现的区块链相关技术还没有进行专利布局,研究人员可以参照这些技术方案进一步研究如何将区块链技术应用于网约车场景中,并通过专利申请保护等方式来保障自身的知识产权权益。

5.5.2 食品安全领域

近年来,食品行业的安全事件层出不穷,从自然灾害到食品供应链各个节点上的运营都不同程度地存在许多问题,越来越多地暴露出了食品供应链的脆弱性。诸如"皮革奶"、三鹿"三聚氰胺奶粉"、"苏丹红鸭蛋"、肯德基"黄金蟹斗"、双汇"瘦肉精"等问题屡见不鲜,这些都引起了人们对食品问题的广泛关注。❷

5.5.2.1 行业痛点

食品安全溯源体系是指在食品生产销售的各个环节（包括养殖、种植、生产、运输、销售及餐饮服务等）中,食品质量及其相关信息能够被顺向追踪（生产源头—消费者）或者逆向回溯（消费者—生产源头）,从而使食品的整个生产经营活动始终处于有效监控之中。

目前食品追溯系统还存在以下缺陷：依赖于统一的中央数据库,数据在存储、传输、展示等一些环节存在信息被篡改的可能,食品追溯系统在多个环节还处于人工作业状态,信息提供者可以选择性屏蔽对自己不利的基础信息,食品追溯系统应用水平依赖于政府监管措施的强弱,系统存在人为的操作空间,没有对监管者权利的有效约束,食品追溯系统无法实现生产者和消费者的隐私保护,尤其是生产者的各种信息被过度暴露。

5.5.2.2 现有专利技术

区块链的开放透明和不可篡改的特征可保证数据可靠性,避免数据在存储、传输和展示环节被内部管理人员和外部黑客篡改。利用区块链技术,从生产、检验到运输、销售、监管等,每一个环节的信息都真实并公开透明,实现渠道商、零售商、品牌商、消费者、监管部门、第三方检测机构之间的信任共享,全面提升品牌、效率、体验、监管和供应链整体收益,实现精细到一物一码的全流程正品追溯,彻底解决消费者的信任危机,使得消费者、生产者和政府监管部门对食品追溯系统中的数据完全信任。

---

❶ 如果网约车行业引入区块链技术,安全问题是否可以得到妥善解决［EB/OL］.（2018-10-30）［2018-12-14］. http://auto.mop.com/a/181030072654440.html.

❷ 盘点近年来被曝光的十大食品安全事件［EB/OL］.（2017-12-17）［2018-12-14］. http://www.sohu.com/a/211009220_100075870.

2016年，中国专利申请CN106022792A利用区块链记录食品从诞生到消耗的整个生命周期的流通状况，使得每个环节的参与者都无法掺假，且具有可信性。2016年IBM提交的专利申请US2018174094A1公开了对于食品保质期的追踪管理。2017年杭州沃朴物联提交的专利申请CN207473663A公开了利用区块链对家禽的成长状况进行记录。

食品安全溯源体系如果引入区块链技术，能够让互不相识没有信任基础的人建立信任，低成本高效率地解决食品安全领域的信任难题。在质量追溯平台使用区块链完成，具体架构如图5-5-1所示。[1]

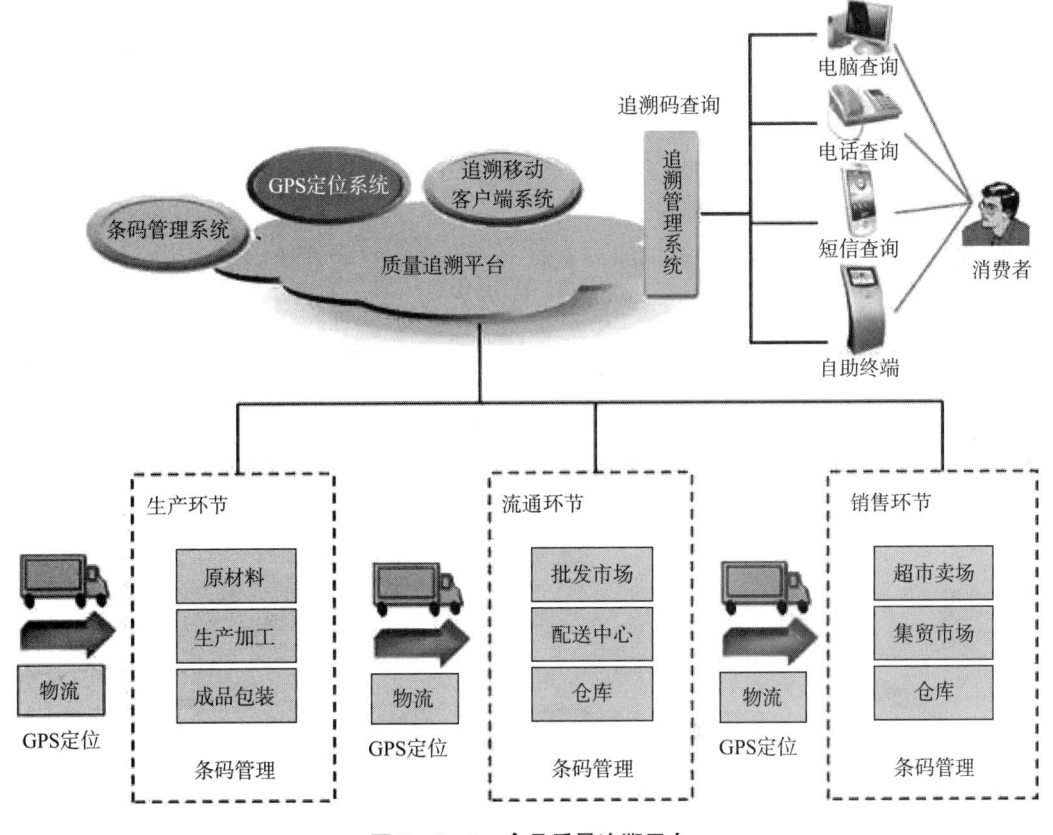

图5-5-1 食品质量追溯平台

食品链基于区块链技术进行点对点交易，凭借自身优势为食品建立起一套完整的身份机制，在食品溯源和查询时，对食品质量给出可信赖的判断，发生食品安全事故时，区块链网络可以在短时间内追踪到受污染的食物来源，精准召回不合格的批次产品，避免下架所有的同类产品，有效地节约了人力、物力和财力，提升企业业务效率，增加企业收益。

---

[1] CAICT. 可信区块链计划发布《区块链溯源应用白皮书（版本1.0）》[EB/OL]. (2018-10-19) [2018-12-14]. http://www.caict.ac.cn/xwdt/hyxw/201810/t20181019_187269.htm.

食品链将食品行业的各个参与者联为一体,在全球范围内共同分享溯源数据,为食品安全提供科学依据,共同监督流通环节,运用物联网和区块链技术,实现数据链下可信采集与链上信息不可篡改,确保食品生产流通全流程的安全可靠。

食品安全溯源体系引入区块链技术将带来革命性改变,变对人的信任为对机器的信任,可以低成本高效率地解决食品安全领域存在的信任难题,实现安全可信任的食品追溯。同时,研发者也要注重自身知识产权的保护,通过专利申请保护等方式对区块链在食品安全场景中的应用进行保护。

5.5.3 P2P理财

随着P2P网贷行业的不断发展,P2P平台的数量也迅速增加,这其中也存在不少的问题平台。有很多P2P平台正在脱离原有的定位,有很多违规甚至违法的行为,比如非法集资、设资金池或者平台诈骗等等,行业乱象丛生。被披露非法集资、携款潜逃的理财公司数不胜数,如"投之家""钱富宝""发财猪""米袋计划"等。[1]

5.5.3.1 行业痛点

P2P理财是通过互联网理财,即个人对个人,又称点对点网络借贷,是以公司为中介机构,把借贷双方对接起来实现各自的借贷需求。P2P理财的模式结构如图5-5-2所示。P2P理财的模式结构本身自带风险:借款人信用风险和P2P公司的信用与经营风险。尤其是来自P2P公司的风险较值得关注。P2P公司近年来出现了很多,其中必然存在以诈骗为目的或对个人信用风险管理不到位的平台存在。

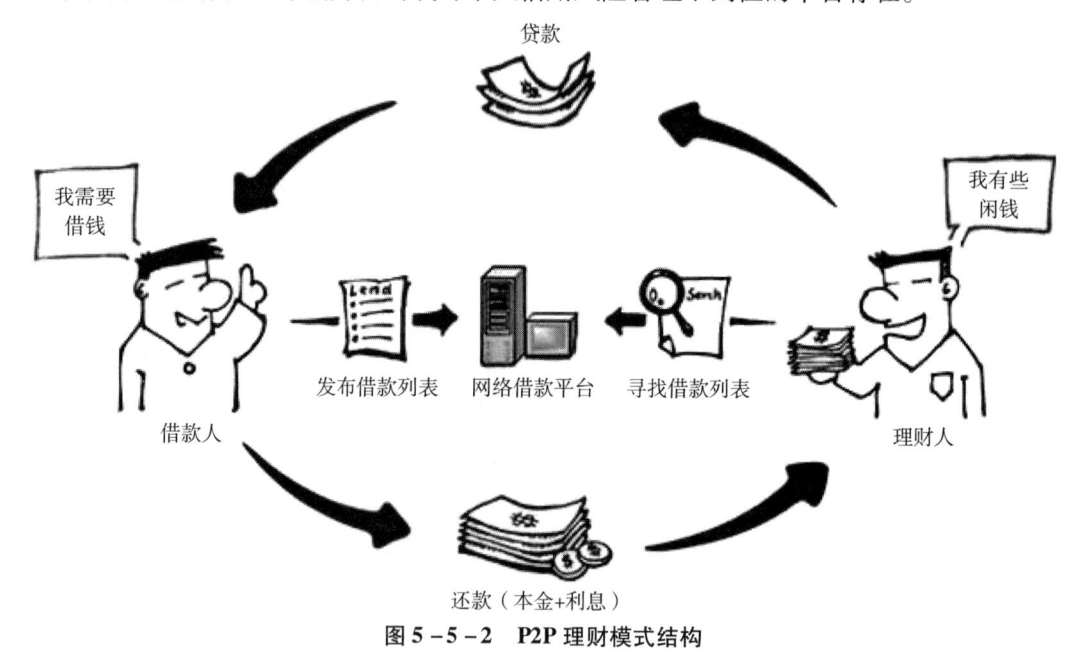

图5-5-2 P2P理财模式结构

---

[1] CAICT. 可信区块链计划发布《区块链溯源应用白皮书(版本1.0)》[EB/OL]. (2018-10-19) [2018-12-14]. http://www.caict.ac.cn/xwdt/hyxw/201810/t20181019_187269.htm.

网络理财数据是不公开的,筹集资金来源与去处往往不透明,导致集资方容易通过高额利息骗取本金。P2P 并不能确保数据或信息的真实性和正确性,尤其是近年来旁氏骗局太多,让网贷 P2P 声誉扫地。网贷平台本质上是一个交易平台,有交易行为发生,势必就需要存证(包含投资信息、投资产品信息等),目前大部分提供存证服务的平台都将其存证信息存储在第三方云服务器中(百度云、阿里云、腾讯云),也有少部分平台意识到存证需求的本质。

5.5.3.2 现有应用实例

区块链在金融领域最大的优势是解决了信用问题。而对于网络理财 P2P 而言,信用是最根本的基础。如果用区块链的优势来弥补网贷 P2P 的诚信问题,这将具有广阔应用前景。通过区块链技术可以实时获取 P2P 企业交易账本,通过分析公共账本获取各家 P2P 企业的理财项目和资金划转信息,实时为 P2P 行业监管提供低成本、高效率、可信赖的监管数据。

P2P 跟区块链两者连接的是两个数据或者信息结点,一旦某个结点上的数据变化,其他结点的数据也会跟着变化。不同的区块链连接的数据是从周围的任何一个结点获取,并且都是私密、无法篡改的,它以相对低廉的技术成本解决了重大的信用问题,由于其信息透明以及防篡改特性特别适合交易类平台的信息存储及后期跟踪,让金融交易和远程支付变得更加便捷安全有效。

区块链的开放透明和不可篡改的特性解决了信用问题,可以广泛应用于存在性证明相关的领域。除了包括上述网约车、食品安全、P2P 理财,还可以应用于征信、众筹、证据保全等其他涉及防伪、溯源、追踪的广阔领域。可以预见,区块链应用于存在性证明的前景十分广阔,区块链的使用会给应用领域带来极大的益处。❶区块链的本质分布式账本具有公开、透明、永久保存、不可篡改等特点,这和 P2P 理财的场景非常契合。但是就目前的检索情况来看,对于这些应用实例中体现的区块链相关技术还没有进行专利布局,研究人员可以参照这些技术方案进一步研究如何将区块链技术应用于 P2P 理财场景中,并通过专利申请保护等方式来保障自身的知识产权权益。

5.6 存在的问题及专利布局点分析

虽然区块链在很多应用场景都能以其自身的特点解决目前行业中存在的痛点和问题,但是绝大部分的区块链技术还处于发展的早期,还存在很多的问题。这些问题的存在将阻碍区块链技术在应用层面上的推广,也必然会成为今后在区块链技术寻求突破的方向和专利布局空白点。

5.6.1 技术层面

以太坊创始人 Vitalik 提出区块链技术"不可能三角",其中的三个因素包括:可扩

---

❶ CAICT. 可信区块链计划发布《区块链溯源应用白皮书(版本 1.0)》[EB/OL]. (2018 – 10 – 19) [2018 – 12 – 14]. http://www.caict.ac.cn/xwdt/hyxw/201810/t20181019_187269.htm.

展性，去中心化，安全性。也就是一个区块链的系统不可能在同一时间在这三个因素上同时取得优化乃至最优，它必须牺牲其中若干个因素去换取在其他因素上的提升，也因此产生了区块链的不可能三角，也即"三元悖论"。具体如下。

（1）追求"去中心化"和"安全性"则无法达到"可扩展性"

比特币区块链技术便是一种极致追求"去中心化"和"安全"的技术组合。

1）从数据结构上，它采用拥有时间戳的"区块+链"的结构，在可追溯、防篡改上具备安全优势，也易于分布式系统中的数据同步，但是若需要对信息进行查询、验证，则涉及对链的遍历操作，而遍历是较为低效率的查询方式。

2）在数据存储上，它的每一个节点都下载和存储所有数据包，利用强冗余性获得强容错、强纠错能力，使得网络可以民主自治，但同时也带来了巨大的校验成本和存储空间损耗。它并不像分布式数据库那样随着节点的增加可以通过分布式存储提高整体存储能力，而只是简单地增加副本，未来随着区块链技术所承载的内容增多，单个节点的存储空间将是个问题。

3）在并发处理上，比特币区块链技术最终只允许一个"矿工"获得记账权来建立一个交易区块，这种机制可以有效保证一个民主网络运行的安全和稳健，但其实质上是拥有所有数据的整个"链条"在进行串行的"写"操作。相比关系数据库将数据分为若干表，仅仅根据操作涉及的数据锁定若干表或表中的记录而其他表仍能并发处理相比，比特币区块链技术的串行操作效率远低于普通数据库。

4）在对内容的验证上，比特币区块链让每个节点都拥有所有的内容，同时对区块内的所有内容进行哈希加密，这增强了民主性、隐私性、安全性。但是这种整体哈希加密的设计思路意味着不能以地址引用的方式存储数据，否则会由于所引用地址上所存储的信息并未进行哈希校验而可能存在篡改。

因此，比特币区块链技术缺乏高效的可扩展性，在对大型内容的处理上存在效率问题。

（2）追求"可扩展性"和"安全性"则无法完全实现"去中心化"

从"共识机制"角度看：为了在确保"安全"的前提下解决比特币区块链技术所采用的工作量证明方式的低效性，权益证明（Proof of Stake）、授权权益证明（Delegate Proof of Stake）等机制被采用。但是无论是基于网络权益代表的权益证明，还是利用101位受委托人通过投票实现的授权权益证明，实际上都是对"去中心化"的退让，形成了部分中心化。同样在区块链技术的演化上，除了以比特币为代表的公有链技术外，又衍生了联盟链技术和私有链技术。

联盟链技术只允许预设的节点进行记账，加入的节点都需要申请和身份验证，这种区块链技术实质上是在确保安全和效率的基础上进行的"部分去中心化"或"多中心化"的妥协。而私有链技术的区块建立则掌握在一个实体手中，且区块的读取权限可以选择性开放，它为了安全和效率已经完全演化成为一种"中心化"的技术。

（3）追求"可扩展性"和"去中心化"则必须牺牲"安全性"

一个极端的案例便是基于P2P（Peer-to-Peer）的视频播放软件。以往当在线观看人数增多时，基于中央服务器设计的视频服务器会因承载压力变大而速度缓慢。为了提高效率，P2P 视频播放软件的设计使得一个节点在下载观看视频文件的同时也不断将数据传输给别人，每个节点不仅是下载者，同时也是传输者，使资源的分享形成不再依赖于中央服务器的"去中心化"模式。同时，由于视频一秒有 24 帧，少量图片的局部数据损坏并不影响太多的视觉感官，但是用于数据校验而出现的图像延迟则是不可接受的。于是 P2P 视频播放软件牺牲了"安全"性，允许传输的数据出现少量错误。在这种去中心化的网络中，参与的节点越多，数据的传播越快，传播的效率越高。当然，对于严谨的金融业来说，数据的错误是不可接受的，安全也是金融业所首要考虑的问题。

从当前的技术条件来看尚无法实现"高效低能""去中心化"和"安全"三者皆得的区块链技术。但是若对其一个或若干个要求进行妥协，所产生的新技术集合由于更符合实际需求，有可能它对实际应用的吸引力反而增强。❶ 解决区块链技术领域的"三元悖论"将成为区块链技术今后专利布局的重点突破方向。

5.6.2 安全层面

从安全上看，隐私保护、有害信息上链、智能合约漏洞、共识机制和私钥保护、51%算力攻击、密码学算法安全等问题，令区块链面临着平台安全、应用安全的严峻形势。EOS 未上线便频频爆出漏洞、以太坊智能合约漏洞更是数不胜数。程序有 bug 是必然的，但由于智能合约的不可更改性，难免在代码中出现意外的漏洞，导致受到大量的攻击。当前区块链所带来的利益可能并未受到各路黑客的青睐，随着区块链在资本市场的活跃，其价值凸显的时候，区块链系统必然接受网络黑暗世界的"血洗"，这看来是必然要经历的。解决区块链系统的安全问题将是未来专利布局的重要突破方向。

5.6.3 隐私保护层面

区块链的特点是防篡改，所以将数据写入区块链之后，很难去进一步修改。那么对于一些个人信息、企业的商业秘密等数据，其在上链之后，是否就不能够再删除或者修改便成为人们心中的顾虑。❷ 如何平衡数据管理和防篡改双方的关系，是未来的技术研发方向和专利布局方向。

5.6.4 应用层面

目前虽然有针对转让股票所有权、证券以及证券交易过程中的托管和监管的专利申请，但是对于证券的发行与交易中的其他方面，比如交易的基本框架、交易的过程

---

❶ 区块链技术极客．【深度剖析】区块链的运作原理、存在问题以及前景［EB/OL］．（2018－05－09）［2018－12－14］．https：//mp.weixin.qq.com/s/ULMPcUnP5umpt_uzjfhPDA．

❷ 区块链知识百科．目前区块链还存在四个方面的问题［EB/OL］．（2018－08－14）［2018－12－14］．https：//mp.weixin.qq.com/s/wPFV5WTRu4liwvE8NgJTlg．

等，目前专利申请中并没有涉及。

目前，在数字身份领域还没有出现专利申请。区块链构建数字身份、如何使用数字身份、如何与现有的身份认证身份体系兼容等方面均是今后的专利布局方向。

目前，还没有出现基于区块链构建文化娱乐场景的唱片发行、电视剧发行、电影发行等的专利申请，虽然现在有项目进行研究，但是对于涉及文化娱乐产业的出版、发行等方面的区块链专利申请还没有出现。

目前，虽然出现了基于区块链构建电子病历、药品、医疗器械溯源的专利申请，但是对于如何解决电子病历的隐私保护、如何统一和联通不同医院的电子病历还没有专利申请出现。

目前，虽然出现了基于区块链的捐款追踪方面的专利，但是，除了捐款外，更多形态多元、参与方众多、流程复杂的非传统公益项目中存在的运营、财务和信息公开等问题还没有出现相关专利申请，同时，国际救援项目中的电商平台和物流公司以及公益保险项目中的理赔机构的运营、财务和信息公开等问题同样亟待解决。

目前还没有出现基于区块链的关于网约车的专利申请。网约车行业中存在的内容不透明、隐私保护、信任问题都需要妥善解决。

5.7 本章小结

本章针对目前一些热点事件引出金融、数据权属、价值交换、共享数据和防伪溯源等领域存在的种种问题。区块链具有去中心化、分布式、不可篡改、高透明和可追溯的特性，区块链技术可以解决上述领域中存在的问题。区块链技术越来越受到人们的关注，毋庸置疑，区块链将成为下一代互联网应用的技术设施，区块链技术必将在未来的应用中发挥越来越重要的作用。

金融业是中心化程度最高的产业之一，随着金融行业的不断扩大，也出现了众多问题亟需解决，例如产业链条中存在大量中心化的信用中介和信息中介所导致的低效率和高成本等问题。

区块链以去中心化的方式集体维护一个可信数据库，提供了一种在不可信环境中进行信息与价值传递交换的机制，具有公开透明、安全可靠、开放共识的特点。本章以跨境支付、保险、知识产权交易和证券发行与交易来具体分析区块链在金融业的应用前景。

区块链以去中心化的方式集体维护一个可信数据库，提供了一种在不可信环境中进行信息与价值传递交换的机制，具有公开透明、安全可靠、开放共识的特点，为金融业带来新的机遇。

在区块链的具体应用实例上，本章介绍了跨界付 CBDC、Circle，用于保险行业的 InsurChain 区块链基础上的保险生态、InsurETH 全球航延险、Z/Yen 共享经济实时保险和物联网技术实现自动理赔，用于知识产权行业的 Left Gallery、智能合约和图腾版权溯源等。研究人员在进一步研究如何将区块链应用于上述场景的同时，可以通过专利申请保护等方式保障自身的知识产权。

移动互联网、云计算、物联网、大数据、人工智能等新技术的出现为数字社会带来了广阔的发展空间和崭新的发展机遇，但在互联网高速发展的同时，数据泄露、黑客攻击事件频发，保证信息安全问题成为在当今互联网，尤其是数据开放场景中，亟待解决的问题。

区块链技术的一个突破性优势是它采取分布式账本、哈希加密、共识机制等综合手段来管理数据。本章以数字身份和网络安全为例，对区块链在数据权属领域的应用前景进行分析。

数字身份认证方面，eID、可信身份链和 IDHub 的实践表明，区块链技术的引入增强了数字身份的可靠性和可信度，既保护了隐私又具有权威性。

网络安全方面，区块链是一种去中心化的分布式电子记账系统，它的基础是一种受信任且绝对安全的模型。在加密算法的配合下，交易信息会按照发生的时间顺序被公开记录在区块链系统中并且会附带相应的时间戳。关键之处在于，这些数字"区块"只能通过所有参与交易的人一致同意才可以更新，因此攻击者无法通过数据拦截、修改和删除来进行非法操作。因此，区块链就有成为安全社区问题的一个重要解决方案的潜力。无论是保护数据完整性，还是利用数字化识别技术来防止物联网设备免受 DDoS 攻击，区块链技术都可以发挥关键作用。应用项目包括 Nebulis、REMME、Obsidian 和 Guardtime。Nebulis 将区块链技术应用到网络安全上，可以有效阻止 DDoS 攻击；REMME 淘汰过时密码；Obsidian 确保聊天的隐私和安全；Guardtime 实时监测和减轻网络攻击。

区块链技术具有去中心化、不可篡改、共识机制等特点，可以从根本上解决互联网数据权属领域存在的问题。与区块链技术的结合可以为数字身份认证和网络安全等领域提供可靠保障，为数据权属行业的发展提供更多希望。

随着人类发展，产生了无数 PB 的数据，存储它的位置和方式这一问题变得越来越重要。区块链技术为人们提供了从技术层面和经济体系层面思考云存储问题的机会。与现有云存储解决方案相比，基于区块链的分散存储更便宜，更安全，更快，更具审查性，并且分布更广。

在合约执行领域，目前已经出现了基于区块链技术的智能合约。智能合约是一套以数字形式定义的承诺，该承诺控制着数字资产并包含了合约参与者约定的权利和义务，它由计算机系统自动执行，然而它不只是一个可以自动执行的计算机程序，它自身就是一个系统参与者，对接收到的信息进行回应，可以接收和储存价值，也可以向外发送信息和价值。因此，基于区块链技术的智能合约不仅可以发挥智能合约在成本效率方面的优势，而且可以避免恶意行为对合约正常执行的干扰，使得存储、读取、执行的整个过程透明可跟踪、不可篡改。

面对传统文化娱乐交易中所存在的信息安全问题，通过提供一种公共数据库来存储正在进行的交易记录是解决该问题的有效途径。具体来说，首先创建区块链公司和与媒体、娱乐有关的货币，并基于区块链技术，使公司能够拥有完全加密的所有权记录，并执行智能合约，即自动执行任何有价物的交换，不需要中间人。因此这就解决了在文娱消费中产生的内容访问、分配和补偿等方面的信息安全和交易问题。目前已有Patreon、Ujo等平台基于区块链技术，实现了去中间商，并为创作者提供更安全的交易服务。

医疗数据平台在收集与共享方面存在许多问题，包括数据质量不高、存在信息孤岛、篡改失真、记录遗漏、泄露个人隐私、数据灰色交易等。区块链可以以安全、可信、自动化和无错误的方式更容易地聚合高质量的患者数据。这可以让患者更容易地从不同来源收集数据并与医生和研究人员分享他们的治疗过程，实现了数据的共享。

区块链技术为公益慈善事业中存在的监管困难、资金流向不公开等问题，也提供了一种可行的解决思路。区块链技术带来的公开透明性，可以确保捐款人对自己资金的流向清楚明白并可查询；不可篡改的特性也能确保财务信息不会被篡改；可匿名性还能保护捐款者的隐私。类似地，区块链还可以与旅游业进行整合，消除第三方旅行团和中介，同时在支付阶段引入加密货币，简化支付流程，可大大提高用户的旅行体验。

在票据及供应链金融领域，由于人为介入较多，因此容易导致许多违规事件及操作风险。通过区块链技术能大幅减少人工的介入，将目前通过纸质作业的程序数字化，所有参与方（包括供货商、进货商、银行）都能使用一个去中心化的账本分享文件并在达到预定的时间和结果时自动进行支付，极大提高效率及减少人工交易可能造成的失误。

传统溯源技术似乎无法从根本上解决食品安全问题和药品安全问题，原因一是传统溯源缺乏公信力，消费者对其信任度低；二是溯源标准不一致，资源浪费，难以体系化。区块链自身的去中心化特征，使加密数据可被链式结构完整分布地存储在链上的节点当中，避免了中心化账本、中心化服务器的一系列问题。多节点分布式记账下，如果机构或者个人要篡改信息，则需要获得至少51%的节点的认同，作恶成本过高。多方共同维护，降低造假牟利的空间，解决了终端消费者信任的问题。基于区块链的上述特点，可以将区块链应用到很多领域，包括网约车、食品安全和P2P理财行业等。

区块链的开放透明和不可篡改，解决了信用问题，可以广泛应用于存在性证明相关的领域。可以预见，区块链应用于存在性证明的前景十分广阔，区块链的使用会给应用领域带来极大的益处。

虽然区块链在很多应用场景都能因其自身的特点而解决目前行业中存在的痛点和问题，但是绝大部分的区块链技术现在还在发展的早期，还存在很多的问题，这些问题的存在将阻碍区块链技术在应用层面上的推广，也必然会成为今后在区块链技术寻求突破的方向和专利布局空白点。例如，从技术层面讲，在区块链系统中有可扩展性、去中心化、安全性三个因素，不可能在这三个方面同时取得优化、达到最优，必须牺牲其中若干因素去换取在另外一个领域上的提升，也因此产生了区块链的不可能三角，也即"三元悖论"。从安全层面讲，隐私保护、有害信息上链、智能合约漏洞、共识机制和私钥保护、51%算力攻击、密码学算法安全等问题，令区块链面临着平台安全、应用安全的严峻形势。解决区块链系统的安全问题将是未来专利布局的重要突破方向。从隐私保护层面讲，个人信息、企业的商业秘密等数据在上链之后是否就不能再删除或者修改，这一点成为大家心中的顾虑。如何平衡数据管理和防篡改这两方面的关系，是未来技术研发和专利布局的方向。从应用层面来讲，虽然目前出现了大量关于区块链在各种应用场景中应用的专利申请，但是，在另外一些应用场景，比如证券的发行与交易中的交易基本框架、交易过程，数字身份，文化娱乐产业的出版、发行，电子病历的隐私保护、建立统一并联通不同医院的电子病历，非传统公益项目中存在的运营、财务和信息公开问题以及网约车等，目前还没有相关的专利申请，或者专利申请还没有公开，研究人员需要进一步研究如何将区块链技术应用于上述场景中并通过专利申请保护等方式来保障自身的知识产权权益。

第6章 重点申请人专利布局策略分析

申请人是专利申请的主体,也是技术发展的主要推动力量,通过对申请人,尤其是主要申请人的研究,可以发现本领域申请主体的特点以及主要申请人的专利布局策略特点。

本章针对区块链领域的主要申请人的专利申请量、申请年份、主要市场、技术分支分布以及关键技术分支的重点专利(包括专利申请)等进行分析,希望通过本章的分析来获取全球范围内区块链领域主要申请人的研发能力、技术专长和专利布局等信息,从而为相关企业提供专利信息指引。

6.1 常见专利布局策略介绍

专利的数量和质量,是衡量一家企业经济竞争实力的重要标志,而专利布局是企业综合竞争力的重要体现。专利布局,是指企业综合多项因素,对专利的时间、地域、价值分布、技术改进和产业链以及专利类型等维度进行有效组合,旨在形成对企业有利的专利组合。

专利布局的层次主要分为以下几个类型:

(1)基础专利——覆盖了核心、基本的、最主要的技术特征,保护范围最大。

(2)竞争性专利——解决同一技术问题、实现相同/相似技术效果而采取的不同替代方案的专利。

(3)互补性专利——围绕核心或基本方案衍生出的各类改进型方案的专利。

(4)支撑性专利——对基础专利的方案具体实施起到配套、支撑作用的相关技术方案的专利。

(5)延伸性专利——核心、基础方案在向其他应用领域扩展时所衍生出来的各种变型方案所对应的专利。

(6)迷惑性专利——所申请的专利并非企业的主要技术领域或重点产品。

(7)防御性公开——有意以专利的形式公开某些技术方案。

根据布局策略的不同,专利布局主要有以下几种模式:

(1)特定的阻绝与回避设计

特定的阻绝是指仅用一个或少数几个专利来保护特定用途的发明,优点是申请与维护成本较低,缺点是竞争者容易利用回避设计来避开专利的效力。

回避设计是指采用不同于已知的专利保护的技术方案,设计新的规格、性能、手段等,从而避开他人某项目具体专利权的保护范围。回避设计的方式有很多种,且所需经费和时间也少。成功的回避设计必须同时满足两个条件：法律上的条件，要求在专利侵权判定中不会被判为侵权；商业上的条件，在商业竞争中不至于因成本过高而失去竞争力。

(2) 策略型专利布局

专利权拥有者想要保有竞争优势，就应该避免让竞争对手有回避设计的机会，否则该专利就容易完全失去价值。策略型专利是一个具有较大阻绝功效的专利，像是某特定产品领域所必须的技术或是路障性专利等，具有阻碍性高、无法回避设计的特点。

(3) 地毯式专利布局

如果没有绝佳的策略型专利，也可以形成类似于雷区的地毯式专利布局，例如有系统地在每一步骤中用专利来形成雷区以阻断竞争者进入，而对于强行侵入技术领域的竞争对手，也可通过专利诉讼的方式将其逐出该领域。

地毯式专利布局模式一般可用于不确定性高的新兴技术（各种研发方向都能产出结果）或是专利的重要性尚未明朗化的时期，该种布局有一定条件和要求：足够的资金以及研发能量的配合，如果没有系统性的专利布局则容易演变为专利泛滥，无法发挥预期效果。

(4) 专利围墙

专利围墙是利用系列式的专利形成对竞争对手研发的阻碍，例如一项与化学相关的发明将其化学子程式、分子设计、几何形状、温度等范围的变化都申请专利保护，形成一道围墙，以防止竞争对手有任何可用于刻意回避缝隙。当许多不同的技术解决方案都可达到类似功能的结果时，就可以考虑专利围墙的布局模式。

(5) 包绕式专利布局

以多个小专利包绕着竞争对手的重要专利，这些小专利本身价值性或许不高，但其组合却可以阻碍竞争对手重要专利的有效商业应用。例如以各种不同的应用来包绕基础型专利，很可能就使得基础型专利的价值荡然无存，当竞争对手有基础性专利时，就可以透过包绕式专利作为交互授权谈判的筹码。另一方面，如果企业本身有重要的基础型专利时，应先自行透过研发形成自己的包绕式专利布局，避免让竞争对手采取该模式。

(6) 组合式专利布局

以各种结构和方式形成如网络般的组合式专利布局，从而强化技术保护的强度或成为谈判有利的筹码。

企业或研究单位在进行专利布局时，可以从专利布局的深度及广度来考虑。就深度而言，某一技术领域的基本专利到相关的配套/衍生专利共同形成坚实的保护网，则可建立技术垄断的地位，当然这通常需要长时间的耕耘才能达成。就广度而言，于基本技术的可能应用范围中广泛地获得外围技术的专利保护，则可使得保护范围更加完整，有利于主导整个技术领域和市场的走向，但若预期的应用范围很广，则囊括所有相关技术的投资成本可能很庞大。

6.2 主要申请人的确定

本节旨在通过比较申请人全球专利申请的数量以及排名情况,结合从行业现状了解到的信息来确定区块链领域的主要申请人。

本报告第 2 章对区块链全球专利申请情况进行了分析,从统计结果可以发现,区块链领域的主要专利申请人类型丰富,包括美国银行、IBM、万事达卡、Coinplug、nChain、阿里巴巴、布比网络、电子科技大学等。

这些主要专利申请人中既有传统信息科技企业 IBM,也有互联网企业阿里巴巴,还有金融业企业美国银行、万事达卡、中国人民银行,更有新兴的区块链企业布比网络、nChain、Coinplug 等。这些申请人的背景也充分体现了区块链技术的特点,涉及密码学、数据处理、金融、计算机系统等多个领域。而不同领域的申请人在专利布局上也有各自的特色。根据这些公司的区块链专利申请量、在业内的知名度等情况,笔者选取不同领域的代表企业作为主要申请人进行分析,包括:互联网领域企业代表 – 阿里巴巴、金融领域代表 – 万事达卡、传统信息科技领域企业代表 – IBM、新兴区块链企业代表 – nChain、科研院所代表 – 电子科技大学。

6.3 阿里巴巴专利布局分析

截至 2018 年 8 月 6 日,阿里巴巴在区块链领域的全球专利申请量排名位居首位。下面对阿里巴巴的区块链专利布局进行分析。

6.3.1 公司概况

阿里巴巴网络技术有限公司是以马云为首的 18 人于 1999 年在浙江杭州创立。阿里巴巴经营多项业务,另外也从关联公司的业务和服务中取得经营商业生态系统上的支援,其自身业务和关联公司的业务包括:淘宝网、天猫、聚划算、全球速卖通、阿里巴巴国际交易市场、1688、阿里妈妈、阿里云、蚂蚁金服、菜鸟网络等。❶

而在区块链方面,阿里系的研究也是国内同期大型互联网公司里较早的,从 2015 年和 2016 年就已经开始在区块链方面展开研究和开发,2017~2018 年更是有大量项目落地,包括从公益、溯源到跨境的各项业务。同时,蚂蚁金服、菜鸟网络、阿里巴巴都有各自的区块链研发团队,光是蚂蚁金服就有上百人之多。

阿里巴巴的医药部门 AliHealth 和江苏省常州市政府合作推出了一项利用区块链保护和分享医疗数据的试点计划。该试点项目旨在整合不同医院的医疗数据,使这些医院的医疗记录能够通过区块链以安全快捷的方式与大医院的医生共享。2018 年 3 月,

---

❶ 阿里巴巴集团 [EB/OL]. [2018 – 12 – 14]. https://baike.baidu.com/item/% E9% 98% BF% E9% 87% 8C% E5% B7% B4% E5% B7% B4% E9% 9B% 86% E5% 9B% A2/9087864? fr = aladdin.

PUC 和 AliHealth 签署了一份谅解备忘录,为医疗保健行业的参与者提供区块链解决方案。它们将建立一个"医疗机构、监管机构和保险机构之间的信息共享平台",以推动机构之间的信息共享。2017 年 3 月 28 日,阿里巴巴宣布与普华永道、新西兰邮政、恒天然在新西兰签署全球跨境食品溯源的互信框架合作协议,多方共同宣布将应用"区块链"等创新技术,在中国和新西兰两国之间继续推动透明可追溯的跨境食品供应链,为中国百姓购买新西兰进口鲜奶、生鲜提供强大保障。此后,阿里巴巴于 2018 年 5 月又提出"区块链+农产品"的概念,让农产品种植者通过阿里旗下的农村淘宝平台,把农产品从田间地头直供城市餐桌,实现农产品的标准化、规模化和品牌化,也让用户能够安心地购买到原生农产品。❶ 阿里巴巴的区块链专利涵盖了不同方面,显示了该互联网巨头在区块链领域所作的创新。

阿里巴巴以 63 项专利申请排名全球首位。下面对这些专利申请从时间、区域、技术构成、发明人等维度进行分析。

6.3.2 时间布局

本小节对阿里巴巴的区块链专利申请时间进行分析。经统计,阿里巴巴区块链专利申请时间分布如图 6-3-1 所示,从图中可见,阿里巴巴的区块链技术专利申请始于 2016 年,有 6 项申请,到 2017 年,其申请量呈爆发式增长,达到 57 项,且预计还有一定数量的专利申请尚未公开,这体现了阿里巴巴对区块链技术研发力量的加强。

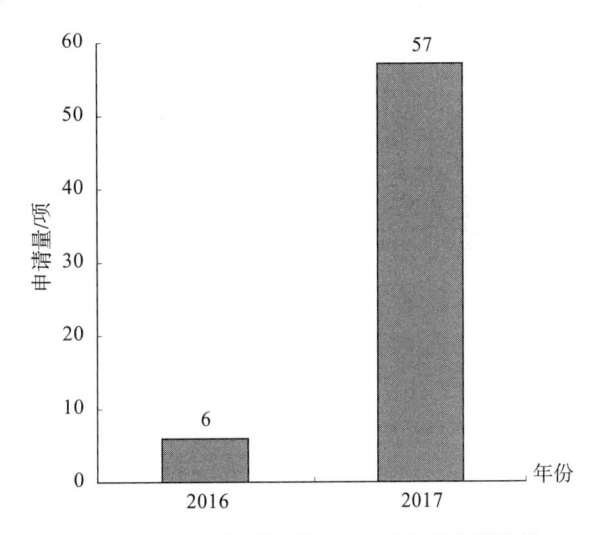

图 6-3-1 区块链领域阿里巴巴专利申请趋势

6.3.3 区域布局

本小节对阿里巴巴的区块链专利申请区域进行分析。经统计,阿里巴巴区块链专利申请区域分布如图 6-3-2 所示。

从图中可以看出,阿里巴巴非常重视中国市场,在中国的专利申请达到 63 件,数量远超在其他国家或地区的申请。

阿里巴巴共申请了 25 件区块链技术的 PCT 国际申请,体现了阿里巴巴对区块链技术进行全球专利布局的策略。但是目前,仅有 7 件申请进入了美国,在其他海外地区尚未布局,这也体现了阿里巴巴在目标地的选择上较为谨慎,在区块链领域尚未进行

---

❶ 金色财经. 阿里巴巴在区块链应用的最新 3 个方向 [EB/OL]. (2018-09-07) [2018-12-14]. https://baijiahao.baidu.com/s?id=1610918301090368927&wfr=spider&for=pc.

大规模的海外专利布局。

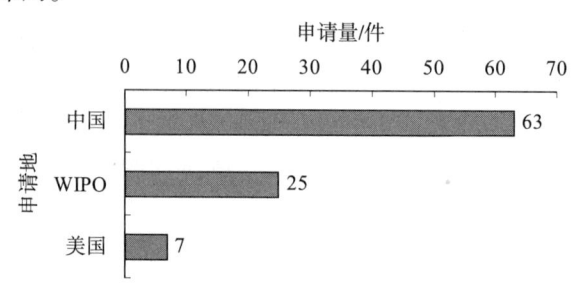

图 6-3-2　阿里巴巴区块链专利申请区域分布

申请地：中国 63，WIPO 25，美国 7

6.3.4　技术构成

本小节对阿里巴巴区块链专利申请的技术构成进行分析。从图 6-3-3 中可以看出，阿里巴巴的申请集中在支撑技术的数据层（34 项），另外还有少部分涉及共识层（14 项），在合约层、网络层和激励层也有少量的专利申请；在技术应用方面，阿里巴巴的申请主要集中在存在性证明（15 项），在金融货币、共享数据和数据权属方面也有少量涉及。虽然阿里巴巴拥有支付宝这样的占据移动支付市场 54.26% 份额的支付工具，但是其并没有将关注点放在区块链在金融货币的应用上，而是深耕区块链的底层技术，拓展区块链在存在性证明领域的如防伪溯源、证据保全等方面的应用。

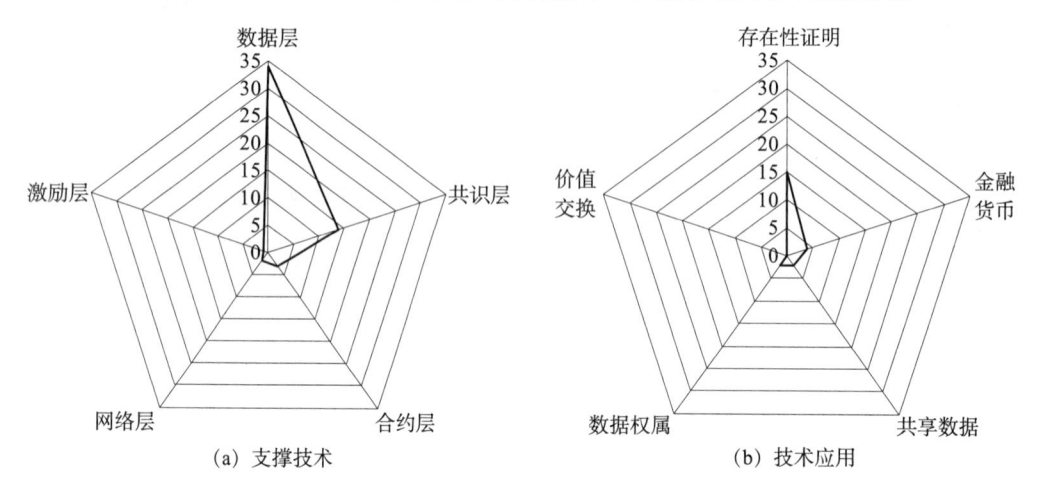

(a) 支撑技术　　(b) 技术应用

图 6-3-3　阿里巴巴区块链专利申请支撑技术与技术应用分布

注：图中数字表示申请量，单位为项。

6.3.5　重要专利分析

在阿里巴巴公司提出的众多专利申请中，本小节筛选出以下 6 件涉及区块链的重要专利申请，包括涉及共识机制问题的 2 件：基于区块链的共识方法及装置（公开号 CN107368507A），基于区块链的数据处理方法及设备（公开号 CN107451175A）。另外四件包括：健康档案管理系统和方法、用户客户端（公开号CN108074629A），一种业务执行的方法及装置（公开号CN107392623A），一种业务数据处理方法、业务处理方法及设备（公开号CN107579951A），一种数字证书管理方法、装置和系统（公开号CN107360001A），分别涉及医疗健康管理，基于区块链的业务执行，匿名和隐私，数字身份认证四个应用领域。这六件申请均是向中国国家知识产权局提出的并均已公开，已经进入实审生效阶段。下面对阿里巴巴的这几项重要专利进行分析介绍。

在共识机制研究方面，阿里巴巴提出了一种基于区块链的共识方法及装置（公开号CN 107368507 A），利用系统中的节点中正常的服务器来接替异常的服务器，从数据库中获取共识数据执行共识，从而保证了共识的正常进行，能够在一定程度上提升共识过程的成功率，进而提升区块链的业务处理效率。另外，其提出的基于区块链的数据处理方法及设备（公开号CN107451175A），通过配置交易类型与处理策略之间的预设关系，处理策略中包含用于转换的数据属性以及所述数据属性对应的转换规则，区块链节点对于获取到的交易数据，确定所述交易数据对应的交易类型；根据所述预设关系，确定与所述交易数据对应的处理策略；从所述交易数据中提取所述处理策略中包含的数据属性，并根据所述处理策略中包含的转换规则，将提取得到的所述数据属性的属性值转化成格式化信息；根据所述格式化信息对所述交易数据进行共识处理，采用统一的转换方式，能够保证不同的区块链节点准确地将转换后的信息还原得到原始数据，有效提升了交易数据的共识效率，进而改善了交易数据的处理效率。

在区块链医疗、健康管理应用方面，阿里巴巴提出了一种健康档案管理系统和方法、用户客户端（公开号CN108074629A），系统包括：多个医疗服务器、多个用户客户端和认证服务器；其中，多个医疗服务器用于向与第一用户关联的健康档案中上传健康数据，或者，从所述健康档案中下载健康数据；用户客户端用于设置多个医疗服务器对健康数据的访问权限；认证服务器用于确定多个医疗服务器中一个或多个是否有权限向健康档案中上传健康数据和/或从健康档案中下载健康数据。利用区块链技术，使多个医疗服务器位于同一区块链网络中，所述健康档案通过健康档案区块链的方式存储，从而实现了用户档案的多地可寻。通过该系统的实施，可以达到提高诊断结果准确性和提高用户体验的技术效果。

在区块链的业务执行应用方面，阿里巴巴提出了一种业务执行的方法及装置（公开号CN107392623A），该方法中业务平台可向终端发送资格获取规则，以使各终端根据该资格获取规则，对业务平台确定出的能够执行该业务用户的用户标识进行验证。由于各终端可将根据结果生成规则生成的待验证结果写入到业务对应的区块链中，各终端均可通过自身保存的针对该业务的区块链，查看到其他终端所生成的区块，业务平台还可将如何能够获取执行该业务的资格的获取规则下发至各终端中，使得终端根据获取到的资格获取规则以及自身保存的针对该业务的区块链，对业务平台公布确定出的能够执行该业务用户的用户标识进行验证，防止业务平台在确定获取执行该业务的用户的过程中存在徇私舞弊的行为，从而保障用户的权益不受侵害。

在匿名和隐私的应用方面，为了防止用户隐私泄露提高信息安全，阿里巴巴提出了一种业务数据处理方法、业务处理方法及设备（公开号 CN107579951A）。在实际交易应用中，用户的业务数据中包含的源地址、目的地址可以通过一串数字（或者字符串）表示，并不明示现实中业务双方的身份信息，以实现对业务双方的匿名保护，但是，由于区块链网络所具备的公开透明性，因此通过对区块链网络中存储的业务数据进行分析，可以发现业务数据之间的关联性，而通过这些关联性容易推断出这些数字所对应的真实信息。例如，通过分析一些业务数据，发现这些业务数据的目的地址相同，再结合这些业务数据中包含的业务标的大小以及现实中行业的特点，能够很容易地推断出该数字所对应的真实信息，进而导致用户信息泄露。CN107579951A 中的系统接收至少一个第一区块链节点发送的第一业务数据；根据第一业务数据创建第二业务数据，第二业务数据包含第二源地址和第二目的地址，第二源地址包含各第一源地址，第二目的地址包含各第一目的地址，在创建各第二业务数据时所参与的第一区块链节点可能不同，这样在对各第二业务数据进行分析时，不易推断出各源地址、目的地址等数字地址所对应的真实信息，可避免真实信息的泄露，实现了用户隐私信息保护。

在数字身份认证方面，阿里巴巴提出了一种数字证书管理方法、装置和系统（公开号 CN107360001A），该装置、系统在 CA 签发的数字证书上链之前，由区块链对数字证书进行共识校验，并认定只有通过共识校验的数字证书才是合法的，以避免当 CA 被攻击或者 CA 作恶时所容易出现的节点数字证书的权限被随意更改的问题，有效提高了整个区块链的安全性。图 6-3-4 展示了 CA 体系向区块链写入数字证书的原理示意图。

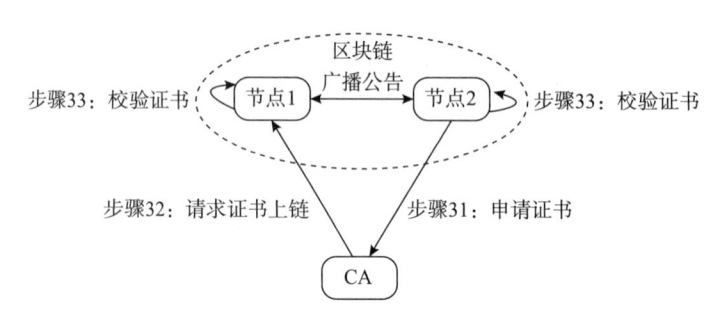

图 6-3-4　CN107360001A 专利申请说明书附图

6.3.6　发明人分析

阿里巴巴的区块链技术研发团队实力雄厚，其 63 项专利申请共有近 20 位发明人，全部为蚂蚁金服团队的实验室研发人员。该实验室目前有 100 余位工程师，科研力量雄厚。对其中排名前 10 位的发明人进行分析，结果如图 6-3-5 所示。

从图 6-3-5 可以看出，以邱鸿霖为发明人的专利申请有 13 项，位居榜首。邱鸿霖是一名 90 后程序工程师，是蚂蚁金服内部最早参与区块链研究的工程师之一，可见阿里巴巴在区块链方面的研发团队具有年轻化的特点。

另外，阿里巴巴专利申请的发明人中，大部分为单独发明，联合发明的现象较少，

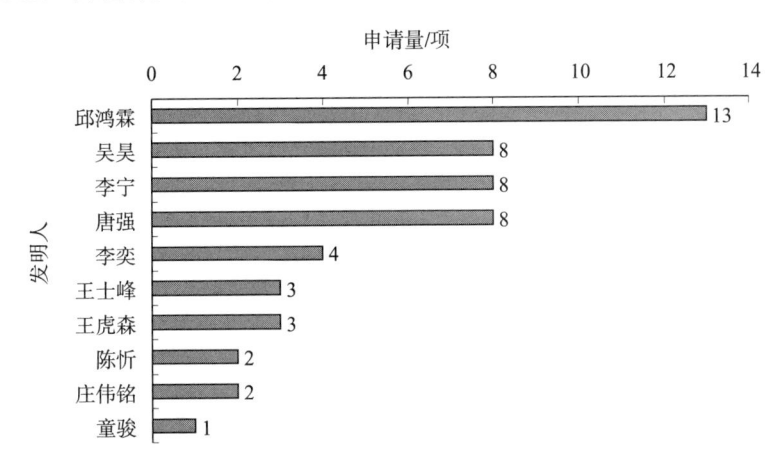

表明阿里巴巴区块链研发团队的个人创新能力非常突出。

图 6-3-5 区块链领域阿里巴巴重要发明人排名

6.3.7 专利布局策略分析

阿里巴巴的区块链专利申请始于 2016 年，布局稍晚，但随着区块链相关业务的不断扩展，2017 年其区块链专利申请迅猛增长，尤其在中国市场进行了大规模的专利布局并进行了一定数量的 PCT 国际申请。但是，其目前进入海外国家的专利数量较少，需要进一步制定全球化的区块链专利布局策略。

在技术方面，阿里巴巴的专利主要涉及数据层和共识层，这也是当前区块链研发的热点。在应用方面，与其他主要申请人重点关注金融货币不同，阿里巴巴的区块链专利申请更多涉及存在性证明，这与其业务发展密切，如图 6-3-6 所示，为了保证菜鸟与天猫的商品溯源，阿里巴巴申请了一系列关于防伪、溯源的专利，另外，为了支持其开展的医疗数据共享和电子钱包业务，阿里巴巴也在相应技术应用分支申请了一定量的专利。但是对于一家涉及金融行业的互联网企业来说，对于金融货币应用的专利申请量却偏少，这或许与国内对于电子货币的相关政策尚不明朗相关。

在发明人方面，以邱鸿霖为发明人的区块链专利申请量占比较高，说明其属于阿里巴巴区块链研发团队的核心人员，其主要的研发方向在于数据层技术以及存在性证明这一应用场景的研究。

综合上述分析，阿里巴巴在宏观层面上于支撑技术和技术应用方面均展开了布局，从微观角度讲，其申请了多项涉及底层数据层技术的基础专利，并在某些应用领域，如存在性证明方面提交了多项竞争性专利。这一布局策略更倾向于前文所述的"地毯式策略"，专利申请量大，覆盖面较广，意图投入成本在该领域全面布局，尤其是在与其业务密切联系的存在性证明技术应用上申请了一系列通过不同手段来解决产品防伪、溯源问题的专利，另外在数字身份认证方面针对认证的各个流程均进行了专利布局，以期在上述技术领域构建专利壁垒，在支撑自身业务运行的同时，抑制竞争对手在该技术上的应用。

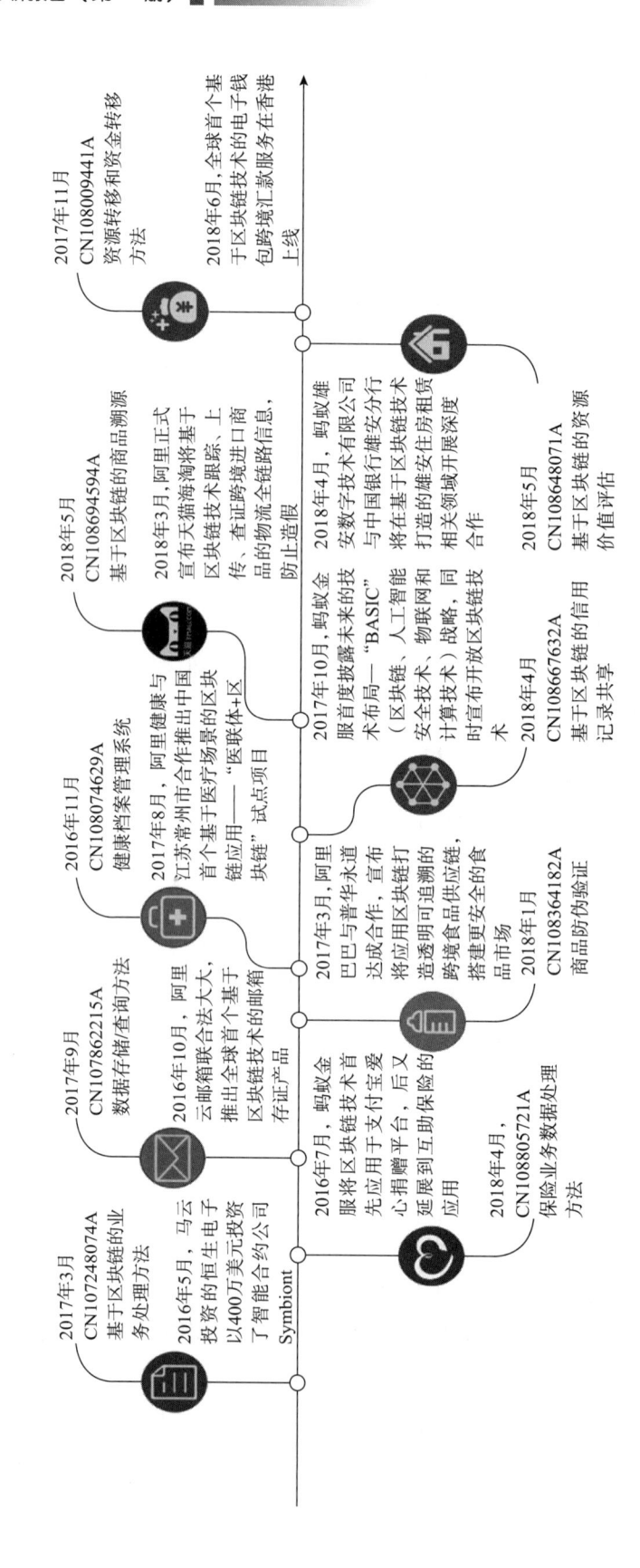

图 6-3-6 阿里巴巴区块链业务发展与专利申请路线图

2017年3月 CN107248074A 基于区块链的业务处理方法
2016年5月,马云投资的恒生电子以400万美元投资了智能合约公司Symbiont

2017年9月 CN107862215A 数据存储查询方法
2016年10月,阿里云邮箱联合法大大,推出全球首个基于区块链技术的邮箱存证产品

2016年11月 CN108074629A 健康档案管理系统
2017年8月,阿里与常州市合作推出中国首个基于医疗场景的区块链应用——"医联体+区块链"试点项目

2018年5月 CN108694594A 基于区块链的商品溯源
2018年3月,阿里天猫海淘将基于区块链技术跟踪、上传、查证跨境进口商品的物流全链路信息,防止造假

2017年11月 CN108009441A 资源转移和资金转移方法
2018年6月,全球首个基于区块链技术的电子钱包跨境汇款服务在香港上线

2018年4月 CN108805721A 保险业务数据处理方法
2016年7月,蚂蚁金服将区块链技术首先应用于支付宝爱心捐赠平台,后又延展到互助保险的应用

2018年1月 CN108364182A 商品防伪验证
2017年3月,阿里巴巴与普华永道达成合作,宣布将应用区块链打造透明可追溯的跨境食品供应链,搭建更安全的食品市场

2018年4月 CN108667632A 基于区块链的信用记录共享
2017年10月,蚂蚁金服首度披露未来的技术布局——"BASIC"(区块链、人工智能、安全技术、物联网和计算技术)战略,同时宣布开放区块链技术

2018年5月 CN108648071A 基于区块链的资源价值评估
2018年4月,蚂蚁雄安数字技术有限公司与中国银行雄安分行将在基于区块链在房租赁打造的雄安住房租赁相关领域开展深度合作

6.4 万事达卡专利布局分析

截至 2018 年 8 月 6 日,万事达卡在区块链领域的专利申请量排名位居全球第二位。下面对万事达卡的区块链专利布局进行分析。

6.4.1 公司概况

万事达卡是全球性的支付与科技公司。通过运营全球最快的支付处理网络,万事达卡将超过 210 个国家或地区的消费者、金融机构、商户、政府和企业连接在一起❶。

在全球,随着数字货币的出现,多个国家和集团纷纷把目光转向了数字货币,世界信用卡巨头万事达卡也对其持更加积极的态度。由于区块链技术的信息不可篡改性且交易记录实时更新可查询,得到了金融甚至是各大行业领域的喜爱。万事达卡看到了区块链的特点。早在 2016 年,万事达卡就曾推出一个基于区块链技术的实验性 API (Application Programming Interface,应用程序编程接口),旨在让开发人员有机会研究一些尚未被商业化的新兴技术。2017 年 10 月 27 日,万事达卡宣布,通过其开发者平台上发布的 API 正式开放区块链技术。

万事达卡已对其区块链技术进行了充分的测试和验证,并将率先把该技术应用于企业对企业(B2B)支付服务中,以帮助客户改善跨境支付中日益凸显的速度、透明性和成本问题。万事达卡区块链解决方案将与虚拟卡、Mastercard Send 和 Vocalink 等现有技术形成互补,所有类型的跨境支付和 B2B 支付(无论是基于账户、区块链,还是银行卡),都可以得到来自万事达卡的充分支持。万事达卡区块链解决方案有能力为如 B2B 支付和贸易金融交易这样的无卡支付交易提供安全可靠的优质服务。同时,该方案还可助力支付交易以外的服务如来源查证,帮助验证供应链上的产品。通过此项解决方案,万事达卡将为合作伙伴带来更多便利,同时创造一个更便捷、更高效、更安全的支付生态系统。据悉,万事达卡投资了数字货币集团(Digital Currency Group)。数字货币集团孵化且培育了比特币及多家区块链技术相关企业,并于近日加入了企业以太坊联盟(Enterprise Ethereum Alliance),探索在不同使用场景应用以太坊技术的潜力。这些场景中的很大一部分都远远超出了万事达卡传统支付环境的范畴。❷ 万事达卡在全球已经申请了 56 项 122 件涉及区块链相关的专利申请,下面对这些专利申请从时间、区域、技术构成、发明人等维度进行分析。

6.4.2 时间布局

本小节对万事达卡的区块链专利申请时间进行分析。图 6-4-1 示出了万事达卡

---

❶ 万事达卡 [EB/OL]. (2018-08-10) [2018-12-14]. https://baike.baidu.com/item/%E4%B8%87%E4%BA%8B%E8%BE%BE%E5%8D%A1/6834979.

❷ 885 财经. 万事达卡国际组织宣布开放区块链技术有哪些科技公司对区块链技术跟进 [EB/OL]. (2017-10-27) [2018-12-14]. http://www.885.com/a/121509.html.

的历年专利申请趋势，从中可以看出万事达卡早在 2015 年就已经有了区块链相关的专利申请，在 2016 年申请量达到 37 项，由于部分专利申请未被公开的缘故，2017 年专利申请量有所下降。

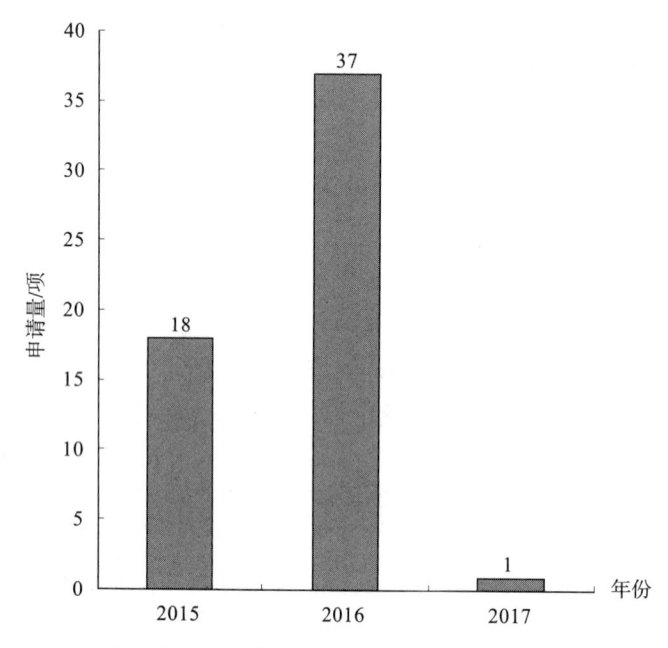

图 6-4-1　区块链领域万事达卡专利申请趋势

从历年专利申请趋势上看，万事达卡的专利申请体现了应用未动、专利先行的特点。

6.4.3　区域布局

本节对万事达卡的区块链专利申请区域进行分析。图 6-4-2 示出了万事达卡区块链专利申请的布局情况，从中可以看出万事达卡的布局地非常广泛，涉及美国、世界知识产权组织、印度、澳大利亚、加拿大、中国、欧洲、巴西、日本、墨西哥、新加坡 11 个国家、组织或地区。

万事达卡在美国国内的专利申请布局是最多的，共有 28 件专利申请，占 23%，这与其主要的业务市场在美国相符；其次是世界知识产权组织，有 27 件 PCT 申请，说明万事达卡作为全球性的支付机构非常重视区块链的全球化布局；万事达卡在印度布局了 14 件专利申请，该国是万事达卡的专利布局数量第三的国家；万事达卡在中国布局了 10 件专利申请，占比 8%，表明中国是其专利布局数量第六的国家；另外，万事达卡也在澳大利亚、加拿大、日本、新加坡等区块链政策较为积极的地方进行了一定数量的专利申请。

6.4.4　技术构成

本小节对万事达卡的区块链专利申请技术构成进行分析。万事达卡以 56 项专利申请位居区块链全球申请人申请量排行榜第二的位置。从图 6-4-3 中可以看出，万事达卡的申请主要集中在数据层（支撑技术）和金融货币（技术应用）两个方面，分别有 26 项和 25 项，其他分支虽然也有涉及但是量很少，均不足 3 项。这与万事达卡本身是一个信用卡国际组织，主要从事金融行业有着密不可分的关系。万事达卡在区块链的专利申请与它的主营业务息息相关，其非常重视区块链在金融货币的应用方面的布局，与此同时，万事达卡也积极在区块链的底层技术数据层布局了数量可观的专利。

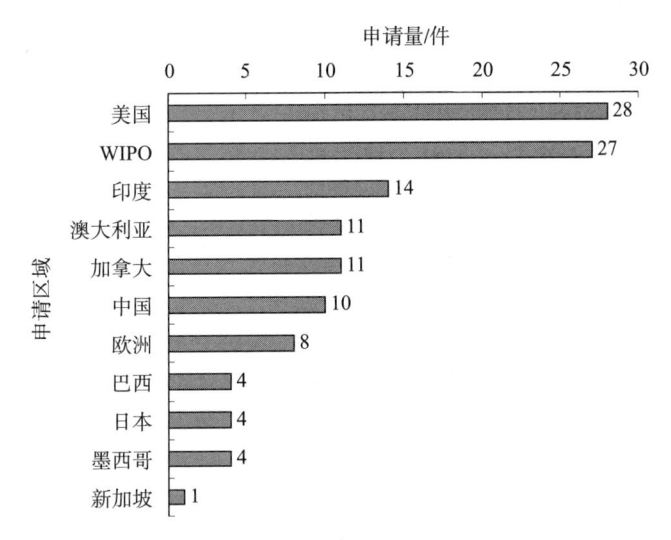

图 6-4-2 区块链领域万事达卡专利申请区域分布

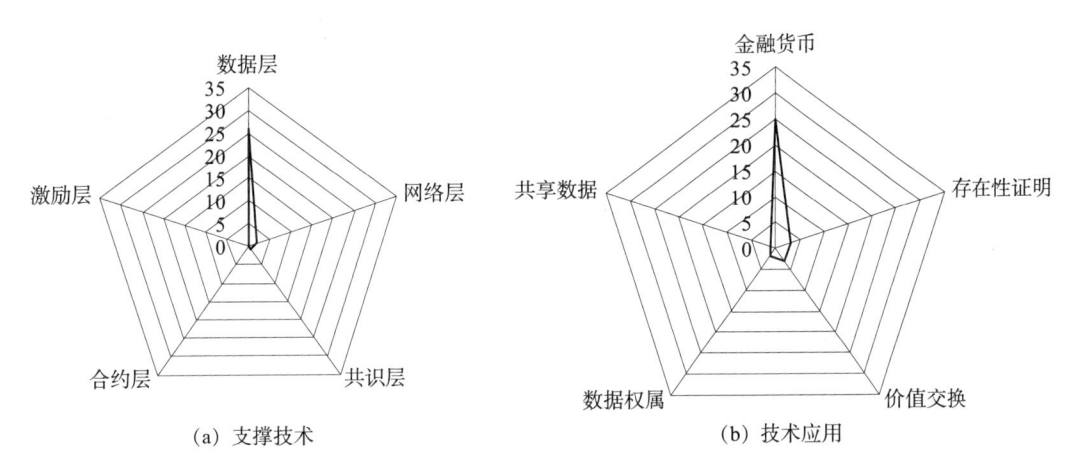

图 6-4-3 万事达卡区块链专利申请支撑技术与技术应用分布

注：图中数字表示申请量，单位为项。

6.4.5 重要专利分析

2015 年 5 月 21 日，万事达卡向美国专利商标局提交了四件专利申请（公开号：US10026082B2、US9870562B2、US2016342989A1、US2016342994A1），分别从如何实现基于区块链的资产关联到法定货币账户、如何实现集成市场交易与区块链交易、如何基于现有支付网络实现区块链交易等不同的角度进行了探索。基于这些专利申请，2016年万事达卡发布了试验性试验区块链应用程序接口（API）。与此同时，万事达卡以这四件专利申请为优先权，又向世界知识产权组织提交了 PCT 申请，目前已进入中国、印度、澳大利亚、加拿大、欧洲、日本等国家或地区的相应阶段。US10026082B2、US9870562B2两件专利申请在美国专利商标局已获得授权，下面详细介绍一下这两件专利申请。

公开号为 US10026082B2 的专利申请提出了一种用于将基于区块链的资产关联到法定货币账户的方法和系统，在第一中央账户中至少存储与法定货币相关联的法定金额；在第二中央账户中至少存储与区块链货币相关联的区块链金额；在账户数据库中存储多个账户简档，其中每个账户简档都包括与消费者相关联的数据，所述数据至少包括法定货币金额、区块链货币金额、账户标识符和地址；由接收设备接收与支付交易相关联的交易消息，其中基于一个或多个标准对所述交易消息进行格式化并且所述交易消息包括多个数据元素，其至少包括为私人使用保留的数据元素，所述为私人使用保留的数据元素包括特定地址和交易金额；由处理设备识别存储在所述账户数据库中的特定账户简档，其中，包括的地址对应于包括在接收到的交易消息中的数据元素中的特定地址；以及由所述处理设备基于包括在接收到的交易消息中的数据元素中的交易金额，更新包括在识别的特定账户简档中的区块链货币金额。

使用区块链的货币为消费者提供了分散式的且相对匿名的安全的货币，但是由于计算机处理时间与验证和更新区块链所需要的资源，处理基于区块链的交易通常花费大量的时间，并且，区块链的匿名性可使收款人处于不利境地。万事达卡为了实现使用基于法定货币的区块链在银行和商家之间进行交易支付，提出了发明专利申请（公开号：US9870562B2），该专利申请在账户数据库中存储多个账户档案，其中各个账户档案包括与消费者相关的数据，所述数据至少包括账户标识符、法定货币量以及一个或更多个区块链货币量，各区块链货币量与区块链网络相关联。使用法定货币的现有支付网络和支付处理系统特别地设计以及配置为安全地存储和保护消费者和商家信息以及凭证，并且在计算系统之间传送敏感数据。此外，现有的支付系统通常配置为极迅速地执行复杂的计算、风险评估以及欺诈算法应用，以便确保法定货币交易的快速处理。因此，结合区块链货币使用传统的支付网络和支付系统技术可为消费者和商家提供分散式的区块链的优点，同时仍然保持账户信息的安全性以及针对欺诈和盗窃提供强的防护。2018 年 1 月 16 日，公开号为 US9870562B2 的美国专利申请已经在美国得到授权。万事达卡以 US9870562B2 专利申请为优先权向世界知识产权组织提交了 PCT 申请，申请号为 PCT/US2016031236，同时该 PCT 申请已于 2017 年 12 月 15 日进入了中国国家阶段，这一点需要国内申请人注意。

另外，2016 年 10 月 24 日，万事达卡向美国专利商标局提交了一份用于加速区块链中新节点同步的专利申请（公开号 US2018115413A1），目前新节点连接到存储区块链副本的区块链网络的计算机需要单独验证大量数据以完成数据的同步。新节点必须验证在大量不同块中的数千、数百万甚至数十亿交易记录，这些记录可能随着时间在给定区块链中积累，每个新节点在加入进这个网络之前都会需要漫长的时间来同步所有数据。该专利申请提出了一种快速导航的技术解决方案，其中"快速通道标志"将包含在区块头中，以便新节点能够以更快的速度扫描和验证区块链：区块链网络中的节点可以通过识别验证带有快速通道标志的快速导航区块。为了验证，节点可以识别已生成的快速区块（例如基于时间戳）并确认该块，然后验证更多的快速区块来确定之前的哈希值是否正确。

2017年9月，万事达卡为应用于存贮支付历史信息的区块链技术提出PCT专利申请（WO2018080657A1）。2017年11月，万事达卡申请了一项旨在缓解支付结算效率压力的区块链新技术专利（US2018082294A1），在该专利中，万事达卡描述了一个基于区块链技术的数据库，该数据库可以即时处理付款，从而大大减少交易结算时间。

6.4.6 发明人分析

本小节对万事达卡区块链专利申请发明人进行分析。图6-4-4示出了万事达卡区块链技术发明人情况，从中可以看出S. C. Davis是万事达卡最主要的发明人，共有32项专利申请，占据万事达卡区块链专利申请总量的57.14%。David J. King和D. M. Kennedy各有6项专利申请。Ankur Arora有4项专利申请。Ashish Raghavendra Tetail有3项专利申请。

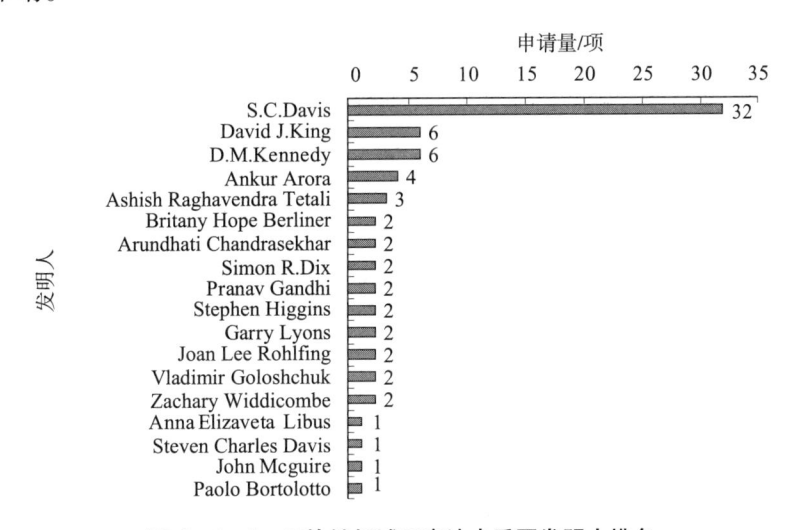

图6-4-4 区块链领域万事达卡重要发明人排名

6.4.7 专利布局策略分析

万事达卡的区块链专利申请始于2015年，并于2016年开始迅猛增长。万事达卡的布局地非常广泛，涉及美国、世界知识产权组织、印度、澳大利亚、加拿大、中国、欧洲、巴西、日本、墨西哥、新加坡11个国家或地区或组织，全球化布局初步成型。在申请策略上，其主要采用地毯式布局策略，申请量大，涉及分支广。在技术方面，万事达卡的专利主要涉及数据层，这也是当前区块链研发的热点。在应用方面，万事达卡的区块链专利申请主要聚焦于金融货币，这也与其金融行业的企业属性相匹配。

在发明人方面，以 S. C. Davis 为发明人的区块链专利申请量占比较高，说明该员属于万事达卡区块链研发团队的核心人员。

6.5　nChain 专利布局分析

nChain 在全球的区块链技术专利申请量排名位居全球第九位，其 PCT 申请量为全球第一。下面对 nChain 的区块链专利布局进行分析。

6.5.1　公司概况

nChain 是一家英国区块链技术研发企业，致力于比特币的发展应用，其前身为 EITC 控股有限公司。该企业的运作一直处于较为神秘的状态，曾声称自己就是比特币之父"中本聪"的 Craig Wright 担任该公司的首席科学家。2017 年，nChain 宣布被高科技私募基金 SICAV PLC 收购，据称此为区块链行业迄今最大的一笔收购交易，但具体数额并未被披露❶。

nChain 在研究和发展区块链技术上具有雄厚的实力，其已经设计和建立了区块链基础架构来转变生活和企业经营模式，目的是通过最大扩展化比特币区块链上的交易量以实现比特币的潜力。nChain 正在研究和开发工具、协议和应用来支持区块链全球范围内的增长，这包括一个程序员可以在区块链上开发应用程序的软件开发工具、比特币区块链扩容的解决方案、提高安全性的发明、智能合约的链上脚本和一个使用自治代理的去中心化交易平台。nChain 致力于将其知识产权用于比特币现金社区的利益，打算将主要知识产权资产用于现金比特币区块链，这意味着使用 nChain 的比特现金许可证，比特现金开发者和开发团队可以使用 nChain 所有的发明❷。

nChain 在全球已经申请了 36 项涉及区块链的专利申请，虽然项数不多，但是发展势头非常迅猛。下面对这些专利申请从时间、区域、技术构成、发明人等维度进行分析。

6.5.2　时间布局

本小节对 nChain 的区块链专利申请时间进行分析。图 6-5-1 示出 nChain 的历年专利申请趋势，从中可以看出 nChain 的 36 项专利均集中在 2017 年进行申请，且主要集中在 2017 年 2 月，预计仍有部分专利申请尚未公开。这表明 nChain 虽然在区块链领域专利布局较晚，但在申请专利之前已有较多的区块链技术储备，申请伊始即迅速完成了初步的专利布局。

---

❶ Jamie Redman，李悦 Nchain：比特币史上最大收购案？［EB/OL］.（2017-04-17）［2018-12-14］. http://www.sohu.com/a/134594210_424459.

❷ 企鹅-币发 TV. nChain 专门为比特币现金社区提供智能合约专利.［EB/OL］.（2018-04-13）［2018-12-14］. https：//cloud.tencent.com/developer/news/179277.

6.5.3 区域布局

本节对 nChain 的区块链专利申请区域进行分析。图 6-5-2 示出了 nChain 区块链专利申请的区域布局情况，从中可以看出 nChain 对其 36 件专利均进行了 PCT 国际申请，这说明 nChain 非常重视其区块链技术的专利保护，积极布局全球市场。

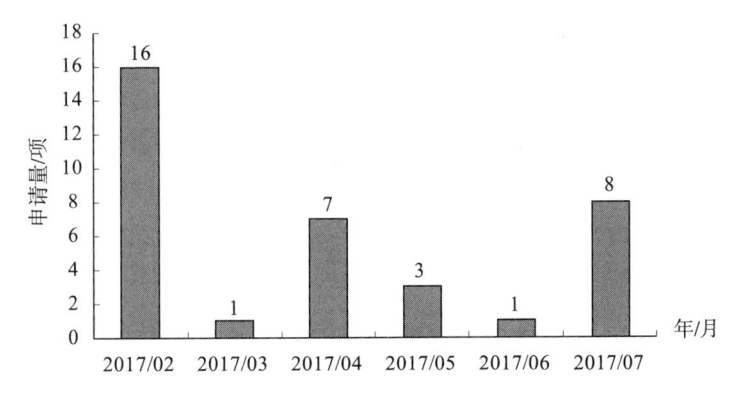

图 6-5-1 区块链领域 nChain 专利申请趋势

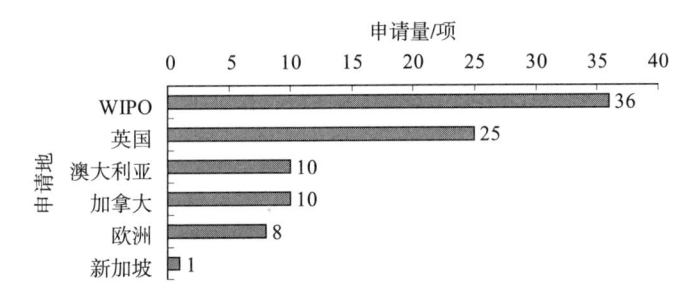

图 6-5-2 nChain 区块链专利申请区域分布

nChain 在英国本土的申请量较大，说明其非常注重本土市场，并将其作为 PCT 国际申请的优先权基础。nChain 分别在澳大利亚以及加拿大也有 10 件的专利申请，这是由于 nChain 在加拿大也有部分研发团队，而 nChain 的首席科学家 Craig Wright 来自澳大利亚，是澳大利亚计算机科学家和网络安全专家，将其自身的研发成果带给了 nChain。

另外，nChain 在欧洲也积极进行专利布局，且已有部分专利获得欧洲专利局的授权。虽然数据显示 nChain 目前未在中国进行专利布局，但是由于其 PCT 申请进入国家阶段的时间尚未终止，预计 nChain 会有部分专利申请进入中国及其他国家。

6.5.4 技术构成

nChain 致力于比特币的发展应用，其专利申请所涉及的内容主要与比特币相关。图 6-5-3 示出了 nChain 支撑技术和技术应用各分支的专利申请布局情况。在支撑技术方面，其数据层和合约层一直是业界关注的焦点，也是 nChain 所研发的主要对象。

在技术应用方面，nChain 在金融货币、数据权属、存在性证明以及共享数据方面均进行了专利布局，其中在金融货币方面专利布局比例最高。

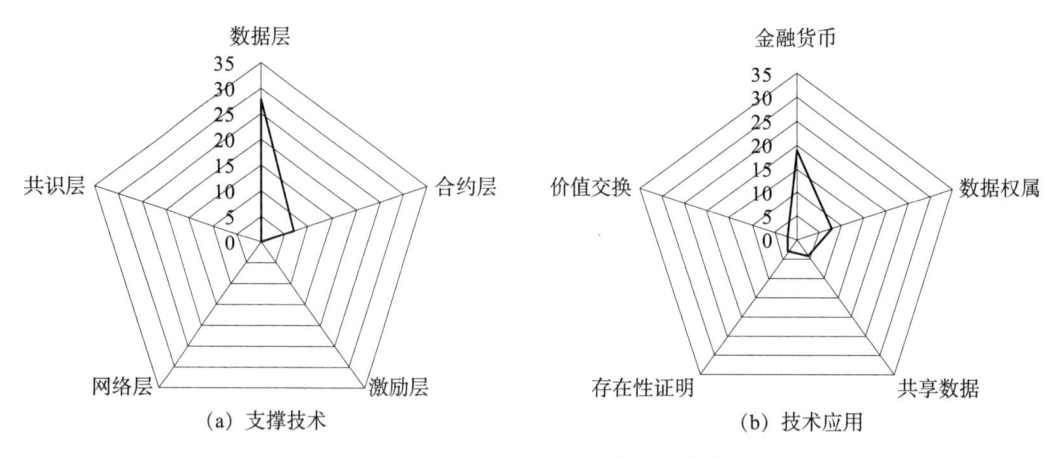

图 6-5-3　nChain 区块链专利申请支撑技术与技术应用分布

注：图中数字表示申请量，单位为项。

6.5.5　重要专利分析

下面对 nChain 的几项重要专利进行分析介绍。

为解决比特币交易安全这一问题，nChain 于 2017 年 2 月向国际知识产权组织提交了一件 PCT 国际申请，公开号为 WO2017145016A1。该申请涉及确定性密钥的生成，用于改进网络上节点或交易双方之间的通信安全。

该技术可以在不需要存储公共秘密的情况下实现双方之间的安全通信，因为公共秘密可以按照需要由各方基于共享信息单独确定。重要的是，该信息无需按照与私钥相同的安全级别进行存储，甚至在某些情况下可能是公开的。

另一个重要的优势在于，利用该技术还可以生成多个基于每个节点单一主私钥且对应于多个安全私钥的公共秘密。通过基于双方预先商定的流程确定一系列连续的确定性密钥。这不仅减轻了庞大的安全负担，还可使用户生成源自基差或主钥的分层密钥。因此，确定性密钥可以安全生成，并以这种方式反映出它们所使用的环境或背景。该技术的应用多种多样，甚至不局限于比特币或区块链环境中的使用。通用密码生成技术可以有效防止 Mt. gox 类型的黑客入侵货币交易所和钱包，而随着数字化世界中日益增长的数字资产、数据云存储、创新数字通信模式以及物联网设备的预期爆发，这项技术的潜在用例可谓不计其数。基本上，该创新成果可以为任何需要保护敏感数据、资产、通信或受控资源的环境提供重要的安全优势。

目前该申请在进入欧洲后已经获得了专利权，且 nChain 已经在实施这一专利技术，作为与日本 SBI BITS 合作开发下一代高级安全加密货币钱包系统的工作之一，其包含了通用密码生成技术的专利，用以帮助区块链企业通过 SDK 开发应用，现已在 GitHub 上公开发布。同时，nChain 还将与使用近场通信技术的新型 BCH 钱包 HandCash 合作，利用通用密码生成技术和其他 nChain 的创新技术进一步加强产品。

区块链技术带给人们一个通过省去交易中不必要的中间商环节来提高商业景观的效率的关键机会。数字权属管理就是一个具有如此特征的市场，在该市场中，内容编辑者和权利所有者有机会与消费者直接建立联系并得到与自己的创意相对应的报酬。

nChain 一直都致力于相关的技术开发，以期通过使用区块链技术来把握这样的机会。因此，nChain 提交了一系列的涉及数字权属管理的专利申请，期望通过运用区块链技术来强化数字权利。

专利公开号 WO2017195160A1 的专利申请，发明名称为"通过使用分布式哈希表和对等分布式分类帐来验证数字资产完整性的方法和系统"，这一发明使用标准比特币现金交易，其包括用于引用外部分布式哈希表（DHT）内的条目的附加元数据，其中数字资产的签名加上 DHT 上的签名和区块链交易本身上的签名必须一致，以证明资产的完整性。

专利公开号 WO2017195161A1 的专利申请，发明名称为"通过使用分布式哈希表和对等分布式分类账来验证数字资产所有权的方法和系统"。这一发明基于上述第一项发明（WO2017195160A1）中的技术，在此之上添加了另一组加密操作，从而使得数字资产的当前所有权得以被验证。

专利号 WO2017195164A1 的的专利申请，发明名称为"通过使用分布式哈希表和对等分布式分类账来验证数字资产所有权的方法和系统"。这一发明是上述第二项发明（WO2017195161A1）所定义技术的逻辑扩展，其使计算机软件能够在启动之前检查用户操作此软件的权利。

这三项专利在进入欧洲后均获得了专利权，这证明了 nChain 在区块链数字权利管理方面创新计划的价值。

区块链远不止是加密货币的渠道。凭借强大的密码学基础，区块链可以成为智能合约的底层技术，而智能合约又为自治（或半自治）组织的实现提供了可能性。但它目前处于起步阶段，许多技术和法律方面的挑战仍有待克服。nChain 研究团队已经关注了其中一些挑战以便找到解决方案。nChain 的专利申请"基于区块链的智能合约的注册及自动化管理的方法" WO2017145019A1 提出了一种智能合约解决方案。它描述了一种在计算机上实现的存储智能合约以及广播交易的方法。被广播的交易包含至少一个 UTXO 以及带合约存储位置的元数据。该交易在更新及启动智能合约时会根据合约旧的键值产生一个新键值以及包含新键值、合约地址和合约哈希值的脚本，并给脚本支付一定代币。专利用原理图和数据详细解释了元数据如何存储智能合约的哈希值，如何实现包含数据库、索引和搜索浏览器的存储池，以及智能合约的安全机制。

在这项专利申请中，nChain 展示了如何创建智能合约，使其具有"现实世界"中合约的两种常见行为——续签现有合约或合同期满自动续约。上述 nChain 专利申请中的技术可将合约和续约/取消选项构建成一个区块链交易序列，无需再对单独的许可证数据库进行管理，从而提升了自动续约的效率和自动化管理的水平。目前该专利在欧洲已授权。

区块链的计算能力一直是制约区块链发展的重要因素之一，例如对于比特币的应用：比特币的脚本语言中可用的指令集十分有限，这些限制可以有效保护网络节点免受分布式拒绝服务攻击（DDoS），确保对任意脚本进行充分而有力的测试。然而，这些限制也束缚了网络执行复杂功能的能力。这些复杂功能支持由区块链保护的其他服务，不仅仅是加密货币传输。为了解决这一问题，nChain 提交了一件 PCT 国际申请，公开号为 WO2017145006A1，在该申请中，nChain 展示了如何通过让区块链充当通用图灵机中的纸带，而外部链下计算代理则协调由区块链保护的复杂应用行为，从而使区块链网络不受计算限制。

6.5.6 发明人分析

nChain 在全球拥有约 60 人的研发团队，其区块链专利申请主要涉及五位发明人，发明人具体情况参见图 6-5-4。

发明人	申请量/项
Craig Steven Wright	28
Stephane Savanah	27
Stephane Vincent	4
Gavin Allen	4
Ying Chan	1

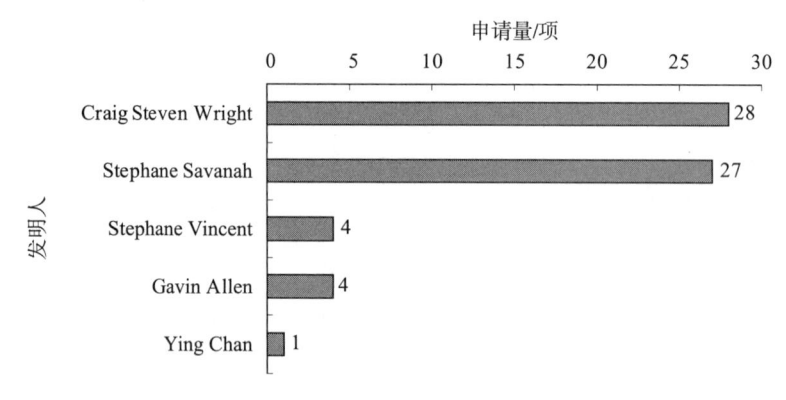

图 6-5-4 nChain 重要发明人排名

排名前两位的发明人 Craig Steven Wright 和 Stephane Savanah 作为发明人参与了专利申请的绝大部分。在 nChain 的 36 项专利申请中，二人作为分明人的专利申请分别为 28 项与 27 项，其中有 26 项专利申请为二人合作发明，表明二人在区块链技术研究方面合作非常密切。

nChain 的首席科学家澳大利亚人 Craig Steven Wright 曾自称为比特币之父"中本聪"本人，但其身份受到质疑，该身份也一直未得到证实。目前已公开的 Craig Steven Wright 所发明的 28 项专利申请中，主要涉及支撑技术的数据层和合约层，应用场景主要为货币支付，具体涉及提高交易的安全性以及数字权属管理和智能合约，这也是与 nChain 致力于比特币的研究相关联。

另外，Stephane Vincent 作为发明人有 4 项专利申请，均涉及网络接入安全技术。

Craig Steven Wright 以及 Stephane Savanah 在区块链的数据层和合约层均有较强的研究实力，这也是区块链技术的重点研究领域，而 nChain 的其他发明人主要研究方向集中在数据层。

6.5.7 专利布局策略分析

nChain 的区块链专利申请始于 2016 年并于 2017 年开始迅猛增长。nChain 的区块链专利申请总量不多,但是其 PCT 国际申请量位居首位,并且已有部分专利进入了全球多个国家或地区,全球化布局意图较为明显。在技术方面,nChain 的专利主要涉及数据层和合约层技术,这也是当前区块链研发的热点。在应用方面,nChain 的区块链专利申请主要聚焦于金融货币且申请了较多金融货币分支的基础专利及竞争性专利,从而形成组合式专利布局,这也与其致力于比特币发展的企业目标相匹配。在发明人方面,以 Craig Steven Wright 以及 Stephane Savana 联合作为发明人的区块链专利申请量占比较高,二人属于 nChain 区块链研发团队的核心人员。

6.6　IBM 专利布局分析

IBM 在区块链领域的专利申请量排名位居全球第五位。下面对 IBM 的区块链专利布局进行分析。

6.6.1　公司概况

IBM 成立于 1911 年,是全球最大的信息技术和业务解决方案提供商[1]。

早在 2014 年,IBM 就开始筹备 Open Blockchain 区块链项目,直到 2016 年,Open Blockchain 的框架才基本成型,随后,IBM 把所有源代码卖给了 Linux 基金会的 Hyperledger 项目,成就了今天人们所熟悉的超级账本。如今,已有三十多家中国企业加入了超级账本会员,其中包括华为和万达集团、杭州云象网络、杭州趣链等。区块链最广为人知的应用就是在金融领域,IBM 的云生态系统正在助力区块链创业公司、金融科技公司、软件开发及供应商更好地进行区块链解决方案的开发和设计,并在纽约、多伦多、旧金山、伦敦、尼斯、东京、新加坡、奥斯汀和墨尔本设立了九个工作间"Bluemix Garage"。2017 年 7 月,纽约 Soho 地区的 Bluemix Garage 已经将业务扩展至对区块链服务的支持。在食品安全方面,IBM 与沃尔玛百货有限公司和清华大学的合作在 2017 年 10 月就已经展开了,它们利用区块链解决方案来对中国市场里的猪肉进行了从农场到货架的整个供应链的追踪。此外,IBM 的区块链布局还渗透到医疗保健、证券交易所市场交易流程中去,甚至与政府机构在学历认证、医疗数据管理以及特殊药品管控等方面也建立了区块链技术合作。2017 年 12 月 14 日,IBM 与沃尔玛百货有限公司、京东、清华大学电子商务交易技术国家工程实验室共同宣布成立中国首个安全食品区块链溯源联盟,这一互联网巨头和顶级学术机构的合作引起了人们的广泛关注。2018 年 3 月,IBM 对外宣称其已拥有至少 400 家与区块链技术相关的客户,涉及的领域有金融、银行、制造、物流、保险、健康、零售、能源等。在这些客户中,有 63 家与 IBM 进行了特定主题的合作:包括 25 家全球贸易公司、14 家食品公司、14 家全球支付业务公司,其中包含了大量全球知名企业,如汇丰银行,瑞银集团、达信、马士

---

[1] IBM(IT 公司-国际商业机器公司)[EB/OL].(2018-10-29)[2018-12-14]. https://baike.baidu.com/item/ibm/9190.

基、沃尔玛百货有限公司等。❶

与很多发币的公链躲避监管不同，IBM 非但没有躲避监管，还积极地寻求与政府方面的合作。IBM 曾在 2017 年初发布了一份题目为《构建政府信任》的 IBM 区块链研究报告，该报告表示：2017 年绝大多数政府人员都将追求区块链开发。这份调查涵盖了来自 16 个国家的 200 位政府领导，报告认为到 2018 年，90% 的政府组织计划投资区块链技术。于是，在进行了广泛的市场调查后，IBM 开始与政府展开积极合作。现已经达成合作的伙伴有：肯尼亚、英国、沙特阿拉伯、加纳、美国特拉华州、澳大利亚、新加坡等。❷

6.6.2　时间布局

IBM 共有 51 项 56 件区块链相关的专利申请。图 6-6-1 示出了 IBM 在区块链领域专利申请的历年分布。IBM 在 2015 年即开始了专利布局，相比其他主要申请人来说更早进行了专利申请。在 2016 年，其专利申请量迅猛增长。由于部分专利申请尚未公开，IBM 在 2017~2018 年的专利申请量较低。

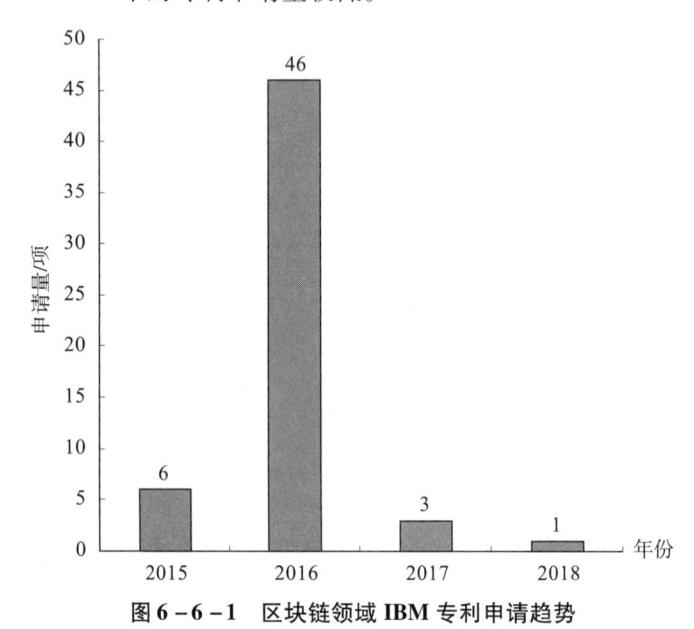

图 6-6-1　区块链领域 IBM 专利申请趋势

6.6.3　区域布局

本小节对 IBM 的区块链专利申请区域进行分析。IBM 的区块链专利布局区域如图 6-6-2 所示，以美国本土为主，其有 51 件专利申请布局在美国；在中国、德国、日本和世界知识产权组织有少量布局。这表明在区块链领域，IBM 主攻美国本土市场，

---

❶ 信链社. 区块链解决方案遍地开花！IBM 在下一盘大棋……［EB/OL］.（2017-12-15）［2018-12-14］. http：//www.sohu.com/a/210712248_100082824.

❷ 嘴遁，三言财经. IBM 区块链布局扫描：已推出 10 余个应用平台，拥有超 400 个合作伙伴［EB/OL］.（2018-09-14）［2018-12-14］. http：//www.sohu.com/a/253644240_100117963.

其在全球其他国家或地区或组织进行专利布局的意图并不明显。

图 6-6-2　区块链领域 IBM 专利申请区域分布

6.6.4　技术构成

本小节对 IBM 的区块链专利申请技术构成进行分析。图 6-6-3 示出了 IBM 在支撑技术和技术应用各分支的专利申请布局情况。IBM 的申请在支撑技术方面主要集中在数据层（16 项），同时在共识层（6 项）和合约层（5 项）也有少量涉及；在技术应用方面主要集中在金融货币（15 项），在存在性证明方面也有一定涉及（8 项），在数据权属、共享数据、价值交换等方面有少量涉及，分别是 4 项、2 项、2 项。可以看出，IBM 的专利申请量虽然不是最多的，但是布局范围是非常广泛的，各个方面都有一定的涉及。

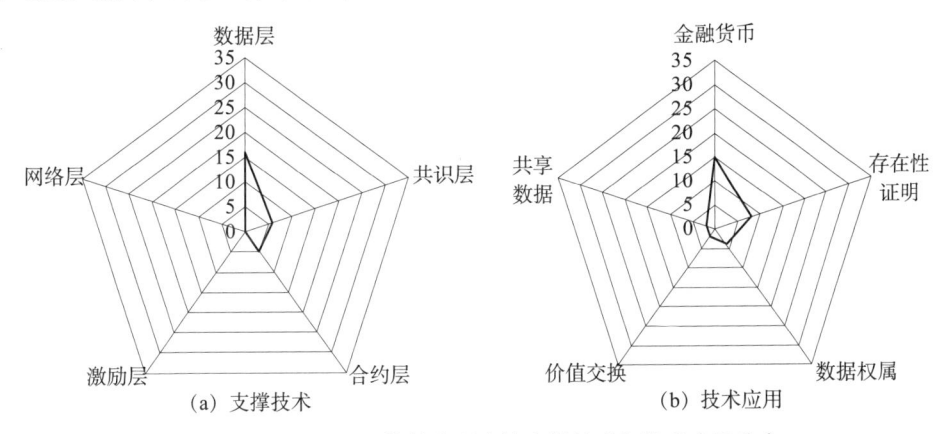

图 6-6-3　IBM 区块链专利申请支撑技术与技术应用分布

注：图中数字表示申请量，单位为项。

6.6.5　重要专利分析

IBM 在区块链上的专利申请紧紧围绕公司的业务开展。在航运业务上，IBM 与日本航运巨头 Mitsui OSK Lines（MOL）展开合作，打算通过 Hyperledger Fabric 区块链框架，就区块链对于加强安全性和减少跨境贸易交易所需的时间以及在处理相关文件和管理成本之间的有效性进行概念验证。2016 年 12 月 19 日，IBM 提出了使用本地和远程区块链的船只追踪方法（公开号 US2018174097A1），在本地区块链上存储船只的位置，将所述船只的位置发送给远程区块链，然后将存储在本地区块链中的船只位置与远程区块链网络中的船只位置进行比较，判断远程区块链和本地区块链中的船只位置是否一致。

在食品药品安全方面，IBM 于 2016 年 10 月 27 日提交了使用虚拟账本检测药物欺诈和药物滥用的方法和系统（US2018121620A1），于 2016 年 12 月 15 日提出了基于区块链的食品保存期限管理方法和系统（US2018174094A1），在区块链的一个或多个块上基于哈希创建一个唯一的标识产品生产日期的标识码。

在办公业务方面，IBM 于 2016 年 12 月 16 日提交了区块链上的共享文档编辑方法和系统（US2018173719A1），当共享文件正在编辑时，识别共享文档的一个或多个更改，将所述一个或多个更改使用一个或多个公钥，将所述一个或多个更改加入到区块链上。在审计方面，IBM 于 2016 年 11 月 30 日提交了区块链检查点和已证实的检查点（US2018150799A1），随后，又于 2017 年 2 月 2 日提交了审计验证区块链检查点（US2018150835A1），允许第三方机构认可和核实账本具有完整性、公认的起始状态、在特定的开始时间之后及时的不变的资产。

在增加区块链安全性方面，IBM 于 2016 年 11 月 14 日提交了去中心化的不可变存储区块链配置（US2018176229A1），通过区块链的虚拟副本访问。IBM 于 2016 年 12 月 9 日提交了使用内部锁的区块链（US2018165476A1）。

6.6.6 发明人分析

一个区块链项目要取得商业上的成功，不仅需要过硬的技术，还要顾及很多其他方面的因素，需要很多其他方面的人才。IBM 在全球从事区块链相关工作的人已超过 1600 名。IBM 共有 108 位发明人提出过区块链相关专利申请，研发基础非常广泛，其中提出过 3 项以上专利申请的有 12 位，具体如图 6-6-4。

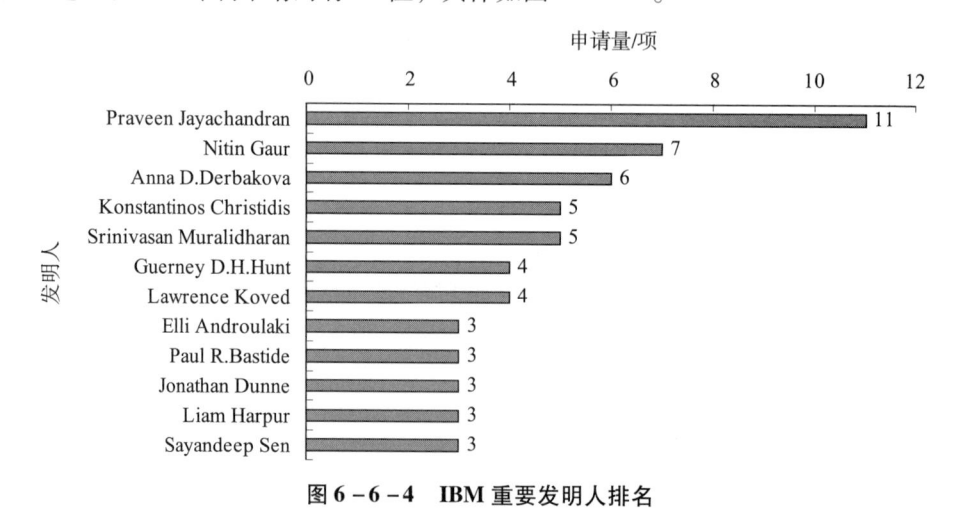

图 6-6-4 IBM 重要发明人排名

发明人	申请量/项
Praveen Jayachandran	11
Nitin Gaur	7
Anna D.Derbakova	6
Konstantinos Christidis	5
Srinivasan Muralidharan	5
Guerney D.H.Hunt	4
Lawrence Koved	4
Elli Androulaki	3
Paul R.Bastide	3
Jonathan Dunne	3
Liam Harpur	3
Sayandeep Sen	3

IBM 的大部分专利申请均采用合作发明的方式，每件专利申请的发明人不止一人，可见其采用团队研发的形式进行区块链技术挖掘。

6.6.7 专利布局策略分析

IBM 的区块链专利申请始于 2015 年并于 2016 年开始迅猛增长。IBM 的区块链专利申请总量位居全球前列，但是其 PCT 国际申请量较少，主要申请集中在美国本土，全球化布局态势稍弱。在技术方面，IBM 的专利主要涉及数据层，在应用方面，IBM 的区块链专利申请主要聚焦于金融货币。IBM 在区块链上的专利申请紧紧围绕公司的业务开展，在航运业务、食品药品安全、办公业务、增加区块链安全性等方面均提交了相关专利申请，同时在智能合约、加密保护、交易信息追踪、名誉追踪等方面也进行了一定量的专利布局。IBM 所提交的专利申请主要集中在数据层和金融货币，但其他方面涉及的主题较为分散。

在发明人方面，其发明人分布较为分散，共有 108 位发明人提出过区块链专利申请。另外，相比于其他区块链创新主体几十人规模的研发团队，IBM 区块链研发人员超过 1600 名，研发基础非常雄厚，足以支撑其在区块链领域的专利布局策略。

综合上述分析，IBM 采用了地毯式专利布局策略，专利申请量大，技术主题较为分散，在区块链可能的应用上均提交了专利申请，以确保自身在未来的激烈竞争中立于不败之地。

6.7 电子科技大学专利布局分析

电子科技大学在全球的专利申请量排名位居全球第六位。下面对电子科技大学的区块链专利布局进行分析。

6.7.1 学校概述

电子科技大学（University of Electronic Science and Technology of China），简称电子科大，坐落于有"天府之国"之称的成都市，由中华人民共和国教育部直属，位列"211 工程""985 工程"，入选国家"2011 计划""111 计划""卓越工程师教育培养计划"，系两电一邮成员，设有研究生院，是一所以电子信息科学技术为核心的全国重点大学，被誉为"中国电子类院校的排头兵"❶。

2016 年，以电子信息在业界闻名的电子科技大学，在西南地区率先成立区块链研究与应用实验室，以区块链私链和联盟链作为目标，对区块链底层技术展开攻关，就不同的应用场景进行定制化开发。据实验室负责人陈虹博士介绍，其针对区块链的研发产品包括三个层级的架构：一是核心级，是以区块为单位的链状数据块结构，即单纯的数据链（数据以区块的方式永久储存，区块按时间顺序逐个先后生成并连接成链）；二是扩展级，在数据链的基础上增加了智能合约❷的支持，这个层级的架构能够

---

❶ 电子科技大学［EB/OL］.（2018-12-09）［2018-12-14］. https：//baike.baidu.com/item/%E7%94%B5%E5%AD%90%E7%A7%91%E6%8A%80%E5%A4%A7%E5%AD%A6.

❷ 智能合约指，合约条款嵌入到硬件和软件中，写入计算机可读的代码中，以数字形式定义承诺。

支撑各种典型行业的应用;三是全级,真正和实际应用结合的全区块链技术架构。实验室的研发团队自2016年9月开始展开该项研究,数名研发人员历时近数个月的攻坚,终于完成第一层级的区块链产品,而第一层级是构建上层应用的底层基础组件。三个层级的产品全部完成后,将形成一个完整的区块链架构。

此外,中国西南区块链创新发展联盟于2017年6月14日在成都成立,其旨在3~5年内将成都打造成为中国区块链研究和发展的中心。该联盟将建立区块链创新发展服务基地,提供创业孵化、业务对接、公司投融资等一条龙服务,促进区块链产业的发展并为区块链相关企业落户成都开辟中国西南市场提供便利。该联盟已同电子科技大学达成合作意向,计划通过定向培养、企业培训等形式提供区块链专业人才,打破区块链高端人才被国外垄断的现状,为国内区块链企业的发展提供人才保障。

6.7.2 时间布局

本小节对电子科技大学的区块链专利申请时间进行分析。电子科技大学的专利申请时间分布如图6-7-1所示,其从2015年起就进行了区块链技术相关的专利申请,对区块链的研发时间相对较早。在2016年申请了少量专利后,电子科技大学在2017年于区块链领域的专利申请迅速增长,达到了35项。

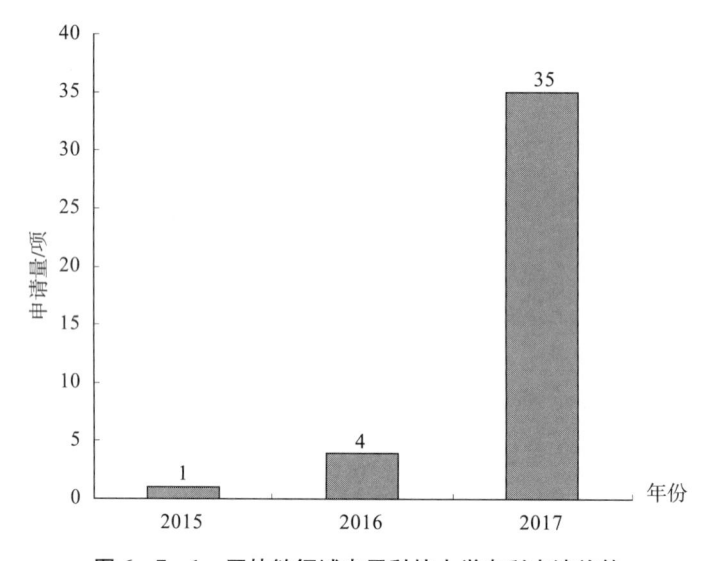

图6-7-1 区块链领域电子科技大学专利申请趋势

6.7.3 区域布局

电子科技大学的所有区块链专利申请均为在中国本土的申请,其并未在国外地区进行专利申请。这一方面表明电子科技大学对本土区块链市场非常重视,另一方面也说明电子科技大学并未开展全球范围内的区块链专利布局,这也是与电子科技大学的属性相关的,其作为一所科研院校,通过专利布局来保障商业应用的需求不高,因此并未在海外进行专利布局。相关部门应对其就核心专利海外布局策略加强指导。

6.7.4 技术构成

电子科技大学以 40 项的专利申请位居区块链全球申请人申请量排行榜第四的位置。从图 6-7-2 中可以看出，电子科技大学的申请偏向区块链的技术应用，在技术应用方面主要涉及存在性证明（15 项）和共享数据（7 项），价值交换、数据权属和金融货币也各有 3 项专利申请。在支撑技术方面，主要涉及数据层（12 项）和合约层（7 项），有 2 项涉及共识层。

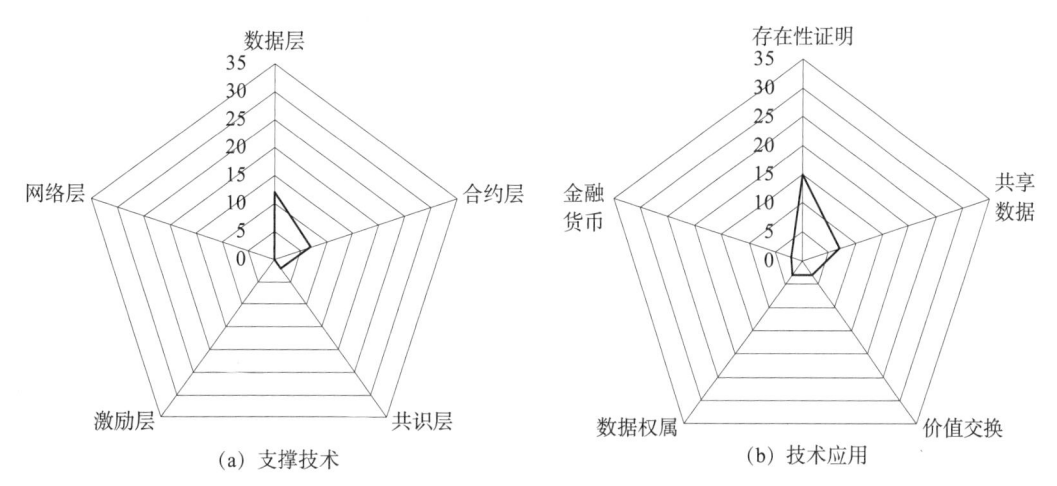

(a) 支撑技术　　(b) 技术应用

图 6-7-2　电子科技大学区块链专利申请支撑技术与技术应用分布

注：图中数字表示申请量，单位为项。

6.7.5 重要专利分析

在电子科技大学提出的众多专利申请中，本报告筛选了 4 件涉及区块链的重要专利申请，其中，基于区块链的数据访问控制系统（公开号 CN107070938A）涉及区块链技术相关问题，另外 3 件为：基于区块链技术的数字版权管理方法（公开号 CN107171785A），基于主权区块链的供应链管理方法（公开号 CN107103480A），基于私有链的红酒防伪溯源系统（公开号 CN107786546A），分别涉及版权保护、供应链和物流、防伪溯源三个应用领域。这四件申请均是向中国国家知识产权局提出的并均已公开，已经进入实审生效阶段。下面对电子科技大学的几项重要专利进行分析介绍。

在区块链技术方面，为了解决因使用中心化部署方式导致用户资料容易被窃取的技术问题，电子科技大学提出了一种基于区块链的数据访问控制系统（公开号 CN107070938A），该系统通过结合密码技术的机密性、完整性和不可抵赖特性以及区块链技术的分布式总账不可更改特性开发一个安全可扩展的访问控制系统，以促进敏感数据的安全和充分共享，结合区块链的去中心化存储的总账系统可以实现一个安全、可扩展、分布式、不可抵赖的访问控制系统。

在数字版权保护应用方面，电子科大提出了一种基于区块链技术的数字版权管理方法（公开号 CN107171785A），其旨在解决由于传统的数字版权管理系统以中心化的方式存储数字版权而导致的如果管理中心出现问题就会使各个环节无法进行进而导致用户体验效果差的问题，其通过区块链的分布式总账系统记录数据，利用其不可修改和永不宕机的特性极大地保护了数字版权的拥有方、发行方和使用方的权益，同时结合密码学相关技术，可以实现在特殊情况下仍然可以保证数字作品和相关权益的安全。

在供应链和物流应用方面，电子科大的专利申请（公开号 CN107103480A）提供了一种基于主权区块链的供应链管理方法，该方法基于国家主权和区块链技术建立了主权区块链，并在主权区块链上建立供应链管理平台，在供应链管理平台上建立企业供应链的区块链总账服务平台、行业区块链商品认证中心以及商品溯源防伪认证中心。通过采集供应链相关信息并建立成区块链保存在主权区块链平台上，从而将供应链中各个分散的环节联系起来并通过区块链实现供应链中的保存数据、共享和认证。

在防伪溯源应用方面，为了解决传统的中心化记录存储技术安全性低，电子标签和读写识别设备也无法避免假冒仿制的问题，电子科大提出了一种新型的基于私有链的红酒防伪溯源系统（公开号 CN107786546A），该系统提供的基于私有链的红酒防伪溯源系统能够做到通过多个终端共享清单信息实现去中心化，在保证安全性的同时保证高运算效率，将各级经销商、生产商的信息隐藏于二维码中，客户端通过扫描来查询信息，且可对仿造二维码的查询用户进行溯源，保证隐私性。红酒防伪溯源系统总流程图如图 6-7-3 所示。

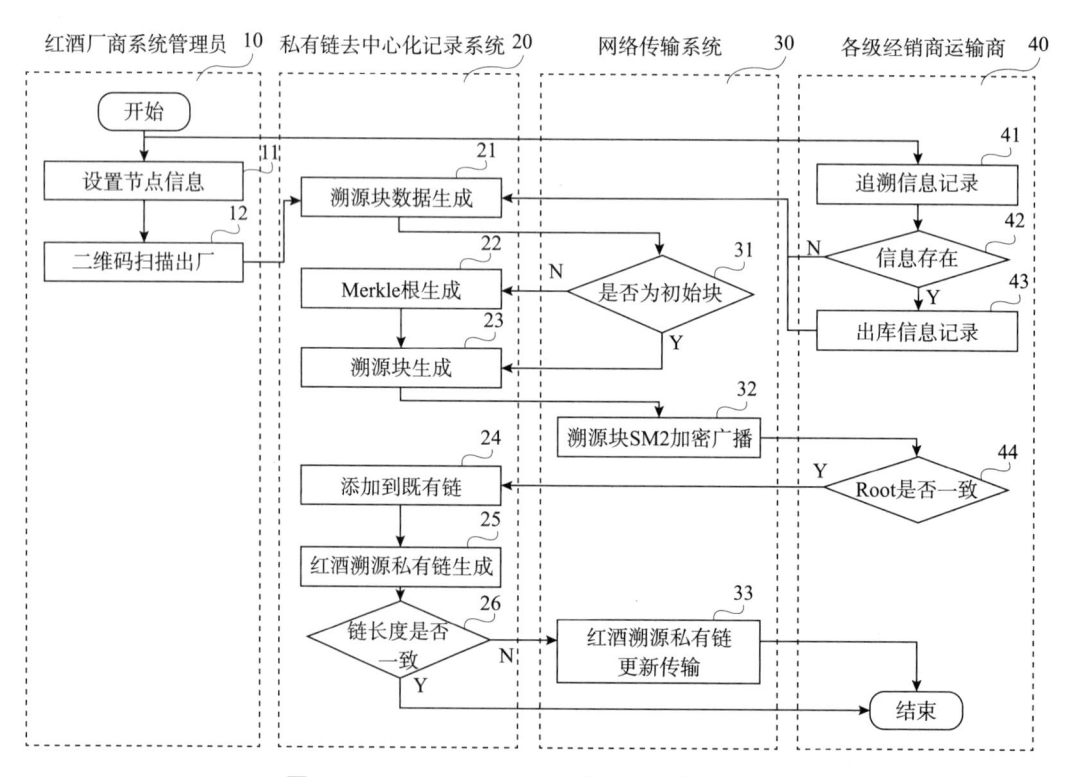

图 6-7-3　CN107786546A 专利申请说明书附图

6.7.6 发明人分析

本小节对电子科技大学的区块链专利申请发明人进行分析。电子科技大学区块链专利申请的主要分明人分布情况如图6-7-4所示。

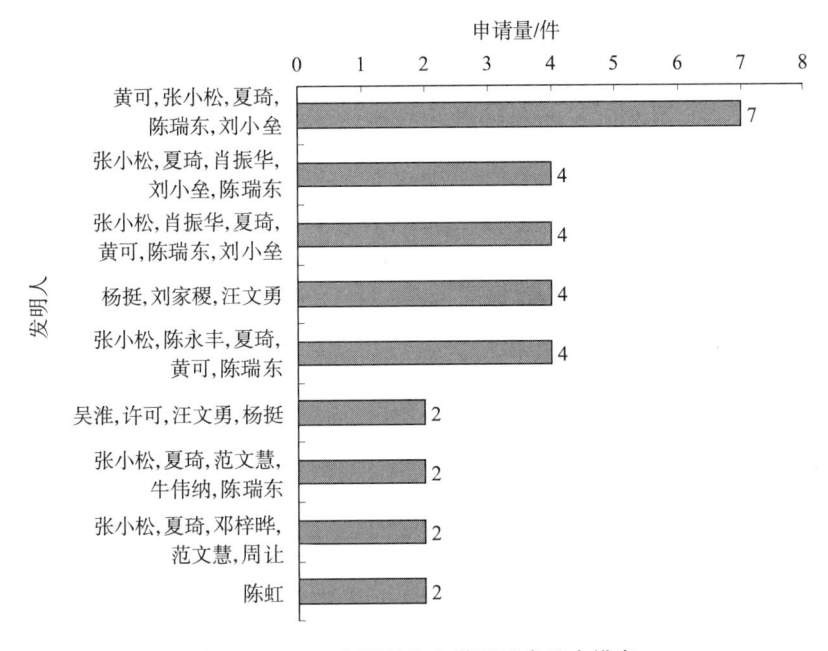

图6-7-4 电子科技大学重要发明人排名

以张小松作为发明人的专利申请共29[1]件，占比电子科技大学区块链专利申请量的72.5%。下面主要对发明人张小松及其团队进行分析。

张小松为电子科技大学网络空间安全研究中心主任，教育部长江学者特聘教授，长期致力于网络与信息安全、计算机应用技术的研究和人才培养，重点围绕网络空间安全中的IT基础架构、大数据安全及应用、嵌入式平台安全、网络攻击检测与软件脆弱性等关键领域和支撑技术开展创新研究和技术攻关，其所领导的电子科技大学网络空间安全研究中心集中学校资源对区块链技术进行深入研究，为未来和产业的结合打下坚实基础。通过研究所的发展，以后还将形成专门的专著以及区块链方面的行业标准、联合实验室、产业联盟等，推动区块链技术获得持续稳定的发展[2]。

以张小松作为发明人的专利全部为多人联合发明，这表明张小松教授带领了一支实力强劲的科研团队进行区块链技术的研发，其中合作较多的发明人包括夏琦、黄可、陈瑞东。

张小松教授团队在支撑技术方面的研究主要集中在数据层和合约层，这也是区块链的主流研究方向。而在技术应用上，张小松教授团队的研发方向涵盖了所有的技术

---

[1] 图中总计为23，因有些量较少，未体现在排名图中。
[2] 电子科技大学计算机科学与工程学院.电子科技大学计算机科学与工程学院导师介绍：张小松[EB/OL].（2015-07-27）[2018-12-14]. http：//yz.kaoyan.com/uestc/daoshi/55b6447b199e3.html.

应用分支。

6.7.7 专利布局策略分析

电子科技大学的区块链专利申请始于 2015 年并于 2017 年开始迅猛增长。电子科技大学的区块链专利申请总量位居全球前列，但是其申请全部为在中国本地进行的申请，并未开展全球化的专利布局。因此，电子科技大学需进一步考虑如何将区块链学术研究与商业应用关联起来，以更好地进行专利布局。在技术方面，电子科技大学的专利主要涉及数据层，这也是当前区块链研发的热点。在应用方面，电子科技大学的区块链专利申请主要聚焦于存在性证明，与国外企业的研发热点有所区别。在发明人方面，张小松教授所带领的团队为主要的研发力量。

6.8 重点申请人专利布局策略比较

前文对区块链领域五个重要的申请人阿里巴巴、万事达卡、nChain、IBM、电子科技大学进行了专利布局策略分析。

对五位申请人在时间上的专利布局情况进行综合分析，如图 6-8-1 所示。从图中可以看出，五位申请人的专利主要集中在 2016~2017 年进行申请。其中，万事达卡以及 IBM 对区块链技术的专利布局更早一些，于 2015 年就进行了一定数量的专利申请，且专利大批量申请的时间（2016 年）要比其他申请人早一年。阿里巴巴、nChain 以及电子科技大学主要于 2017 年开始大批量的区块链专利申请。

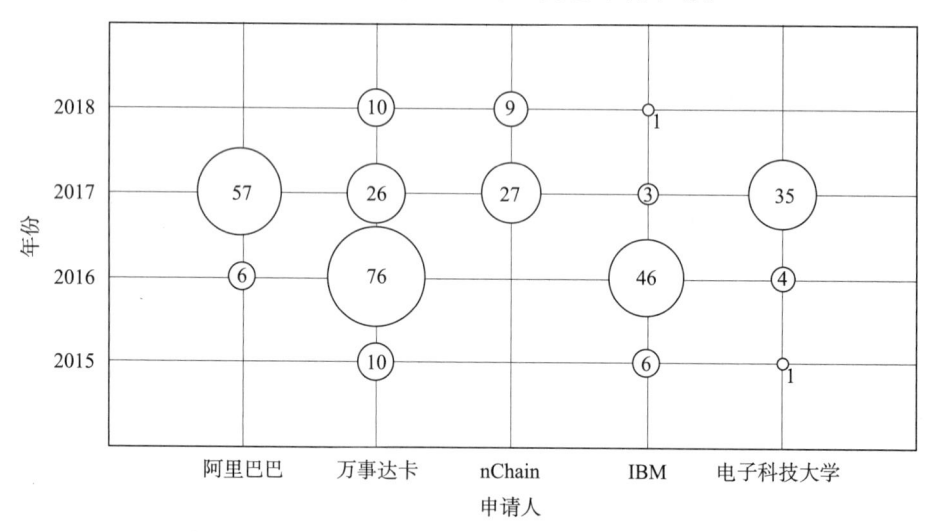

图 6-8-1 区块链领域主要专利申请人申请时间分布

注：图中数据单位为件。

对五位申请人在区域上的专利布局情况进行综合分析，如图 6-8-2 所示。

从图 6-8-2 中可以看出，由于重要申请人主要来自中国和美国，因此在中美两国的专利布局量明显要多于其他国家或地区或组织。阿里巴巴、万事达卡以及 nChain

均申请了较多的 PCT 国际申请，表明这三家企业积极对区块链技术进行全球专利布局。而电子科技大学和 IBM 则更侧重于在本土进行专利申请。国内申请人普遍在海外进行专利布局较少，相关部门应对国内申请人如何就核心专利在海外布局加强指导，以提升国内创新主体在全球区块链领域的竞争力。另外，万事达卡有 10 件专利申请进入了中国，相关企业需要进行关注。

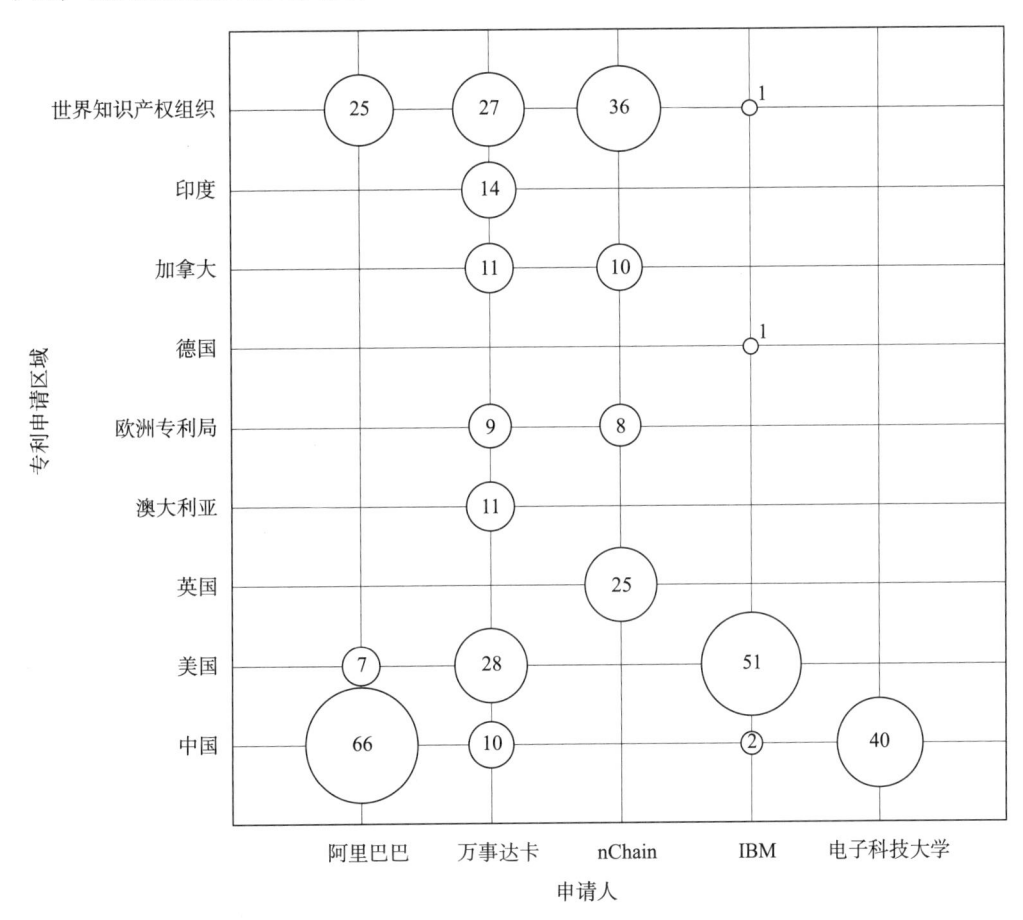

图 6-8-2　区块链领域主要申请人专利申请区域分布

注：图中数据单位为件。

对五位申请人在支撑技术上的布局情况进行综合分析，如图 6-8-3 所示。从图中可以看出，数据层为各申请人在专利申请中所涉及的主要支撑技术分支，这也与当前区块链技术的发展相符。另一方面，nChain、IBM、电子科技大学在合约层的技术分支上也有一定量的专利申请。而阿里巴巴、IBM 也进行了共识层技术上的专利申请。各申请人在网络层和激励层所申请的专利数量有限。

对五位申请人在技术应用上的布局情况进行综合分析，如图 6-8-4 所示。从图中可以看出，在技术应用上，不同申请人各有侧重。

万事达卡、nChain 以及 IBM 更侧重于在金融货币上的应用，在该应用分支上的专利申请数量较多。这一方面是由于万事达卡为金融领域的企业，而 nChain 致力于比特币的推广，因此金融货币是二者研发的重点之一。另一方面，国外在区块链金融货币上的政策较为宽松，这也激发了国外企业在金融货币方面的研发热情。

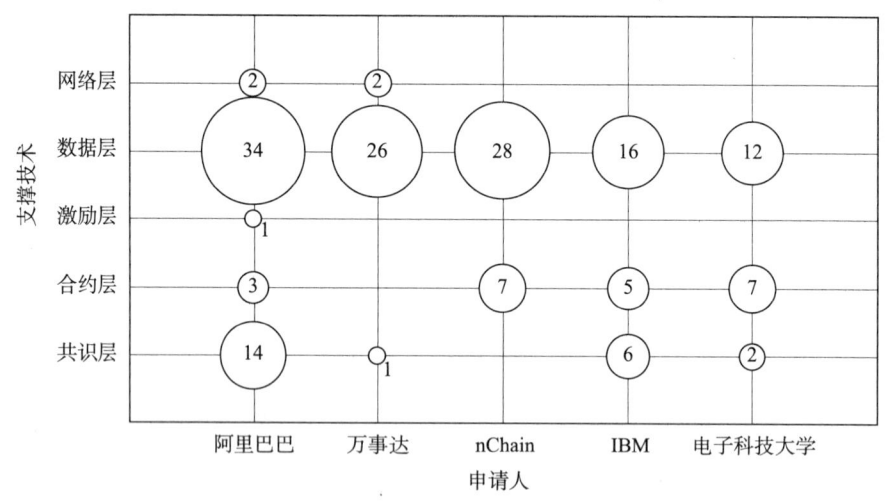

图 6-8-3　主要专利申请人区块链申请支撑技术分布

注：图中数据单位为件。

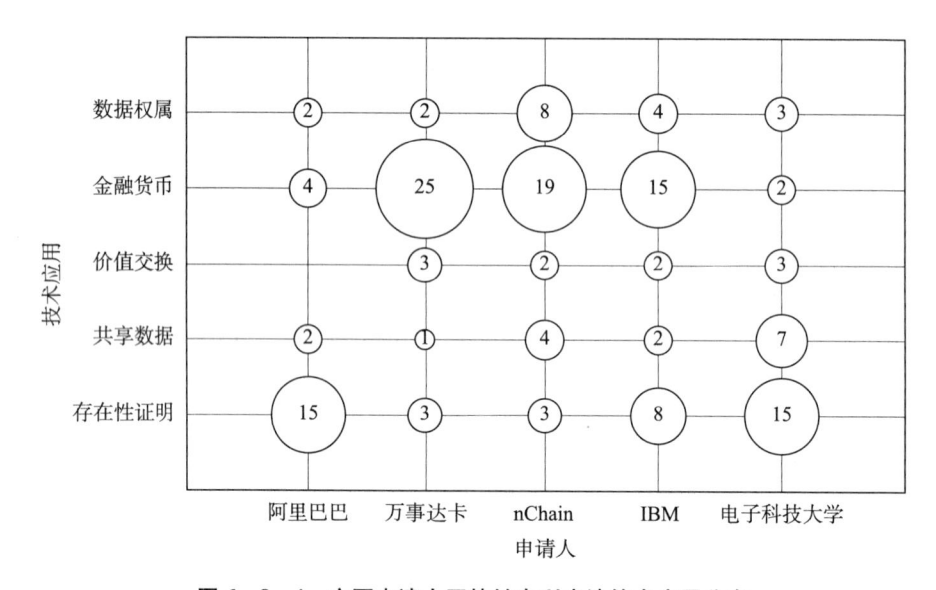

图 6-8-4　主要申请人区块链专利申请技术应用分布

注：图中数据单位为件。

阿里巴巴以及电子科技大学更侧重于存在性证明的应用场景，在该应用分支申请了较多数量的专利，这也体现了国内在区块链技术上的研发热点。除此之外，各主要申请人的专利申请在其他应用分支上也均有所涉及。

通过上述分析可以发现，五位重要申请人在区块链专利布局方面，既有相似之处，又有各自的特点。国内企业在进行区块链专利布局时，要重点关注以上主要申请人的动态。

6.9 本章小结

区块链行业现处于群雄逐鹿的阶段，暂未形成具有行业垄断力的主导企业，但申请量处于领先的几个申请人均围绕自身核心业务和拓展市场的需要进行了有针对性的专利布局。

从宏观上来讲，各主要申请人在支撑技术和技术应用方面均展开了全面布局，申请了多项涉及底层技术的核心专利以及对应的支撑性专利。从中观的角度来说，在重视数据层研究的基础上，各主要申请人的布局策略各有所侧重，例如万事达卡、nChain等国外申请人更侧重金融领域应用的专利布局，而阿里巴巴、电子科技大学则侧重于存在性证明领域应用的专利布局。从微观的角度来说，万事达卡、nChain着重于数字货币支付的相关研究，布局了一系列竞争性专利，而阿里巴巴和电子科技大学更倾向于防伪溯源等内容的专利申请以加强自身在该领域的竞争力。

作为全球申请量居首的阿里巴巴，其起步并不早，但是跟进速度非常快，主要采取"地毯式策略"进行专利布局，专利申请量大，覆盖面较广，基础专利和应用性专利均有所涉及，意图投入成本在该领域全面布局。尤其是在与其业务密切联系的存在性证明技术应用上，阿里巴巴申请了一系列通过不同手段来解决产品防伪、溯源问题的专利，另外，在数字身份认证方面，其针对认证的各个流程均进行了专利布局，以期在上述分支构建专利壁垒，在支撑自身业务运行的同时也抑制竞争对手在该技术上的应用。

申请量排名全球第二的万事达卡也采取类似的布局策略，但是相较于阿里巴巴，其更注重与自身业务相匹配的金融货币应用的专利布局。

nChain的区块链专利申请全球化布局意图较为明显。nChain的区块链专利申请主要聚焦于金融货币，且申请了较多金融货币分支的基础专利及竞争性专利，从而形成组合式专利布局策略，这也与其致力于比特币发展的企业目标相匹配。

IBM在区块链研发领域也占据了一席之地，其区块链的专利布局开始于2015年，也采取地毯式布局策略，专利申请量大，在不确定哪个具体技术会占领市场的情况下，其专利申请的技术主题较为分散，于大量区块链可能的应用上作了相当数量的布局以确保自身在未来的激烈竞争中立于不败之地。

另外，作为全球申请量排名前十的唯一一家科研院所，电子科技大学在区块链领域也积极作为。依托于与成都积微物联电子商务有限公司等多家企业共同发起的区块链研究所，电子科技大学致力于区块链底层架构的研究，在各应用分支均有一定数量的专利申请。

相较于国外申请人主要关注金融货币应用的做法，国内的主要申请人更倾向于在存在性证明的应用分支进行区块链专利布局，这与中国政府对于电子货币的政策尚不明朗相关。另外，国内申请人的区块链专利布局普遍存在重国内、轻国外的问题，例如电子科技大学的所有申请均仅在国内进行申请而未进行任何的海外专利布局。这需要国内申请人进行深入分析来确定如何制定全球化的区块链专利布局策略。

第 7 章 结论及建议

7.1 结 论

（1）区块链技术新，应用广，研发热点集中，缺乏行业领头者，中美两强布局策略迥异

全球区块链专利申请起步于 2011 年，2016 年开始爆发式增长，截至 2018 年 8 月 6 日达到 2688 项。区块链技术的申请人数量和申请量几乎成正比增长，呈现典型的新兴技术萌芽发展态势。在区块链五大支撑技术中，数据层、共识层和合约层是研究热点，网络层和激励层研究较少。技术应用布局始于单一的虚拟金融货币并逐渐向多元化实体领域发展，其中存在性证明凸显布局优势，后发势头强劲；价值交换收获关注较少，具有较大发展潜力。中美两国是重要的市场和技术原创地，中国偏重于国内布局，美国则多边布局态势明显，考虑到美国申请有一部分可能尚未公开，美国实际申请量应大于目前统计到的申请量，两国之间申请量的差距应比目前统计的要小，但应不影响两者在全球的排名。区块链技术申请人分布较为分散，初创公司进入较多，没有明显专利壁垒以及行业领军企业。

（2）区块链支撑技术多个分支研发活跃，基础技术研究持续推进，针对关键问题已形成一批核心专利

自区块链技术提出以来，针对支撑技术的研究十分活跃，包括数据层的数据管理、加解密和区块数据技术，共识层的共识算法，合约层的智能合约技术在内的多项技术构成了区块链技术的关键技术。数据层的链式结构和共识层的共识算法预处理研究较少，具有很大研究空间，应用场景的日益丰富会进一步推动对支撑技术的不断深入研究。区块链应用领域多样性促进共识层技术快速发展，由单一共识向混合共识演进是共识层技术的发展趋势。智能合约应用场景越来越多，合约层受到广泛关注，相关申请量增长迅速，研发热点集中于合约的安全性问题，主要通过智能合约的部署、测试、执行调用和升级更新加以解决。针对业内非常关注的区块链的安全性和同步效率问题，相关方已探索解决方案并形成一批核心专利。

（3）区块链技术应用整体起步稍晚，应用场景脱虚向实、百花齐放，促进支撑技术进步创新

区块链技术应用方向的研究整体起步于 2013 年，前期以金融货币为主，呈现出一枝独秀的状态，而随着在应用领域的不断探索，数据权属和共享数据紧随其后迅速发展，到了 2014 年以后存在性证明成为后起之秀，年申请量增幅大于金融货币。金融货

币领域的应用日趋全面，支付、交易、清算仍为热点，匿名特性存在局限。中国研发主体愈加注重在存在性证明方向上的专利布局，防伪溯源、公证认证、医疗健康管理成为该方向的关注热点，共享数据进一步扩大区块链应用场景，推动区块链技术应用逐步向实体经济应用领域发展，与此同时，新应用领域的不断扩展也对支撑技术的发展有了更高的要求，倒逼支撑技术的研发投入，以适应发展需要。

（4）区块链技术是时下多个行业痛点的理想解决方案，应用前景广阔，但部分技术难题仍限制方案进一步落地，亟须寻求技术突破

当前包括金融业、数据权属、价值交换、共享数据和防伪溯源在内的各种行业在实际运转过程中存在种种问题，而区块链的去中心化、分布式、不可篡改、高透明和可追溯的特性对于解决上面领域中存在的问题有很大优势，区块链技术因此越来越受到人们的关注。可以预见，区块链将成为下一代互联网应用的技术设施，区块链技术必将在未来的应用中发挥越来越重要的作用。区块链以去中心化的方式集体维护一个可信数据库，提供了一种在不可信环境中进行信息与价值传递交换的机制，能够在跨境支付、保险、知识产权交易等领域提供信用保障。区块链技术采取分布式账本、哈希加密、共识机制等综合手段来管理数据的技术优势，能够在互联网数据权属领域存在的问题解决上发挥作用，与区块链技术的结合可以为数字身份认证和网络安全等领域提供可靠保障。区块链使加密数据用链式结构完整分布地存储在链上的节点当中，而多节点分布式记账需要获得51%的节点的认同才能进行数据的修改，使作恶成本过高，通过多方共同维护，可以降低造假牟利的空间，解决了终端消费者信任的问题，预期区块链可被应用到包括网约车、食品安全、地理标志溯源、艺术品溯源及跨境商品溯源等领域。相应的，由于区块链技术还存在"去中心化—安全性—可扩展'三元悖论'"、隐私保护、有害信息上链、智能合约漏洞、共识机制和私钥保护、51%算力攻击、密码学算法安全、上链信息无法修改等技术难题，如果想要更大范围的应用落地，仍需在技术实现方式上不断深耕，寻求重点技术突破点，提供更佳的解决方案。

（5）领先企业有计划有策略进行专利布局，提升市场竞争力

区块链行业现阶段属于群雄逐鹿的阶段，暂未形成具有行业垄断力的主导企业，但申请量处于领先的几位申请人均围绕自身核心业务和拓展市场的需要来选择布局层次和布局模式，以提升企业在市场中的竞争力。作为全球申请量居首的阿里巴巴，其主要采取"地毯式策略"进行专利布局，专利申请量大，覆盖面较广，基础专利和应用性专利均有所涉及，尤其是在与其业务密切联系的存在性证明技术应用上申请了一系列通过不同手段来解决产品防伪、溯源问题的专利，另外在数字身份认证方面针对认证的各个流程均进行了专利布局，以期在上述分支构建专利壁垒，在支撑自身业务运行的同时，抑制竞争对手在该技术上的应用。申请量排名全球第二的万事达卡以及IBM也采取类似的布局策略。另外，nChain、电子科技大学等申请人的布局策略更倾向于"组合式策略"，以各种结构和方式形成围绕核心专利的组合式专利布局。相较于国外申请人主要关注金融货币应用，国内的主要申请人更倾向于在存在性证明的应用分支进行区块链专利布局，这与中国政府对于电子货币的政策尚不明朗有关。另外，国

内申请人的区块链专利布局普遍存在重国内、轻国外的现象，例如电子科技大学没有进行任何的海外专利布局，这需要国内申请人进行深入分析来确定如何制订全球化的区块链专利布局策略。

7.2 建　议

7.2.1　发挥政府积极引导促进作用，鼓励技术创新和进步

区块链作为多技术融合的新兴技术，开拓信息和价值自由转移的"众证共识"互联网新时代，打破传统技术的常规理念，带来革命性技术和产业变革，但也具有发展刚起步而处于探索期、技术研究还需深入、技术研究主体分散、新创企业较多、无领军主导企业、缺乏统一标准、安全问题引发关注等特性。因此在其发展过程中要充分发挥政府积极引导和促进作用，鼓励技术创新和进步。

（1）政府明确区块链技术的定位，制定行业发展规划和扶持政策，促进行业高质快速发展

区块链技术获得了全球范围内的殷切期待，很多国家已将区块链技术提到战略高度，一些国家甚至将区块链列为国家战略目标。中国《"十三五"国家信息化规划》把区块链作为一项重点前沿技术，提出了需要加强区块链等新技术的创新、试验和应用，以抢占新一代信息技术主导权。在全球加紧研究推广区块链技术的紧迫环境下，中国已经明确了区块链技术的定位，在此基础上需要进一步出台具体的发展规划，确定行业发展方向，推动区块链行业高质快速发展。

政府部门的产业政策对行业发展起着重要的引导作用。应通过出台政策，设立专项基金，引入外资和民间资本，扶持小微创新型企业等方式，加强对于拥有自主知识产权的国内企业的支持力度，借鉴"互联网"和"硅时代"的历史发展经验，扶持、促进、引导本国企业深度介入产业发展、技术研发和标准制定。应加快区块链在政府公共服务、公益慈善等非营利性行业的试点应用，鼓励政府部门、企事业单位作为区块链的主要节点参与网络运营，加速形成以点带面、点面结合的示范推广效应，解决新兴产业发展初期无法实现规模效益而带来的成本压力，加快产业发展。

（2）政府加大基础技术的研究，建立行业和技术标准，培育标准相关的高质量专利，促进行业高质规范发展

政府发挥引导职能，鼓励企业和研究机构在区块链基础技术的研发上增加人力、物力和财力的投入，夯实行业发展的技术基础。结合国内已经形成三大联盟，政府可推动产业联盟发挥其对产业的促进作用。产业联盟跟踪研究区块链技术和应用发展趋势，研究标准，构建中国区块链发展路线图，支撑国家在区块链的顶层设计，协助构建和谐共赢的产业环境。区块链技术属于新兴技术，绝大部分专利还未进入专利申请实质审查阶段，权属范围存在不确定性，使得该领域的市场开展具有很大风险，产业联盟应共同研究专利防御策略，形成专利池成果共享，共同做好知识产权防御，应对

潜在的知识产权风险。产业联盟还要统筹兼顾支撑技术和技术应用两方面的研发力量，在人、财、物三方面实现全方位合作共享，以技术应用的获益反哺基础技术的进一步研发。

区块链行业方兴未艾，标准的制定有利于区块链行业长远发展。目前国际标准化组织、国际电信联盟、万维网联盟都在积极讨论区块链行业标准。中国工信部于2018年6月公示了《全国区块链和分布式记账技术标准化技术委员会筹建方案》，初步明确了21个标准化重点方向和未来一段时间的标准化方案。通过制定区块链行业和技术标准，能够形成一定的市场秩序，引导产业集群优化升级，解决区块链底层代码不统一、应用端口不互通等现状。政府部门应提速标准出台，鼓励更多企业参与到国内、国际标准的制定过程中，积极培育和标准相关的高价值专利，提高企业核心竞争力，促进区块链技术应用场景落地。

（3）政府结合行业特点加强监管和限制，多措并举推进"放管服"，放管适度，促进行业高质健康发展

由于区块链技术的"去中心化"特点，因此区块链的应用落地不可避免地会遇到监管的问题，构建合理有效的监管体系是区块链行业健康发展的首要条件。国家互联网信息办公室出台了《区块链信息服务管理规定》，该规定自2019年2月15日起施行，其对信息服务者的范围、责权、备案手续、处罚措施等进行了规定，体现出政府对区块链技术监管的重视。可以预见，区块链技术的快速发展将和产业结合更紧密，将应用到金融、法律、民生等更多领域。政府应深入推进"放管服"改革，放管适度，进一步结合不同应用领域的特点，加强监管和限制，为产业区块链项目深入服务实体经济提供有力保障，对市场准入、信息保护等关键环节给予足够的重视，在借鉴国外先进监管政策经验基础上，平衡创新发展与风险防范控制的关系。

7.2.2 创新主体抓住发展机遇，加大高价值专利培育力度

区块链正处于发展探索期，产业化进程加快，应用领域不断拓宽，行业进入门槛不高，因此，创新主体具有更多进入该行业的机会。国内企业和科研高校应发挥自身优势，把握区块链技术"群雄逐鹿"的重要机遇，从技术创新和专利布局两方面加大高价值专利培育力度。

（1）技术创新方面

1）技术布局紧盯热点和空白点，着力针对技术难点提升技术基础创新能力，加大培育高价值专利力度

国外主要申请人在区块链领域起步较早，并且在主营业务相关的方向具有重要布局。国内创新主体应结合自身优势，紧紧抓住技术热点、空白点加大创新投入，围绕"去中心化—安全性—可扩展'三元悖论'"、隐私保护、有害信息上链、智能合约漏洞、共识机制和私钥保护、51%算力攻击、密码学算法安全、上链信息无法修改等技术难题，培养创造一批涉及核心技术的高价值专利，占领技术高地。数据层的区块技术、加解密技术和数据管理技术，合约层的智能合约技术，共识层的共识算法均是目

前区块链研究热点,相关各方可以参考本课题确定的重要专利,研究其中披露的关键技术,获取关键技术突破的方向和启示。共识层的共识算法预处理和数据层的链式结构是区块链技术的研究空白点,对于后者,区块链应用场景日益复杂,跨链互联重要性凸显,链式结构技术能否突破挑战成为其发展的关键,因此,抓紧在链式结构和共识算法方面的深入研究有助于核心专利布局并在技术布局中占据主导地位。

2)应用研究跟紧"脱虚向实"主旋律

虽然区块链技术不断点燃公众热情,但目前仍然是"平台+智能合约"时代,技术虽不断有突破,可距离大规模商用还有很长的路要走。以前区块链应用主要集中在虚拟资产或者虚拟货币方面,现在应加速研究实际落地的应用,根据第4章技术应用分析可知,应更多在物品溯源、防伪、监管公益、公证、版权保护、能源生态系统等实际需求方面产生规模性应用。

3)产学研结合促进技术创新

国内区块链的创新主体主要来源于企业,高校和科研机构参与很少,较为突出的仅有电子科技大学和中国人民银行数字货币研究院,这说明在国内区块链理论和科研创新方面,高校、科研机构起到的作用较为薄弱,主要是由创业型主体引入风险投资进行,持续性和稳定性无法保障,而高校和科研机构相对来说更具有持续研发投入的特性。国家应增加对区块链技术相关学科的建设,鼓励更多高校和科研机构持续投入到区块链的研究中,产、学、研一起促进支撑技术和技术应用的研发配合和技术落地应用。

(2)专利布局策略方面

专利布局策略反映了创新主体基于经营理念、战略定位和创新体系所采取的保护手段。为切实保障创新主体的权益,做好知识产权的保护,应当着重从技术改进、产业链、价值分布、地域、时间以及专利类型等多个维度考虑专利布局的策略。

对于初创型小微企业,前期适合采取集中关键技术布局,重点保护核心技术,随着企业的发展,视情况采取包围方式,围绕核心专利进行布局,加强专利控制力,后期则可以根据目标市场的变化,向海外进行专利布局,提升在海外市场的竞争力。而对于相对大型的企业,可以直接进入全球化、多技术点的布局模式,力争成为行业内的领军型企业。对于高校和研究院所等研究机构,可以借助科研优势,申请相应的基金支持,重点关注基础技术的研究,培育核心专利,并通过专利许可模式进行专利运营。

区块链标准化工作提速,各国争夺标准制定权,全球区块链标准制定权正处于竞争中,中国也应积极参与。国内有竞争力的创新主体应该积极参与制定国际标准。在专利布局中取得足够数量的核心专利,即标准必要专利,在标准必要专利的周围进一步部署一些外围专利,及时对标准必要专利作补充和加强,这也是标准化专利更持久获利的重要手段。如果企业研发在时间或科研实力方面相对比较落后,那么可以通过直接收购或企业并购等方式获取核心专利。

(3)提高专利撰写质量,避免公开不可专利性的信息

由于区块链技术的特点,其应用在金融、法律等经济领域较多,有些涉及商业规

则的改进或者基于基本算法、信息划分等方面的改进，不属于《专利法》意义上对于技术的改进，不能够获得专利权。如果申请人将不能获得《专利法》保护的核心方案公开后，最终又不能得到授权，则容易流失自身的研究成果，丧失自己的优势地位，显然不利于自身的技术发展，所以可以选择技术秘密、软件著作权等其他方式进行保护。对于涉及技术的改进方案，在撰写专利申请时要着重记载使用的技术手段、解决的技术问题以及产生的技术效果。尤其对于技术应用类专利申请，在撰写申请文件时要注意将技术与应用领域相结合，着重记载如何使用技术手段解决该领域的技术问题，突出所申请方案在技术方面的贡献。

7.2.3 区块链人才成为关键环节，多措并举加大培养力度

领英数据显示，全球区块链相关人才3年增长了19倍，核心人才年薪百万难求。区块链核心技术涉及共识技术、加解密技术（密码学）、智能合约技术（数据处理）、分布式技术（分布式计算机系统架构）等，应用场景的日益复杂要求区块链的应用研究还需要其他相关知识，例如金融、保险、基金证券等，因此，掌握上述技术的人才成为区块链发展的关键环节。目前全球20多所院校设立了和区块链相关的课程，其中中国有8所。考虑到今后中国区块链人才的需求，须为后续技术升级做好人才保障。政府科研管理部门应当推进建设国家级区块链研究院。政府教育主管部门，应当考虑在高校设置区块链技术一级学科，设置硕、博士学位授予点，培养专门化的人才。政府专利管理部门应推进建立高价值专利培育中心。各大高校及研究院所应当更多地开设区块链技术研究方向，重点突破区块链技术支撑基础的核心技术研究，为产学研结合打下基础。区块链企业与高校应推进"产学协力"模式，针对自身发展在高校设立专门学科，提供奖学金、专项培育基金支持学生学习专业课，培养产学合作型人才，构建全方位紧密型校企合作平台，促使人才毕业后来企业从事技术研发工作。应鼓励社会办学机构开展相关职业培训。应设立积极的人才引进政策，吸引海外高端人才团队来华研究。

图 索 引

图 1-1-1　区块链基础架构模型　(3)
图 1-1-2　中国区块链产业生态　(5)
图 2-1-1　区块链全球专利历年申请趋势　(16)
图 2-1-2　区块链全球专利历年申请人数量　(17)
图 2-1-3　区块链全球专利申请支撑技术构成　(19)
图 2-1-4　区块链支撑技术各分支全球专利历年申请趋势　(19)
图 2-1-5　区块链全球专利技术应用构成　(20)
图 2-1-6　技术应用各分支全球专利历年申请趋势　(20)
图 2-1-7　区块链全球申请人排名　(21)
图 2-1-8　区块链全球申请人排名　(23)
图 2-1-9　全球主要申请人支撑技术构成　(彩图 1)
图 2-1-10　全球主要申请人技术应用构成　(彩图 2)
图 2-2-1　区块链中国专利申请历年申请趋势　(彩图 3)
图 2-2-2　区块链中国专利申请支撑技术构成　(25)
图 2-2-3　支撑技术各分支中国专利历年申请趋势　(26)
图 2-2-4　区块链中国专利技术应用构成　(26)
图 2-2-5　技术应用各分支中国专利历年申请趋势　(27)
图 2-2-6　区块链中国专利申请主要申请人　(27)
图 2-2-7　区块链国外来华专利申请申请人排名　(29)
图 2-2-8　区块链中国专利申请国内区域布局　(29)
图 2-3-1　中美历年发明专利申请趋势　(30)
图 2-3-2　向中美两国提交的区块链专利申请技术构成　(31)
图 3-1-1　支撑技术全球专利申请量趋势　(33)
图 3-1-2　支撑技术全球专利申请国家/地区分布图　(35)
图 3-1-3　支撑技术构成全球专利分布　(35)
图 3-1-4　区块链支撑技术全球申请人申请量排名　(35)
图 3-1-5　区块链支撑技术全球重要申请人分布　(36)
图 3-1-6　区块链支撑技术全球/中国专利申请趋势　(37)
图 3-1-7　区块链中国专利支撑技术构成分布　(37)
图 3-1-8　区块链支撑技术中国申请人申请量排名　(38)
图 3-2-1　数据层全球专利历年申请趋势　(38)
图 3-2-2　数据层各技术分支全球专利占比　(39)
图 3-2-3　数据层全球专利申请技术来源国家或地区分布　(39)
图 3-2-4　数据层全球专利申请主要技术来源国家或地区历年专利申请量　(40)
图 3-2-5　数据层全球专利申请目标地分析　(40)
图 3-2-6　数据层全球申请人排名　(41)
图 3-2-7　数据层主要申请人历年申请量　(41)
图 3-2-8　数据层中国专利申请历年申请趋势　(42)

| 图 3-2-9 | 数据层中国专利申请技术构成（43）
| 图 3-2-10 | 数据层中国专利申请人申请量排名（43）
| 图 3-2-11 | 数据层中国专利申请国内区域分布（45）
| 图 3-2-12 | 区块数据查询效率技术发展路线（46）
| 图 3-2-13 | 区块数据查询准确发展路线（49）
| 图 3-2-14 | 加解密技术发展路线（51）
| 图 3-2-15 | 降低节点存储压力的技术发展路线（58）
| 图 3-2-16 | 提升同步效率发展路线（62）
| 图 3-3-1 | 共识层全球申请量（65）
| 图 3-3-2 | 共识层全球/中国年申请量发展趋势（65）
| 图 3-3-3 | 共识层全球专利申请主要来源地（66）
| 图 3-3-4 | 共识层全球专利申请技术构成（66）
| 图 3-3-5 | 共识层主要共识算法全球专利申请分布（67）
| 图 3-3-6 | 共识层全球主要申请人排名（68）
| 图 3-3-7 | 共识层全球主要申请地专利布局分布（69）
| 图 3-3-8 | 共识层共识算法全球主要申请地专利布局分布（69）
| 图 3-3-9 | 共识层各共识算法的技术发展路线图（70）
| 图 3-4-1 | 合约层全球专利历年申请趋势（83）
| 图 3-4-2 | 合约层全球专利申请技术构成（84）
| 图 3-4-3 | 合约层全球申请人申请量排名（85）
| 图 3-4-4 | 合约层中国专利历年申请趋势（85）
| 图 3-4-5 | 合约层技术中国专利申请的技术构成（86）
| 图 3-4-6 | 合约层主要中国专利申请人申请量排名（86）

| 图 3-4-7 | 合约层的技术发展路线（88）
| 图 4-1-1 | 区块链技术应用全球专利申请量趋势（99）
| 图 4-1-2 | 区块链技术应用全球专利申请技术来源地分布（100）
| 图 4-1-3 | 区块链技术应用全球专利构成分布（100）
| 图 4-1-4 | 区块链技术应用全球主要申请人排名（101）
| 图 4-1-5 | 区块链技术应用全球主要申请人专利布局分布（102）
| 图 4-1-6 | 区块链技术应用全球/中国专利申请趋势（103）
| 图 4-1-7 | 区块链技术应用中国专利构成分布（103）
| 图 4-1-8 | 区块链技术应用中国主要申请人排名（104）
| 图 4-2-1 | 金融货币技术应用全球申请量趋势（105）
| 图 4-2-2 | 金融货币技术应用各分支全球申请量趋势（106）
| 图 4-2-3 | 金融货币全球专利技术应用构成（106）
| 图 4-2-4 | 金融货币技术应用全球专利申请技术来源地（107）
| 图 4-2-5 | 金融货币技术应用全球主要申请地专利布局分布（彩图4）
| 图 4-2-6 | 金融货币技术应用全球主要申请人排名（108）
| 图 4-2-7 | 金融货币技术应用全球/中国申请量随年份变化趋势（109）
| 图 4-2-8 | 金融货币技术应用中国申请量趋势（110）
| 图 4-2-9 | 金融货币中国专利技术应用构成（110）
| 图 4-2-10 | 金融货币技术应用中国主要申请人排名（110）
| 图 4-2-11 | 金融货币技术专利应用发展路线（113～114）
| 图 4-3-1 | 存在性证明全球历年专利申请趋势（126）

图 4-3-2　存在性证明技术应用全球构成分析（126）

图 4-3-3　存在性证明各分支全球历年专利申请趋势（127）

图 4-3-4　存在性证明技术应用来源地分析（127）

图 4-3-5　存在性证明技术应用全球主要申请地专利布局分布（128）

图 4-3-6　存在性证明主要技术来源国家或地区历年专利申请量（128）

图 4-3-7　存在性证明技术应用全球申请人排名（129）

图 4-3-8　中国存在性证明技术历年申请趋势（130）

图 4-3-9　中国存在性证明技术专利申请应用构成（130）

图 4-3-10　中国存在性证明技术应用申请人排名（131）

图 4-3-11　存在性证明主要申请人各分支专利布局分布（132）

图 4-3-12　存在性证明技术专利应用发展路线图（134~135）

图 4-4-1　区块链共享数据全球历年专利申请趋势（144）

图 4-4-2　共享数据技术应用领域各分支的全球专利申请量趋势（145）

图 4-4-3　共享数据技术应用专利全球构成分布（146）

图 4-4-4　共享数据技术应用领域专利申请主要来源地（146）

图 4-4-5　共享数据技术应用专利全球主要申请人（146）

图 4-4-6　共享数据技术应用领域主要申请人专利布局（147）

图 4-4-7　区块链共享数据技术应用领域全球/中国专利申请量随年份变化趋势（148）

图 4-4-8　共享数据技术应用专利中国申请量趋势（148）

图 4-4-9　共享数据技术应用各分支专利中国申请量趋势（148）

图 4-4-10　共享数据技术应用专利中国申请构成分布（149）

图 4-4-11　共享数据技术应用中国专利申请人排名（149）

图 4-4-12　共享数据技术应用发展路线（151~152）

图 5-1-1　传统跨境支付过程（168）

图 5-1-2　基于区块链的跨境支付过程（170）

图 5-1-3　InsurChain 的产品流程（173）

图 5-2-1　eID 应用示意图（180）

图 5-2-2　IDHub 的数字身份解决方案（182）

图 5-2-3　IDHub 的操作流程（183）

图 5-4-1　区块链技术在供应链金融业务中的应用（197）

图 5-5-1　食品质量追溯平台（201）

图 5-5-2　P2P 理财模式结构（202）

图 6-3-1　区块链领域阿里巴巴专利申请趋势（213）

图 6-3-2　阿里巴巴区块链专利申请区域分布（214）

图 6-3-3　阿里巴巴区块链专利申请支撑技术与技术应用分布（214）

图 6-3-4　CN107360001A 专利申请说明书附图（216）

图 6-3-5　区块链领域阿里巴巴重要发明人排名（217）

图 6-3-6　阿里巴巴区块链业务发展与专利申请路线图（218）

图 6-4-1　区块链领域万事达卡专利申请趋势（220）

图 6-4-2　区块链领域万事达卡专利申请区域分布（221）

图 6-4-3　万事达卡区块链专利申请支撑技术与技术应用分布（221）

图 6-4-4　区块链领域万事达卡重要发明人排名（223）

图 6-5-1　区块链领域 nChain 专利申请趋势（225）

图 6-5-2　nChain 区块链专利申请区域分布（225）

图 6-5-3 nChain 区块链专利申请支撑技术与技术应用分布 （226）
图 6-5-4 nChain 重要发明人排名 （228）
图 6-6-1 区块链领域 IBM 专利申请趋势 （230）
图 6-6-2 区块链领域 IBM 专利申请区域分布 （231）
图 6-6-3 IBM 区块链专利申请支撑技术与技术应用分布 （231）
图 6-6-4 IBM 重要发明人排名 （232）
图 6-7-1 区块链领域电子科技大学专利申请趋势 （234）
图 6-7-2 电子科技大学区块链专利申请支撑技术与技术应用分布 （235）
图 6-7-3 CN107786546A 专利申请说明书附图 （236）
图 6-7-4 电子科技大学重要发明人排名 （237）
图 6-8-1 区块链领域主要专利申请人申请时间分布 （238）
图 6-8-2 区块链领域主要申请人专利申请区域分布 （239）
图 6-8-3 主要专利申请人区块链申请支撑技术分布 （240）
图 6-8-4 主要申请人区块链专利申请技术应用分布 （240）

表 索 引

表1-1-1　区块链的发展阶段表（2）
表1-2-1　区块链支撑技术分解表（8）
表1-2-2　区块链技术应用分解表（9）
表1-3-1　检索要素（10）
表1-3-2　区块链支撑技术各分支文献量（11）
表1-3-3　区块链技术应用各分支文献量（11）
表1-5-1　主要申请人名称约定（12~15）
表2-1-1　区块链全球专利区域布局（18）
表2-1-2　各主要申请人申请量历年排名情况（22）
表2-2-1　区块链中国专利申请技术主要来源国家（25）
表2-2-2　国外来华专利申请历年申请量（28）
表3-2-1　数据层各技术分支全球历年专利申请量（39）
表3-2-2　数据层中国专利申请人历年申请量（44）
表3-2-3　数据查询效率重要专利（47）
表3-2-4　数据查询的重要专利（49）
表3-2-5　加解密重要专利（55~56）
表3-2-6　降低节点存储压力重要专利（59~60）
表3-2-7　提升同步效率重要专利（63~64）
表3-3-1　共识层共识算法全球主要申请人专利布局分布（68）
表3-3-2　共识算法重要专利列表（78~80）
表3-3-3　共识流程预处理重要专利列表（82）
表3-4-1　合约层全球专利申请技术来源与分布（84）
表3-4-2　智能合约重要专利（93~94）
表4-2-1　数字货币支付重要专利列表（111）
表4-2-2　交易、清算重要专利列表（111~112）
表4-2-3　资产管理重要专利列表（115）
表4-2-4　区块链钱包专利统计（115）
表4-2-5　区块链钱包重要专利列表（116）
表4-2-6　信贷和贷款重要专利列表（116）
表4-2-7　保险和保理重要专利列表（117）
表4-2-8　基金和证券重要专利列表（117）
表4-2-9　匿名和隐私重要专利列表（125）
表4-3-1　医疗健康管理重要专利列表（132~133）
表4-3-2　公证认证重要专利列表（133）
表4-3-3　版权保护重要专利列表（136）
表4-3-4　证据保全重要专利列表（136）
表4-3-5　防伪溯源重要专利列表（136~138）
表4-4-1　万物互联重要专利（153~154）
表4-4-2　供应链物流管理重要专利列表（155）
表4-4-3　能源智能化调控重要专利列表（156~157）
表4-4-4　内容发布核实重要专利列表（158）
表4-4-5　信誉信息管理重要专利列表（158~159）
表4-4-6　内容维护重要专利列表（159~160）
表4-4-7　自助购票重要专利列表（160）